示范性高等院校应用型规划教材——电信专业

电子电路设计与实践

主　编：黎爱琼　刘　嵩
副主编：杜芸芸　黎杨梅
主　审：王　川

天津大学出版社
TIANJIN UNIVERSITY PRESS

内 容 简 介

本书立足高职学生，依据项目式课程"电子线路设计与制作"的课程标准编写，将前期所学电子仪器的使用、Protel制PCB板知识、单片机的应用等融入该课程中。本书主要包括：电路测试中基本仪器设备的使用和注意事项以及测试方法；通过6个典型项目来介绍电路的设计规则和方法、电路工作原理以及电路调试方法；再通过5个小型综合电路来加强学生的电子产品设计基本功。所选取的都是一些常用的典型电路，电路设计由简单到复杂，层层深入，旨在加强学生进行工程设计的基础训练，使学生掌握工程电路的设计方法、调试方法以及如何借助基本仪器设备测试元器件、调试电路。

本书可作为高职高专电信专业教材，也可作为社会从业人员的业务参考书及培训用书。

图书在版编目（CIP）数据

电子电路设计与实践/黎爱琼，刘嵩主编．—天津：
天津大学出版社，2015.5（2020.8重印）
示范性高等院校应用型规划教材．电信专业
ISBN 978-7-5618-5312-2

Ⅰ．①电…　Ⅱ．①黎…　②刘…　Ⅲ．电子电路—电路设计—高等学校—教材　Ⅳ．①TN702

中国版本图书馆 CIP 数据核字（2015）第 095829 号

出版发行	天津大学出版社
地　　址	天津市卫津路 92 号天津大学内（邮编：300072）
电　　话	发行部：022-27403647
网　　址	publish. tju. edu. cn
印　　刷	天津泰宇印务有限公司
经　　销	全国各地新华书店
开　　本	185mm×260mm
印　　张	18.25
字　　数	456 千
版　　次	2015 年 5 月第 1 版
印　　次	2020 年 8 月第 2 次
定　　价	39.00 元

凡购本书，如有缺页、倒页、脱页等质量问题，请向我社发行部联系调换

前 言 Preface

电子技术正在以前所未有的速度发展，已经被生产、科研、生活等各个领域应用。本书正是应时代的发展而加以改进，为项目式教学以及"教—学—做"一体化课堂教学而设计，可以作为电子信息、电气工程、自动控制等专业电子电路设计及工程设计方法与调试的辅助教材。本书内容按照高职"必需、够用"的原则，详略得当、实用性强，具有一定的实用价值。

本书是以项目式教学设计的，层层剖析知识点，并按照工程电路设计方法来编写，全书共3篇，第1篇介绍电路测试中基本仪器设备的使用和注意事项以及测试方法；第2篇以具体的项目来介绍电路的设计规则和方法、电路工作原理以及电路调试方法；第3篇为综合设计部分，介绍几个典型电子产品的设计。本书中的电路都是一些常用的典型电路，电路设计由简单到复杂，层层深入，旨在加强学生进行工程设计的基础训练，使学生掌握工程电路的设计方法、调试方法以及如何借助基本仪器设备测试元器件、调试电路。

本书以电子产品的设计为出发点，通过项目的设计，使学生掌握电子产品的设计思路与方法，进而学会较复杂的电子产品的设计，为学生进入行业设计夯实基础。本书考虑到高职学生的特点，项目由简单到复杂，侧重学生对元器件的识别、测试及对电路的调试能力。

本书由武汉职业技术学院黎爱琼、刘嵩担任主编，杜芸芸、黎杨梅任副主编。参与编写的还有武汉职业技术学院的朱婷、杨杰、李雪、孙珊珊、张玲丽、徐雪慧。全书由黎爱琼统稿，武汉职业技术学院王川教授主审。

本书在编写过程中，得到很多同行、专家的关心和支持，在此一并表示感谢。

由于编写时间仓促，加之编者水平有限，书中的疏漏和不妥之处在所难免，欢迎广大读者和同行批评指正。

编　者
2014年10月

目 录 Contents

第1篇 电子测量与仪器的应用

第3篇　综合设计篇

第1篇

电子测量与仪器的应用

第1章　电子测量与仪器基本概念

1.1　电子测量

电子测量是指以电子技术为基本手段的一种测量。在电子测量过程中，以电子技术理论为依据，以电子测量仪器和设备为手段，对各种电量、电信号及电路元器件的特性和参数进行测量，还可以通过各种传感器对非电量进行测量。

1. 电子测量的意义

随着测量学的发展和无线电电子学的应用，诞生了以电子技术为手段的测量，即电子测量。

电子测量涉及从直流到极宽频率范围内所有电量、磁量及各种非电量的测量。目前，电子测量已成为一门发展迅速、应用广泛、精确度越来越高、对现代科学技术的发展起着巨大推动作用的独立学科。电子测量不仅应用于电学各业，也广泛应用于物理学、化学、光学、机械学、材料学、生物学、医学等科学领域以及生产、国防、交通、信息技术、贸易、环保乃至日常生活领域等各个方面。

电子测量在信息技术产业中的地位尤为显著。信息技术产业的研究对象及产品无一不与电子测量紧密相连，从元器件的生产到电子设备的组装调试，从产品的销售到维护都离不开电子测量。如果没有统一和精确的电子测量，就无法对产品的技术指标进行鉴定，也就无法验证产品的质量。所以从某种意义上来说，电子测量的水平是衡量一个国家科学技术水平的标志之一。

2. 电子测量的内容

通常所说的电子测量的内容是指对电子学领域内电参量的测量，主要有以下几项。

（1）电能量的测量，如电流、电压、功率等的测量。

（2）电路、元器件参数的测量，如电阻、电感、电容、阻抗的品质因数以及电子器件参数等的测量。

（3）电信号特性的测量，如频率、波形、周期、时间、相位、谐波失真度、调幅度及逻辑状态等的测量。

（4）电路性能的测量，如放大倍数、衰减量、灵敏度、通频带、噪声指数等的测量。

（5）特性曲线的显示，如幅频特性、器件特性等的显示。

上述各种待测量参数中，频率、电压、时间、阻抗等是基本电参数，对它们的测量是其他许多派生参数测量的基础。

另外，通过传感器可将很多非电量，如温度、压力、流量、位移等转换成电信号后进行测量，在本书中不予讨论。

3．测量系统的组成

测量系统是由一些功能不同的环节所组成，这些环节保证了由获取信号到获得被测量值所必需的信号流程功能。从完成测量任务的角度来看，基本的测量系统大致可以分为两种，即对主动量的测量和对被动量的测量，如图1-1-1所示。

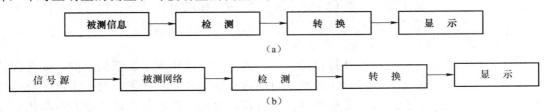

图1-1-1　测量系统的组成方框图

(a) 对主动量的测量　(b) 对被动量的测量

图1-1-1（a）中，被测信息即为测试对象，它既可以是电信号，也可以是非电信号。在整个测量系统中，被测信号是自发的，因而是主动的。检测环节主要是针对被测信号为非电量，如温度、压力等，该环节主要由传感器组成，将非电量变换为有用的电量（例如电压、电流）。若被测信息是电信号，则检测环节可以省略。

图1-1-1（b）中，测量对象是被测网络中的某个特性参数，它只有在信号源的激励下才能产生，因而是被动的。激励信号由信号发生器提供。

转换环节用于对被测信号进行加工转换，如放大、滤波、检波、调制与解调、阻抗变换、线性化、数/模或模/数转换等，使之成为合乎需要，便于输送、显示或记录以及可作进一步后续处理的信号。显示环节是将加工转换后的信号变成一种能为人们所理解的形式，如模拟指示、数字显示、图形等，以供人们观测和分析。

4．电子测量的特点

同其他测量相比，电子测量具有以下几个突出优点。

1）测量频率范围大

电子测量除可以测量直流电量外，还可以测量交流电量，其频率范围可低至$10^{-4}\,\mathrm{Hz}$，高至$10^{12}\,\mathrm{Hz}$左右。但应注意，在不同的频率范围内，即使测量同一种电量，所需要采用的测量方法和使用的测量仪器也往往不同。

2）量程宽

量程是仪器所能测量各种参数的范围。电子测量仪器具有相当宽广的量程。例如，一台数字式电压表可以测出从纳伏（nV）级至千伏（kV）级的电压，其量程达9个数量级；一台用于测量频率的电子计数器，其量程可达17个数量级。

3）测量准确度高

电子测量的准确度比其他测量方法高得多，特别是对频率和时间的测量，误差可降低到10^{-13}量级，是目前人们在测量准确度方面达到的最高指标。电子测量的准确度高是它在现代科学技术领域得到广泛应用的重要原因之一。

4）测量速度快

由于电子测量是通过电磁波的传播和电子运动来进行的，因此可以实现测量过程的高速化，这是其他测量所不能比拟的。只有高速度的测量，才能测出快速变化的物理量。这对于现代科学技术的发展具有特别重要的意义。例如，原子核的裂变过程、导弹的发射速度、人造卫星的运动参数等的测量，都需要高速度的电子测量。

5）易于实现遥测

电子测量的一个突出优点是可以通过各种类型的传感器实现遥测。例如，对于遥远距离或环境恶劣的、人体不便于接触或无法到达的区域（如深海、地下、核反应堆内、人造卫星等），可通过传感器或通过电磁波、光、辐射等方式进行测量。

6）易于实现测量自动化和测量仪器微机化

由于大规模集成电路和微型计算机的应用，使电子测量出现了崭新的局面，如在测量中能实现程控、自动量程转换、自动校准、自动诊断故障和自动修复，对于测量结果可以自动记录，自动进行数据运算、分析和处理。目前已出现了许多带微处理器的自动化示波器、数字频率计、数字式电压表及受计算机控制的自动化集成电路测试仪、自动网络分析仪和其他自动测试系统。

电子测量的一系列优点，使它获得了极其广泛的应用。今天，几乎找不到哪一个科学技术领域没有应用电子测量技术，大到天文观测、宇宙航天，小到物质结构、基本粒子，从复杂的生命、遗传问题到日常的工农业生产、商业部门，越来越多地采用电子测量技术与设备。

5．电子测量的方法

所谓测量方法，就是为了实现测量、获得测量结果所采用的各种手段和方式。选择测量方法的正确与否，直接影响到测量结果的可信赖程度，也关系到测量工作的经济性和可行性。电子测量的方法有很多种，这里仅就最常用的测量方法作简要介绍。

1）按测量方法分类

Ⅰ．直接测量

用预先按已知标准量定度好的测量仪器对某一未知量直接进行测量，从而得到被测量值的测量方法，称为直接测量法。例如用电压表测量电路两端的电压、用电流表测量电路中的电流、用电子计数器测量频率等，都属于直接测量。

Ⅱ．间接测量

对一个与被测量有确定函数关系的物理量进行直接测量，然后通过代表该函数关系的公式、曲线或表格，求出被测量值的方法，称为间接测量法。例如测量电阻的消耗功率 $P=UI=I^2R=U^2/R$，可以通过直接测量电压、电流或测量电流、电阻等方法求出。

当被测量不便于直接测量，或者间接测量的结果比直接测量更为准确时，多采用间接测量法。例如测量晶体管发射极电流，较多采用直接测量发射极电阻（R_e）上的电压，再通过公式 $I_E=U_E/R_e$ 算出，而不用断开电路串入电流表的方法；测量放大器的电压放大倍数 A，一般是分别测量输出电压 U_o 与输入电压 U_i 后，再通过公式 $A=U_o/U_i$ 算出。

Ⅲ．组合测量

组合测量是兼用直接测量与间接测量的方法。将被测量和另外几个未知量，按它们之间的函数关系组成联立方程，通过直接测量这几个未知量最后求解联立方程，从而得出被测量的大小。此种测量方法称为组合测量法。

上面介绍的三种方法中，直接测量的优点是测量过程简单、迅速，在工程技术中采用比较广泛；间接测量多用于科学实验，在生产及工程技术中应用较少，只有当被测量不便于直接测量时才采用；组合测量是一种特殊的精密测量方法，适用于科学实验及一些特殊的场合。

2）按被测信号的性质分类

Ⅰ．时域测量

时域测量是测量被测对象在不同时间的特性，这时把被测信号看成一个时间的函数。例如电压、电流的测量，它们有瞬态量和稳态量。使用示波器显示被测信号的瞬时波形，测量它的幅度、宽度、上升沿和下降沿等参数。时域测量还包括一些周期性信号的稳态参量的测量，如正弦交流电压，虽然它的瞬时值会随时间变化，但是其振幅和有效值是稳态值，可用指针式仪表测量。

Ⅱ．频域测量

频域测量是测量被测对象在不同频率时的特性。这时把被测信号看成频率的函数。例如：放大器的幅频特性，可用频率特性图示仪予以显示；放大器的相频特性，可使用相位计测量放大器对不同频率的信号产生的相移。

Ⅲ．数据域测量

数据域测量是对数字系统逻辑特性进行的测量。例如：用逻辑分析仪对数字量进行测量，它具有多个输入通道，可以同时观测许多单次并行的数据。如微处理器地址线、数据线上的信号，可以显示时序波形，也可以用"0""1"显示逻辑状态。

Ⅳ．随机测量

随机测量又叫统计测量。例如：各类噪声、干扰信号等，利用噪声信号源进行动态测量和统计分析。随机测量在通信领域有着广泛的应用。

电子测量方法还有很多，如人工测量和自动测量，动态测量和静态测量，精密测量和工程测量，低频测量、高频测量和超高频测量，模拟测量和数字测量等。

6．选择测量方法的原则

根据被测量本身的特性、所需要的精确程度、环境条件及所具有的测量设备等因素，综合考虑，选择合适的测量方法。只有选择正确的测量方法，才能使测量得到精确的测量结果；否则，可能会出现下列问题。

（1）输出错误的测量数据，测量结果不能信赖。

（2）损坏测量仪器、仪表或被测设备、元器件。

在选择测量方法时，如果必要，还要制订正确的测量方案。选择测量方法的原则有以下四项。

（1）所选择的测量方法必须能够达到测量要求（包括测量的精确度）。

（2）在保证测量要求的前提下，选用简便的测量方法。

（3）所选用的测量方法不能损坏被测元器件。

（4）所选用的测量方法不能损坏测量仪器。

下面举例说明如何根据具体情况选择合适的测量方法。

1）根据被测物理量的特性选择测量方法

例如测量线性电阻（如金属膜电阻），由于其阻值不随流经它的电流的大小而变化，可选用电桥（比较式仪器）直接测量，这种方法简便、精确度高。

测量非线性电阻（如二极管、灯丝电阻等），由于其电阻的阻值随流经它的电流的大小而变化，宜选用伏安法间接测量，并作 $I—U$ 曲线和 $R—I$ 曲线，然后由曲线求得对应于不同电流值的电阻。

5

同理，测量线性电感时，可选用交流电桥直接测量；测量非线性电感时，可选用伏安法间接测量。

2）根据测量所要求的精度，选择测量方法

从测量的精度考虑，测量可分为精密测量和工程测量。精密测量是指在计量室或实验室进行的需要深入研究测量误差问题的测量。工程测量是指对测量误差的研究不很严格的一般性测量，往往是一次测量获得结果。例如，测量市电220 V电压，可用指针式电压表（或万用表）直接测量，它直观、方便。而在测量电源的电动势时，不能用指针式电压表（或万用表）直接测量，这是由于指针式电压表的内阻不很大，接入后电压表指示的电压是电源的端电压，而不是电动势。在测量标准电池的电动势时，更不能用电压表或万用表。其原因，一是电压表或万用表的内阻都不是很大，接入后，标准电池通过电压表或万用表的电流会远远超过标准电池所允许的额定值，标准电池只允许在短时间内通过几微安的电流；二是标准电池的电动势的有效数字要求较多，一般有6位，指针式电压表达不到要求。因此，测量标准电池电动势应该选用电位差计，采用平衡法进行测量，平衡时，标准电池不供电。

3）根据测量环境及所具备的测量仪器的技术情况选择测量方法

例如用万用表欧姆挡测量晶体管PN结电阻时，应选用"R×100"或"R×1K"挡，而不能选用"R×1"挡或高阻挡。这是因为，若用"R×1"挡测量，万用表内部电池提供的流经晶体管的电流较大，可能烧坏晶体管；而高阻挡内部配有高电动势（9 V、12 V或15 V）的电池，高电压可能使晶体管击穿。

总之，进行某一量值的测量时，必须事先综合考虑以上情况，选择正确的测量方法和测量仪器；否则，得出的数据可能是错误的，或产生不容许的测量误差，也可能损坏被测的元器件，或损坏测量仪器、仪表。

1.2 测量误差分析

测量的目的就是希望获得被测量的实际大小，即真值。所谓真值，就是在一定时间和环境的条件下，被测量本身所具有的真实数值。实际上，由于测量设备、测量方法、测量环境和测量人员的素质等条件的限制，测量所得到的结果与被测量的真值之间会有差异，这个差异就称为测量误差。测量误差过大，可能会使测量结果变得毫无意义，甚至会带来坏处。人们研究误差的目的，就是要了解误差产生的原因和发生的规律，寻求减小测量误差的方法，使测量结果精确可靠。

1.2.1 测量误差的表示方法

测量误差的表示方法有三种：绝对误差、相对误差和容许误差。

1. 绝对误差

（1）定义：测量所得的测量值x与真值A_0之差称为绝对误差，用Δx表示，即

$$\Delta x = x - A_0$$

式中　x——被测量的给出值、示值或测量值，习惯上统称为示值；

　　　A_0——被测量的真值。

注意，示值和仪器的读数是有区别的，读数是从仪器刻度盘、显示器等读数装置上直接读到的数字，而示值则是由仪器刻度盘、显示器上的读数经换算而得的。

真值A_0是一个理想的概念，实际上是不可能得到的，通常用高一级标准仪器或计量器具所测得的测量值A来代替，A称为被测量的实际值。

绝对误差的计算式为

$$\Delta x = x - A \tag{1-1-1}$$

绝对误差的正负号表示测量值偏离实际值的方向，即偏大或偏小。绝对误差的大小则反映测量值偏离实际值的程度。

（2）修正值：与绝对误差大小相等、符号相反的量值，称为修正值，用C表示，即

$$C = -\Delta x = A - x \tag{1-1-2}$$

修正值通常是在用高一级标准仪器对测量仪器校准时给出的。当得到测量值x后，要对测量值x进行修正，得出被测量的实际值，即

$$A = C + x \tag{1-1-3}$$

修正值有时给出的方式不一定是具体数值，也可能是一条曲线或一张表格。修正值和绝对误差一样都有大小、符号及量纲。

2．相对误差

虽然绝对误差可以说明测量结果偏离实际值的情况，但不能确切反映测量结果偏离真实值的程度。例如：对分别为10 Hz和1 MHz的两个频率进行测量，绝对误差都为+1 Hz，但两次测量结果的准确程度显然不同。为了克服绝对误差的这一不足，通常采用相对误差的形式来表示。

相对误差包括实际相对误差、示值相对误差和满度相对误差。

（1）相对误差：绝对误差与被测量的真值之比，称为相对误差（或称相对真误差），用γ表示：

$$\gamma = \frac{\Delta x}{A_0} \times 100\% \tag{1-1-4}$$

相对误差没有量纲，只有大小及符号。由于真值是难以确切得到的，通常用实际值A代替真值A_0来表示相对误差。

（2）实际相对误差：绝对误差Δx与实际值A之比，称为实际相对误差，用γ_A表示：

$$\gamma_A = \frac{\Delta x}{A} \times 100\% \tag{1-1-5}$$

在误差较小、要求不太严格的场合，也可以用测量值x代替实际值A，由此得出示值相对误差。

（3）示值相对误差：绝对误差Δx与测量值x之比，称为示值相对误差，用γ_x表示：

$$\gamma_x = \frac{\Delta x}{x} \times 100\% \tag{1-1-6}$$

3．容许误差

容许误差又称极限误差。根据误差理论及实践证明，在大量同精度观测的一组误差中，绝对值大于2倍中误差的偶然误差，其出现的可能性约为5%；大于3倍中误差的偶然误差，

其出现的可能性仅有0.3%。一般进行测量的次数是有限的，2倍中误差应该很少遇到，因此，以2倍中误差作为允许的极限误差，即

$$\Delta_容 = 2m \qquad\qquad (1\text{-}1\text{-}7)$$

式中　m——中误差。

中误差是衡量观测精度的一种数字标准，亦称"标准差"或"均方根差"。在相同观测条件下的一组真误差平方中数的平方根。因真误差不易求得，所以通常用最小二乘法求得的观测值改正数来代替真误差。它是观测值与真值偏差的平方和观测次数n比值的平方根。

中误差不等于真误差，它仅是一组真误差的代表值。中误差的大小反映了该组观测值精度的高低，因此通常称中误差为观测值的中误差。

1.2.2　误差的来源

1．仪器误差

这是指由于仪器、电气或机械结构不完善引起的误差。如磁电系的仪器的摩擦阻力引起的误差，指针式仪器的非线性刻度引起的误差，放大器中的零点漂移、数字式仪表的量化等引起的误差。定期对仪器进行校准和计量，可以减少仪器的误差。

2．使用误差

这是由于人们对仪器的安装、调节、使用不当等引起的误差。如未按规定的方向位置安装和调试仪器，连接电缆和负载阻抗不匹配，外壳接地不良，仪器未经预热、校准等而进行测量都会产生使用误差。在测量中，应严格按技术规程使用仪器，不断提高实验技巧，以减少或消除使用误差。

3．人身误差

这是由测量者的分辨力、疲劳程度、心情、固有习惯等引起的误差。

4．理论误差

这是指由于依据的理论不严密或计算公式过于简化等而导致的误差。

5．影响误差

影响误差又称环境误差，是指由于受周围环境的影响，如温度、压力、温度、电源波动、电磁光辐射、放射物等影响而产生的误差。例如仪器对温度和电源的变化极其敏感，超出其规定使用范围，均会产生影响误差。

1.2.3　误差的分类

根据测量的性质和特点，测量误差可分为系统误差、随机误差和粗大误差三类。

1．系统误差

系统误差是指在规定的条件下，数值保持恒定或按一定规律变化的误差，有时也称为确定性误差。系统误差决定了测量的准确度。系统误差越小，测量结果越准确。

对于系统误差，在测量前应细心做好准备工作，检查所有可能产生系统误差的来源，

并设法消除。对于固定性的误差，可以采用零示法、替代法、交换法和补偿法等测量方法来消除。

2．随机误差

在相同测量条件下多次测量同一值时，绝对值和符号都以不可预知的方式变化的误差，称为随机误差或偶然误差。随机误差决定了测量的精密度。随机误差越小，测量结果的精密度越高。

随机误差服从统计规律。随机误差出现正负误差的概率相等，可以通过多次测量，采用统计学求平均的方法来消除。

3．粗大误差

粗大误差又称为粗差，是在一定的测量条件下，测量值明显偏离实际值所造成的测量误差。粗大误差是由于读数错误、操作不正确、测量中的失误及存在不能允许的干扰等原因造成的误差。由于粗大误差明显歪曲测量结果，这种测量值称为坏值，所以应将它剔除掉。

1.3 测量结果的表示及有效数字的处理

1.3.1 测量结果的表示

测量结果一般以数字方式或图形方式表示。图形方式可以在测量仪器的显示屏上直接显示出来，也可以通过对数据进行描点作图得到。测量结果的数字表示方法有以下三种。

1．测量值+不确定度

这是最常用的表示方法，特别适合表示最后测量结果。例如$R=40.67\pm0.5\ \Omega$，40.67 Ω称为测量值，$\pm0.5\ \Omega$称为不确定度，表示被测量实际值是处于$40.17\sim41.17\ \Omega$区间的任意值，但不能确定具体数据。不确定度和测量值都是在对一系列测量数据的处理过程中得到的。

2．有效数字

有效数字是由第一种数字表示方法改写而成的，比较适合表示中间结果。当未标明测量误差或分辨力时，有效数字的末位一般与不确定度第一个非零数字的前一位对齐，这是由不确定度的含义及"0.5误差原则"所决定的。例如$R=40.67\pm0.5\ \Omega$改写成有效数字为41 Ω。

3．有效数字+（1～2）位的安全数字

该方法是由前两种表示方法演变而来的，比较适合表示中间结果或重要数据。加安全数字可以减小由第一种方法改写成第二种方法时产生的误差对测量的影响。该方法是在第二种表示方法确定出有效数字位数的基础上，根据需要向后多取1～2位安全数字，而多余数字应按照有效数字的舍入规则进行处理。例如$R=40.67\pm0.5\ \Omega$用有效数字+1位安全数字表示为40.7 Ω，末位的7为安全数字；用有效数字+2位安全数字表示为40.67 Ω，末尾的6、7为安全数字。

上述方法表示出的结果是测量报告值。

1.3.2 有效数字的处理

有效数字的处理包括有效数字位数的取舍及有效数字的舍入。

1. 有效数字及其位数的取舍

测量过程中，通常要在量程最小刻度的基础上多估读一位数字作为测量值的最后一位，此估读数字称为欠准数字。欠准数字后的数字是无意义的，不必记入。由此得出的示值是测量记录值，与测量报告值是不同的。例如某型号万用表直流50 V量程的分辨力为1 V，如果读出32.7 V是恰当的，但不能读成32.73 V，32.7 V是测量记录值。

从第一个非零数字起向右所有的数字称为有效数字。例如0.043 0 V的有效数字位数是3位而不是5位或2位，第一个非零数字前的0仅表示小数点的位置而不是有效数字。未标明仪器分辨力时，有效数字中非零数字后的0不能随意省略，例如3 000 V可以写成3.000 kV、3.000×10^3 V，而不能写成3 kV、3.0 kV或3.00 kV。

10

电子测量中，如果未标明测量误差或分辨力，通常认为有效数字具有不大于欠准数字±0.5单位的误差，称之为0.5误差原则。例如0.430 V、0.43 V表示的测量误差分别为±0.000 5 V、±0.005 V，标明被测量实际值分别处于0.429 5～0.430 5 V、0.425～0.435 V，因此两者表示的意义是不同的。同样道理，3.000 kV与3.000×10^3 V表示的结果相同；而3 kV、3.0 kV、3.00 kV表示的结果不相同。

有效数字40.67 Ω表示测量误差不大于±0.005 Ω，说明被测电阻实际值在40.665～40.675 Ω，显然比R=40.67±0.5 Ω表示的电阻实际值区间要窄，故当用40.67 Ω作为中间结果进行计算时势必要漏掉真实数据，所以除非要用"有效数字+（1～2位）安全数字"表示测量结果，否则不能将R=40.67±0.5 Ω改写成40.67 Ω或40.7 Ω，但可以改写成41 Ω，末位数字的取值根据有效数字的舍入规则进行。

2. 数字修约规则

数字修约规则为"四舍六入五留双"。

具体的做法是，当尾数≤4时将其舍去；当尾数≥6时就进一位；当尾数为5而后面的数为0时则看前方，前方为奇数就进位，前方为偶数则舍去；当"5"后面还有不是0的任何数时，都须向前进一位，无论前方是奇数还是偶数，"0"则以偶数论。

0.536 64→0.536 6   0.583 46→0.583 5   10.275 0→10.28   16.405 0→16.40

27.185 0→27.18   11.065 01→11.07

必须注意：进行数字修约时只能一次修约到指定的位数，不能数次修约，否则会得出错误的结果。

例1：用一台0.5级100 V量程的电压表测量电压，指示值为85.35 V，试确定有效数字的位数。

解：该表100 V量程挡最大绝对误差为

$$\Delta U_m = \pm 0.5\% \times 100 \text{ V} = \pm 0.5 \text{ V}$$

可见被测量实际值在84.85～85.85 V，绝对误差为±0.5 V。根据"0.5误差原则"，测量结果的末位应为个位，即应保留两位有效数字。因此不标注误差时的测量报告值为85 V。一般将记录值的末位与绝对误差取齐，本例中误差为0.5 V，所以测量记录值为85.4 V。

1.4 测量仪器的基础知识

测量仪器是用于检出或测量一个量或为测量目的供给一个量的器具。采用电子技术测量电量或非电量的测量仪器称为电子测量仪器。

电子测量仪器是信息产业的基础，对于国防、科研、生产和生活等起着非常重要的作用。电子测量仪器伴随着信息技术的发展而发展，由最初的电子管仪器，经过晶体管仪器，再发展到集成电路仪器；由模拟仪器，经过数字仪器，再发展到智能仪器。新中国成立以来，我国的电子测量仪器产业从无到有，已成为一个具有科研、生产和经营较完整的体系，但总体上与世界发展水平相比，还有不小的差距。

1.4.1 电子测量仪器的分类

电子测量仪器品种繁多，按功能分类可分为专用仪器和通用仪器两大类。专用仪器是为特定目的而专门设计制造的，它只适用于特定的测量对象和测量条件。通用仪器的灵活性好、应用面广，按功能主要可以分为以下几类。

1. 信号发生器

信号发生器用于提供测量所需的各种波形的信号，如低频信号发生器、高频信号发生器、脉冲信号发生器、函数信号发生器和噪声信号发生器等。

2. 信号分析仪器

信号分析仪器用于观测、分析和记录各种电量的变化，包括时域、频域和数字域分析仪，如电压表、示波器、电子计数器、频谱分析仪和逻辑分析仪等。

3. 网络特性测量仪器

网络特性测量仪器用于测量电气网络的频率特性、阻抗特性等，如频率特性测试仪、阻抗测试仪和网络分析仪等。

4. 电子元器件测试仪器

电子元器件测试仪器用于测量各种电子元器件的各种电参数或显示元器件的特性曲线等，如电路元件（R、L、C）测试仪、晶体管特性图示仪、集成电路测试仪等。

5. 电波特性测试仪器

电波特性测试仪器用于对电波传播、电磁场强度、干扰强度等参量进行测量，如测试接收机、场强测量仪、干扰测试仪等。

6. 辅助仪器

辅助仪器用于配合上述各种仪器对信号进行放大、检波、衰减、隔离等，以便上述仪器更充分发挥作用，如各种放大器、检波器、衰减器、滤波器、记录仪以及交直流稳压电源等。

1.4.2 电子测量仪器的主要技术指标

电子测量仪器的技术指标主要包括频率范围、准确度、量程与分辨力、稳定性与可靠性、环境条件、响应特性以及输入输出特性等。

1. 频率范围

频率范围是指能保证仪器其他指标正常工作的有效频率范围。

2. 准确度

测量准确度又称为测量精度，描述的是由于测量结果在测量过程中受各种因素的影响而产生的与被测量真实值间的差异程度，即测量误差。

测量准确度通常以容许误差或不确定度的形式给出。不确定度是指在对测量数据进行处理的过程中，为了避免丢失真实数据而人为扩大的测量误差，由于它在一定程度上能反映出测量数据的可信程度而得名。不确定度的数值越大，丢失真实数据的可能性越小，即可信度越高。容许误差是为了描述测量仪器的测量准确度而规定的，利用仪器进行测量时，允许仪器产生的最大误差。

3. 量程与分辨力

量程是指测量仪器的测量范围。分辨力是指通过仪器所能直接反映出的被测量变化的最小值，即指针式仪表刻度盘标尺上最小刻度代表的被测量大小或数字仪表最低位的"1"所表示的被测量大小。同一仪器不同量程的分辨力不同，通常以仪器最小量程的分辨力（最高分辨力）作为仪器的分辨力。

4. 稳定性与可靠性

稳定性是指在一定的工作条件下，在规定时间内，仪器保持指示值或供给值不变的能力。可靠性是指仪器在规定的条件下，完成规定功能的可能性，是反映仪器是否耐用的一种综合性和统计性质量指标。

5. 环境条件

环境条件即保证测量仪器正常工作的工作环境，例如基准工作条件、正常条件、额定工作条件等。

6. 响应特性

一般说来，仪器的响应特性是指输出的某个特征量与其输入的某个特征量之间的响应关系或驱动量与被驱动量之间的关系。例如峰值检波器的响应特性为检波器输出的平均值约等于交流输入信号的峰值。

7. 输入特性与输出特性

输入特性主要包括测量仪器的输入阻抗、输入形式等。输出特性主要包括测量结果的指示方式、输出电平、输出阻抗、输出形式等。

1.4.3 电子测量仪器的误差

在电子测量中，由于电子测量仪器本身性能不完善所引起的误差，称为电子测量仪器的误差，它主要包括以下几类。

1．允许误差

技术标准、检定规程等对电子测量仪器所规定的允许的误差极限值称为允许误差。技术标准通常是指电子测量仪器产品说明书中的技术指标。允许误差可用绝对误差或相对误差表示。

2．基本误差

电子测量仪器在标准条件下所具有的误差称为基本误差。基本误差也称固有误差。标准条件一般规定电子测量仪器影响量的标准值或标准范围（例如环境温度20±2 ℃等），它比使用条件更加严格，所以基本误差能够更准确地反映电子测量仪器所固有的性能。

3．附加误差

电子测量仪器在非标准条件下所增加的误差称为附加误差。当一个影响量在正常使用条件范围内取任一值，而其他影响量和影响特性均处于标准条件，此时引起的仪器示值的变化就是附加误差。只有当某一影响量在允许误差中起重要作用时才给出，如环境温度变化、电源电压变化、频率变化、量程变化等。

有些电子测量仪器的允许误差就是以"基本误差+附加误差"的形式给出。例如，某一信号发生器的输出电压在说明书中规定：在连续状态下，频率为400 MHz时，输出电压刻度基本误差不大于±10%，输出电压在其他频率的附加误差为±7%。也就是说，输出电压刻度的允许误差为±10%（f=400 MHz），±7%（$f \neq$400 MHz）。

1.4.4　电子测量仪器的工作特性

电子测量仪器的用途决定了它的功能、工作条件和工作特性。

工作特性是用数值、误差范围来表征仪器性能的量，通常又可称为技术指标。电子测量仪器的工作特性主要分为电气工作特性和一般工作特性。如电压表，电气工作特性指量程、误差、工作频率范围、输入特性等，一般工作特性指电源、尺寸、重量、可靠性等。

1．误差

误差可以用工作误差、固有误差、影响误差、稳定误差等来表示。

2．稳定性

在工作条件恒定的情况下，在规定时间内仪器保持其指示值或供给值不变的能力称为仪器的稳定性。稳定性只直接与时间有关。

3．分辨力

分辨力是测量仪器可能检测出的被测量最小变化的能力。一般来说，数字式仪器的分辨力是读数装置最后一位的一个数字，模拟式仪器的分辨力是读数装置的最小刻度的一半。

4．有效范围和动态范围

有效范围是指仪器在满足误差要求的情况下，所能测量的最大值与最小值之差。习惯上称为仪器的量程。

动态范围是仪器在不调整量程挡级和满足误差要求的情况下，容许被测量的最大相对变化范围。

5．测试速率

测试速率是指单位时间内仪器读取被测量数值的次数。数字式仪器测量速率远高于指针式仪器。

6．可靠性

可靠性是指仪器在规定时间内和规定条件下，满足其技术条件、规定性能的能力。它是反映产品是否耐用的一项综合性质量指标。

1.4.5 电子测量仪器基本结构模型

电子测量仪器基本结构模型如图1-1-2所示。以电子测量仪器为核心组成的测试仪器系统来测量被测对象，根据测量要求获得相应的信息，测量人员观察到相应的信息，再对测量结果进行处理后，记录下来，为后续需要做储备。

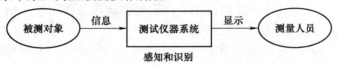

图1-1-2 电子测量仪器基本结构模型

实验与思考题

1．什么是测量？什么是电子测量？

2．按具体测量对象来区分，电子测量包括哪些内容？

3．常用电子测量仪器有哪些？

4．根据误差的性质，误差可分为哪几类？各有何特点？分别可以采取什么措施减小这些误差对测量结果的影响？

5．用1.5级、量程为10 V的电压表分别测量3 V和8 V的电压，试问哪一次测量的准确度高？为什么？

第2章 面 包 板

　　面包板是专为电子电路的无焊接实验设计制造的。由于各种电子元器件可根据需要随意插入或拔出，免去了焊接，节省了电路的组装时间，而且元件可以重复使用，所以非常适合电子电路的组装、调试和训练。

2.1 面包板的基本知识

2.1.1 面包板的用途

　　面包板用于制作供测试用的临时电路。面包板不需要焊接，因此可以很容易地改变连接和更换元件，而且不会破环元件，因此之后还可以重新利用这些元件。

　　几乎所有电子线路最初都在面包板上进行测试以验证所设计电路的正确性。图1-2-1给出了典型的小面包板。该面包板适合于初学者搭建由一至两个IC构成的简单电路。市场上也有更大面积的面包板，初学者可以购买一块以供学习。

图1-2-1　面包板实物图

2.1.2 面包板的分类

　　面包板分为无焊面包板、单面包板、组合面包板。

1. 无焊面包板

　　无焊面包板如图1-2-2（a）所示，就是没有作为底座的母板，没有焊接电源插口引出，但是能够扩展单面包板的板子。使用时应该先通电。将电源两极分别接到面包板的两侧插孔，然后就可以插上元件实验了（插元件的过程中要断开电源）。遇到多于五个元件或一组插孔插不下时，就需要用面包板连接线把多组插孔连接起来。

　　无焊面包板的优点是体积小、易携带；但缺点是比较简陋，电源连接不方便，而且面积小，不宜进行大规模电路实验。若要用其进行大规模的电路实验，则要用螺钉将多个面包板固定在大木板上，再用导线连接。

2．单面包板

单面包板就是有母板作为底座，并且电源接入有专用接线柱，甚至有些能够进行高压实验的还有地线接线柱的面包实验板，如图1-2-2（b）所示。这种板子使用起来比较方便，就是把电源直接接入接线柱，然后插入元件进行实验（插元件的过程中要断开电源）。遇到多于五个元件或一组插孔插不下时，就需要用面包板连接线（也叫面包线）把多组插孔连接起来。

单面包板的优点是体积较小、易携带，可以方便地通断电源；缺点是面积小，不宜进行大规模电路实验。

3．组合面包板

组合面包板如图1-2-2（c）所示，顾名思义就是把许多无焊面包板组合在一起而成的板子。一般将二至四个无焊面包板固定在母板上，然后用母板内的铜箔将各个板子的电源线连在一起。专业的组合面包板还专门为不同电路单元设计了分电源控制，使得每块板子可以根据用户需要而携带不同的电压。组合面包板的使用与单面包板相同。

组合面包板的优点是可以方便地通断电源，面积大，能进行大规模实验，并且活动性高，用途很广；缺点是体积大而且比较重，不宜携带，适合实验室及电子爱好者使用。

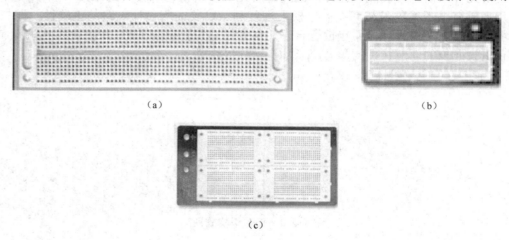

（a）

（b）

（c）

图1-2-2　面包板

（a）无焊面包板　（b）单面包板　（c）组合面包板

2.1.3　面包板的结构

整板使用热固性酚醛树脂制造，板底有金属条，在板上对应位置打孔使得元件插入孔中时能够与金属条接触，从而达到导电目的。一般将每五个孔板用一条金属条连接。板子中央一般有一条凹槽，这是针对需要集成电路、芯片的实验而设计的。板子两侧有两排竖着的插孔，也是五个一组。这两组插孔用于给板子上的元件提供电源。面包板上下部分内部连线和中间部分不同，如图1-2-3所示。

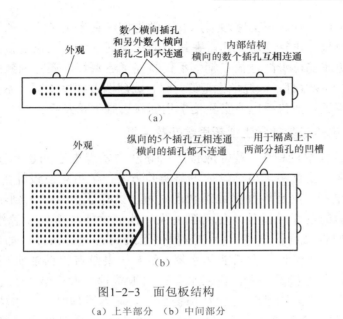

图1-2-3 面包板结构

（a）上半部分 （b）中间部分

2.2 面包板的应用

2.2.1 面包板对电子教学的意义

1. 面包板电路实验使学生创新思维生根发芽

教育心理学研究表明：学生在没有精神压力、没有心理负担、心情舒畅、情绪饱满的状态下，大脑皮层容易形成兴奋中心，创造性思维也容易被激活。例如：过去学生在做"LED流水灯"实验时，直接用220 V电烙铁焊接，一怕漏电，二怕烫手，三怕烫坏元件，所以教师对学生的实验干预较多，这样就不利于学生创造性思维的培养。试想一个在实验中缩手缩脚、不敢动手的学生，怎么会有创新性思维的萌芽呢？而今天的面包板是一种电路中常用的具有多孔插座的插件板，它的优点是无须焊接、不怕漏电、不会烫手、不会烫坏元件。学生可按照电路图自由地插放电子元件，插错了拔下来重新安装，元件丝毫不会损伤。如果电路实验失败可重新组装，如果电路实验成功可进入下一个新方案，面包板给了学生一个宽松的电路实验环境，使学生的思维在可发散处多向辐射，从而使学生创新思维生根发芽。

2. 面包板电路实验使学生创新思维生长发育

苏霍姆林斯基说：在手和脑之间有着千丝万缕的联系，这些联系起着两方面的作用，手使脑得到发展，使它更加明智；脑使手得到发展，使它变成创造的、聪明的工具，变成思维工具和镜子。而电路实验正如苏霍姆林斯基说的那样，例如借助面包板，让学生真正成为实验的主人。学生在面包板上实验时，可以不受集体活动的限制，自由自在地操作、随心所欲地表现，这正是使学生创新思维得到生长。例如：在"LED流水灯"实验中，先让学生们认识了数字集成电路CD4017、时基集成电路NE555，并把做好的流水灯给学生们看，那流水灯按红、绿、黄的顺序闪烁着。学生们对它产生了浓厚的兴趣，于是再按电路图在各自的面包板上进行实验操作。在最后的成果展示中，大家说得欲罢不能，课堂气氛达到了高潮。更难能可贵的是很多学生不仅装亮了流水灯，还有独到的创新之处。一位学生把5盏灯变成了12盏灯，一位学生把红、绿、黄灯倒着顺序来亮，还有一位学生把灯闪烁的时间间隔缩短了。面包板电路实验使学生创新思维生长发育。

3．面包板电路实验使学生创新思维开花结果

在少年电子教学过程中，教师应善于引导学生发现电子知识与实际生活之间的相互联系，要鼓励学生依靠生活自己设计电路实验方案。学生自己设计电路实验方案的过程，就是他们想的过程，也是多种思维综合的过程。只有让学生从头到尾经历自己设计实验的全过程，他们的创新性潜能才能得到开发，他们才能拓展创新思维的空间，而面包板电路实验为他们自己设计电路实验方案提供了最为有利的条件。如教学"自动加水器"实验时，学生们立刻想到了太阳能热水器，冬天如果没有提前加水，回来就没有热水用；如果提前放水，有时忘了关闸，自来水就白白浪费掉，太可惜，于是学生们借助面包板的优点，自己设计"太阳能自动加水报警器"。基本原理是：当水位上升使两根导线淹没时，三极管VT_1、VT_2得到了工作电流且同时导通，这时继电器吸合，切断了负载电源，小电动机停转，不再向水箱供水；当水箱缺水时，水位逐渐下降使其中一根导线露出水面时，三极管VT_1、VT_2同时截止，这时继电器的常闭触点接通电源，红灯不停闪烁，小电动机拉开自来水闸门供水；当水位上升到限定的位置时重复以上过程。实践证明，借助面包板的优点，让学生根据生活实际情况自己设计电路实验方案，使学生的创新思维开花结果。总之，无论哪种设想，我们都为学生提供充足的实验材料，让他们自由自在地操作，随心所欲地表现；让他们自己去设计实验方案，自己去尝试探究，结果学生的创造思维生根发芽—生长发育—开花结果。

2.2.2　面包板上的电路连接

面包板上有许多很小的插座（称为"孔"），孔间距离为0.1 in。大部分的元件引脚都可直接插到小孔中。集成芯片跨过面包板中间的凹槽插到凹槽两边的插孔中，集成电路的正方向标志（凹槽或小点）放到左侧。

面包板上的连线可以采用直径为标准尺寸的0.6 mm塑料外皮单芯铜线，不宜用多芯铜线，因为多芯铜线太软，在往小孔中插的时候很容易把线弄散，而且铜丝很容易弄坏电路板。

图1-2-4给出了面包板上的小孔连接方式：最顶上和最底下的各行排列的小孔在水平方向上是连通的，电源连接到这些行上，顶部为正电源，底部为地（0 V），如图中上下各两条水平线所示。

笔者建议使用最下面两行中的上面一行作为地线，这样在需要双电源（+9 V、–9 V）供电的时候可以使用最下面一行作为负电源。

其他的孔在垂直方向上是五个一组连通的，水平方向上相互隔离，如图1-2-4中间竖直线条所示。

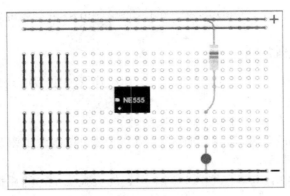

图1-2-4　面包板小孔连接图

2.2.3　在面包板上搭建电路

不能把电路原理图直接转化为面包板上的布局，因为元件在面包板上的排列方式与电路原理图上的排列方式是完全不同的。

把元件放置到面包板上的时候，必须把注意力集中在它们之间的连接关系上，而不是元件在电路原理图中的位置上。在面包板上搭建电路的时候，集成芯片是一个很好的起点，所以把集成芯片放置在面包板的中心位置，然后在IC芯片的周围一个管脚一个管脚地进行元件的连接，逐个管脚地放置元件并添加连接关系。

实例是最好的解释方式，所以下面一步一步地介绍如何在面包板上搭建一个555定时器电路。

该电路是一个非稳态电路。当该电路被触发后，会使LED点亮5 s之后再熄灭。LED点亮的时间取决于R_1和C_1，读者可以自己试着改变一下它们的值。R_1的取值范围应当在$1\ k\Omega \sim 1\ M\Omega$。

该电路的非稳态周期为$T=1.1 \times R_1 \times C_1$。

IC引脚数目：IC引脚的编号是从标注点或缺口处开始逆时针增加的。该规则对所有大小的IC都成立。图1-2-5给出了8脚和14脚IC。

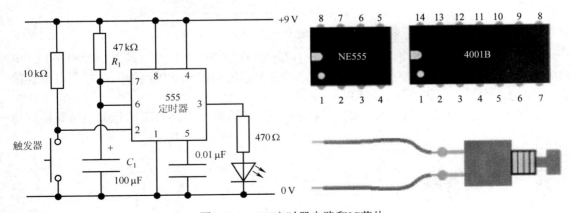

图1-2-5　555定时器电路和IC芯片

一些元件，如开关、驻极体话筒、可变电位器等，自己本身的引脚不合适，所以需要给这些元件焊接合适的引脚。对于面包板来说，可使用直径为0.6 mm的标准单芯塑料绝缘外皮铜线。

2.2.4　搭建电路实例分析

首先把555定时器芯片仔细地插到面包板的中心位置，芯片的缺口或圆点在左边。然后处理555定时器的每一个引脚。

（1）给1脚连接一条黑色导线，并连接到地线。

（2）把2脚通过10 kΩ电阻连接到+9 V电源，并把2脚通过按钮开关（需要在按钮开关上焊接引脚）连接到地线。

（3）把3脚通过470 Ω电阻连接到一列未用到的五孔块上，然后把一个LED从该五孔块连接到地线。

（4）把4脚通过一条红线连接到+9 V电源。

（5）把5脚通过0.01 μF电容连接到地线。

（6）把6脚通过100 μF电容连接到地线，电容的正极连接到6脚，通过蓝色导线把6脚连接到7脚上。

（7）把7脚通过47 kΩ电阻连接到+9 V电源上。注意检查一下是否有一条线已经从7脚连接到了6脚上。

（8）把8脚通过一条红色导线连接到+9 V电源上。

搭建好的电路如图1-2-6所示。

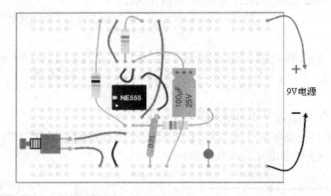

图1-2-6　在面包板上搭建555定时器电路

最后仔细检查各条连线，检查一下具有极性的元件的极性是否正确（LED和100 μF电容），确认一下没有导线相互接触（除非它们应当连接到相同的模块中），把面包板连接到9 V电源，然后按按钮以测试电路。

如果电路没有正常工作，那么把电源线断开，然后对照电路原理图仔细地重新检查每一个连接。

实验与思考题

1．如何在面包板上搭建地线与电源线？

2．如何在面包板上放置双列直插式的集成块？

第3章　信号发生器

信号发生器也称信号源或振荡器，是用来产生振荡信号的一种仪器，为使用者提供需要的稳定、可信的参考信号，并且信号的特征参数完全可控。所谓可控信号特征，主要是指输出信号的频率、幅度、波形、占空比、调制形式等参数都可以人为地控制设定。信号发生器所产生的信号在电路中常常用来代替前端电路的实际信号，为后端电路提供一个理想信号。由于信号源信号的特征参数均可人为设定，所以可以方便地模拟各种情况下不同特性信号，对于产品研发和电路实验特别有用。在电路测试中，可以通过测量、对比输入和输出信号，来判断信号处理电路的功能和特性是否达到要求。例如，用信号发生器产生一个频率为1 kHz的正弦波信号，输入到一个被测的信号处理电路（功能为正弦波输入，方波输出），被测电路输出端可以用示波器检验是否有符合设计要求的方波输出。高精度的信号发生器在计量和校准领域也可以作为标准信号源（参考源），待校准仪器以参考源为标准进行调校。在生产实践和科技领域中有着广泛的应用，也可应用在电子研发、维修、测量、校准等领域。

3.1　信号发生器的分类

随着科技的发展，实际应用到的信号形式越来越多，越来越复杂，频率也越来越高，所以信号发生器的种类也越来越多，同时信号发生器的电路结构形式也不断向智能化、软件化、可编程化发展。信号发生器产品种类繁多，大致可按照输出波形、输出信号频率范围及产品用途进行分类。

3.1.1　按输出信号波形差异分类

按输出信号波形差异可分为四大类。

1. 函数（波形）信号发生器

这种信号发生器能产生某些特定的周期性时间函数波形，如正弦波、方波、三角波、锯齿波和脉冲波等信号，频率范围可从几微赫兹到几十兆赫兹。除供通信、仪表和自动控制系统测试用外，还广泛用于其他非电测量领域。对这些函数发生器的频率都可电控、程控、锁定和扫频，仪器除工作于连续波状态外，还能按键控、门控或触发等方式工作。

2. 正弦信号发生器

这种信号发生器主要用于测量电路和系统的频率特性、非线性失真、增益及灵敏度等。按其不同性能和用途还可细分为低频（20 Hz～10 MHz）信号发生器、高频（100 kHz～300 MHz）信号发生器、微波信号发生器、扫频和程控信号发生器、频率合成式信号发生器等；按输出电平可调节范围和稳定度分为简易信号发生器（信号源）、标准信号发生器（输出功率能准确地衰减到-100dB·mW以下）和功率信号发生器（输出功率达数十毫瓦以上）；按频率改变的方式分为调谐式信号发生器、扫频式信号发生器、程控式信号发生器和频率合成式信号发生器等。

（1）高频信号发生器：频率为100 kHz～300 MHz的甚高频信号发生器。一般采用LC调谐式振荡器，频率可由调谐电容的度盘刻度读出。其主要用途是测量各种接收机的技术指标，输出信号可用内部或外加的低频正弦信号调幅或调频，使输出载频电压能够衰减到1 μV以下。

（2）微波信号发生器：从分米波直到毫米波波段的信号发生器。信号通常由带分布参数谐振腔的超高频三极管和发射速调管产生，但有逐渐被微波晶体管、场效应管和耿氏二极管等固体器件取代的趋势。仪器一般靠机械调谐腔体来改变频率，每台可覆盖一个倍频程左右，由腔体耦合出的信号功率一般可达10 mW以上。简易信号源只要求能加1 000 Hz方波调幅，而标准信号发生器则能将输出基准电平调节到1 mW，再从后随衰减器读出信号电平的分贝毫瓦值；还必须有内部或外加矩形脉冲调幅，以便测试雷达等接收机。

（3）扫频和程控信号发生器：扫频信号发生器能够产生幅度恒定、频率在限定范围内作线性变化的信号。在高频和甚高频段用低频扫描电压或电流控制振荡回路元件（如变容管或磁芯线圈）来实现扫频振荡；在微波段早期采用电压调谐扫频，用改变返波管螺旋线电极的直流电压来改变振荡频率，后来广泛采用磁调谐扫频，以YIG铁氧体小球作微波固体振荡器的调谐回路，用扫描电流控制直流磁场改变小球的谐振频率。扫频信号发生器有自动扫频、手控、程控和远控等工作方式。

（4）标准信号发生器频率合成式信号发生器：这种发生器的信号不是由振荡器直接产生，而是以高稳定度石英振荡器作为标准频率源，利用频率合成技术形成所需之任意频率的信号，具有与标准频率源相同的频率准确度和稳定度。输出信号频率通常可按十进位数字选择，最高能达11位数字的极高分辨力。频率除用手动选择外还可程控和远控，也可以进行步级式扫频，适用于自动测试系统。直接式频率合成器由晶体振荡、加法、乘法、滤波和放大等电路组成，变换频率迅速但电路复杂，最高输出频率只能达1 000 MHz左右。用得较多的间接式频率合成器是利用标准频率源通过锁相环控制电调谐振荡器（在环路中同时能实现倍频、分频和混频），使之产生并输出各种所需频率信号。这种合成器的最高频率可达26.5 GHz。高稳定度和高分辨力的频率合成器，配上多种调制功能（调幅、调频和调相），加上放大、稳幅和衰减等电路，便构成一种新型的高性能、可程控的合成式信号发生器，还可作为锁相式扫频发生器。

3. 脉冲信号发生器

这是能产生宽度、幅度和重复频率可调的矩形脉冲的发生器，可用以测试线性系统的瞬态响应，或用作模拟信号来测试雷达、多路通信和其他脉冲数字系统的性能。脉冲发生器主要由主控振荡器、延时级、脉冲形成级、输出级和衰减器等组成。主控振荡器通常为多谐振荡器之类的电路，除能自激振荡外，主要按触发方式工作。通常在外加触发信号之后首先输出一个前置触发脉冲，以便提前触发示波器等观测仪器，然后再经过一段可调节的延迟时间才输出主信号脉冲，其宽度可以调节。有的能输出成对的主脉冲，有的能分两路分别输出不同延迟的主脉冲。

4. 随机信号发生器

随机信号发生器通常又分为噪声信号发生器和伪随机信号发生器两类。噪声信号发生器主要用途为：在待测系统中引入一个随机信号，以模拟实际工作条件中的噪声而测定系统性能；外加一个已知噪声信号与系统内部噪声比较，以测定噪声系数；用随机信号代替正弦或脉冲信号，以测定系统动态特性等。当用噪声信号进行相关函数测量时，若平均测量时间不够长，会出现统计性误差，可用伪随机信号来解决此问题。

（1）噪声信号发生器：完全随机信号是在工作频带内具有均匀频谱的白噪声。常用的白噪声发生器主要有：工作于1 000 MHz以下同轴线系统的饱和二极管式白噪声发生器，用于微波波导系统的气体放电管式白噪声发生器，利用晶体二极管反向电流中噪声的固态噪声源（可工作在18 GHz以下整个频段内）等。噪声发生器输出的强度必须已知，通常用其输出噪声功率超过电阻热噪声的分贝数（称为超噪比）或用其噪声温度来表示。噪声信号发生器主要用途是：①在待测系统中引入一个随机信号，以模拟实际工作条件中的噪声而测定系统的性能；②外加一个已知噪声信号与系统内部噪声相比较以测定噪声系数；③用随机信号代替正弦信号或脉冲信号，以测试系统的动态特性。例如，用白噪声作为输入信号而测出网络的输出信号与输入信号的互相关函数，便可得到这一网络的冲激响应函数。

（2）伪随机信号发生器：用白噪声信号进行相关函数测量时，若平时测量时间不够长，则会出现统计误差，这可用伪随机信号来解决。当二进制编码信号的脉冲宽度T足够小，且一个码周期所含T数N很大时，则在低于$f_b=1/T$的频带内信号频谱的幅度均匀，称为伪随机信号。只要所取的测量时间等于这种编码信号周期的整数倍，便不会引入统计性误差。二进码信号还能提供相关测量中所需的时间延迟。伪随机编码信号发生器由带有反馈环路的n级移位寄存器组成，所产生的码长为$N=2^n-1$。

3.1.2 根据输出信号频率范围差异分类

根据输出信号频率范围的不同，信号发生器可分为超低频信号发生器、低频信号发生器、视频信号发生器、高频信号发生器、甚高频信号发生器、超高频信号发生器等。各类别信号发生器输出信号的频率范围分别为：<1 kHz（超低频信号发生器），1 Hz～1 MHz（低频信号发生器），20 Hz～10 MHz（视频信号发生器），200 kHz～30 MHz（高频信号发生器），30 MHz～300 MHz（甚高频信号发生器），>300 MHz（超高频信号发生器）。

需要说明的是：信号发生器的频率范围分类标准并不是绝对的，实际信号发生器单一产品的输出信号频率范围可能会涵盖多个频段。例如，XD-2型低频信号发生器可输出1 Hz～1 MHz正弦信号，VD1641A型函数信号发生器可输出1 Hz～2 MHz的多种函数信号，XFG-7型信号发生器可输出100 kHz～30 MHz载波频率调幅信号，AS1051S型射频信号发生器可输出100 kHz～150 MHz载波频率调幅或调频信号。

3.1.3 按照用途差异分类

按照用途差异，信号发生器一般可分为通用和专用信号发生器两类。

通用信号发生器可适用于一般测试场合，例如低频信号发生器、函数信号发生器及高频信号发生器等。专用信号发生器是为某种特殊测量目的而研制的，其特性应满足测量对象或测试场合的要求，例如电视信号发生器、编码脉冲信号发生器。

3.2 信号发生器的应用

1. 用信号发生器输出信号

波形选择，选择"～"键，输出信号即为正弦波信号。

频率选择，选择"kHz"键，输出信号频率以kHz为单位。

必须说明的是：信号发生器的测频电路的调节按键和旋钮要求缓慢调节；信号发生器本身能显示输出信号的值，当输出电压不符合要求时，需要另配交流毫伏表测量输出电压，选择不同的衰减再配合调节输出正弦信号的幅度，直到输出电压达到要求。

若要观察输出信号波形，可把信号输入到示波器。需要输出其他信号时，可参考上述步骤操作。

2. 用信号发生器测量电子电路的灵敏度

信号发生器发出与电路相同模式的信号，然后逐渐减小输出信号的幅度（强度），同时通过监测输出的水平。当电子电路输出有效信号与噪声的比例劣化到一定程度时（一般灵敏度测试信噪比标准$S/N=12\,dB$），信号发生器输出的电平数值就等于所测电子电路的灵敏度。在此测试中，信号发生器模拟了信号，而且模拟的信号强度是可以人为控制调节的。

用信号发生器测量电子电路的灵敏度时，其标准的连接方法是：信号发生器信号输出通过电缆接到电子电路输入端，电子电路输出端连接示波器输入端。

3. 用信号发生器测量电子电路的通道故障

信号发生器可以用来查找通道故障。其基本原理是：由前级往后级逐一测量接收通路中每一级的放大器和滤波器，找出哪一级放大电路没有达到设计应有的放大量或者哪一级滤波电路衰减过大。信号发生器在此扮演的是标准信号源的角色。信号源在输入端输入一个已知幅度的信号，然后通过超电压表或者频率足够高的示波器，从输入端口逐级测量增益情况，找出增益异常的单元，再进一步细查，最后确定存在故障的零部件。

信号发生器可以用来调测滤波器。调测滤波器的理想仪器——网络分析仪和扫频仪，其主要功能部件之一就是信号发生器。在没有这些高级仪器的情况下，信号发生器配合高频电压测量工具，如超高频毫伏表、频率足够高的示波器、测量接收机等，也能勉强调试滤波器，其基本原理是测量滤波器带通频段内外对信号的衰减情况。信号发生器在此扮演的是标准信号源的角色，信号发生器产生一个相对比较强的已知频率和幅度信号，从滤波器或者双工器的INPUT端输入，测量输出信号衰减情况。带通滤波器要求带内衰减尽量小，带外衰减尽量大；而陷波器正好相反，陷波频点衰减越大越好。因为普通的信号发生器都是固定单点频率发射的，所以调测滤波器需要采用多个测试点来"统调"。如果有扫频信号源和配套的频谱仪，就能图形化地看到滤波器的全面频率特性，调试起来极为方便。

实验与思考题

1. 用EE1641B1型函数信号发生器产生一个有效值为4mV、频率为5kHz的正弦信号。
2. EE1641B1型函数信号发生器与YB1610H型信号发生器标称值的区别是什么？
3. 频率合成的信号发生器有哪些优点？

第4章 万 用 表

模拟式万用表的显示部分是指针式微安表，所测的任何电参量（直流电压、交流电压、电阻等）都要被变成与之大小成正比的直流电流量，通过线圈带动指针转动，指示测量结果。特别是交流电压量，要通过检波的方法才能变成直流电流，所以说模拟万用表的核心部分是一个直流电流表。

数字式万用表的显示部分是液晶显示屏，显示的是对某直流电压进行模数转换后的测量结果，所测的任何电参量（直流电压、交流电压、电阻等）都要被变成与之大小成正比的直流电压量来进行显示，所以说数字万用表的核心部分是数字直流电压表。

在对非正弦交流信号进行测量时可能存在波形误差，所以首先要清楚所使用的交流电压表是什么检波形式的，再根据其波形相关参数和交流电压表检波形式对示值进行换算，求得实际值。

4.1 模拟万用表

4.1.1 模拟万用表的组成

模拟万用表是用来测量直流电流、直流电压和交流电流、交流电压、电阻的仪器。它主要由表头、测量电路、转换装置三个部分组成。与数字万用表相比，模拟万用表方便直观。这里以MF47型万用表为例，介绍一下指针式万用表的结构。MF47型万用表是一种高灵敏度、多量程的便携式整流系仪表，能完成直流电压、直流电流、交流电压、交流电流、电阻等基本项目的测量，还能估测电容的性能等。MF47型万用表外形如图1-4-1所示，背面有电池盒。从外观上看，它一般由外壳、表头、表盘、转换开关、机械调零旋钮、电阻挡调零旋钮、专用插孔、表笔及其插孔等组成。

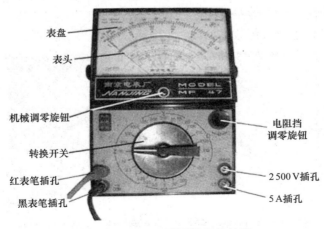

图1-4-1　MF47型万用表的外形

1. 表头

模拟万用表表头刻度线一般有四条，分别表示电阻、电压、电流以及电平的读数。表头是万用表的重要组成部分，决定了万用表的灵敏度。表头由表针、磁路系统和偏转系统组成。为了提高测量的灵敏度和便于扩大电流的量程，表头一般都采用内阻较大、灵敏度较高的磁电式直流电流表。另外，表头上还设有机械调零旋钮，用以校正表针在左端的零位。

万用表的表头是一个灵敏电流表，电流只能从正极流入，从负极流出。在测量直流电流的时候，电流只能从与"+"插孔相连的红表笔流入，从与"−"插孔相连的黑表笔流出；在测量直流电压时，红表笔接高电位，黑表笔接低电位，否则一方面测不出数值，另一方面很容易损坏表针。

欧姆表各挡的校准是以各自的中心电阻值为标准来进行的，所以在测量电阻时，应使指针尽量示于刻度标尺的正中央附近，以减小误差。电流表、电压表各挡的校准是以各自的满刻度值为标准来进行的，因此测量时应使指针的示值尽量靠近满度值，以减小误差。

电平的测量实际上是以交流电压测量来实现的，因此虽然电平是以功率比取对数来定义的，但它可以变换成电压的测量。由于零功率电平是在600 Ω负载上获得1 mW功率时的电平，则零功率电平时负载上的电压 $U_0 = \sqrt{P_0 \cdot R} = \sqrt{1(\text{mW}) \times 600(\Omega)} = 0.775(\text{V})$，这个电压数值就是零电平电压，因此电压（绝对）电平：

$$L_u = 20\lg\frac{U_x(\text{V})}{0.775(\text{V})}(\text{dB}) \tag{1-4-1}$$

式中 U_x——某点的电压值（V）。

表盘上分贝刻度是与交流电压的最低挡（"10 V"挡）相对应的。

2. 表盘

表盘由多种刻度线以及带有说明作用的各种符号组成。只有正确理解各种刻度线的读数方法和各种符号所代表的意义，才能熟练、准确地使用好万用表。MF47型万用表的表盘如图1-4-2所示。

表盘上的符号A−V−Ω表示这只表是可以测量电流、电压和电阻的多用表。表盘上印有多条刻度线，其中右端标有"Ω"的是电阻刻度线，其右端表示零，左端表示∞，刻度值分布是不均匀的。符号"−"表示直流，"～"表示交流，"≈"表示交流和直流共用的刻度线，hFE表示晶体管放大倍数刻度线，dB表示分贝电平刻度线。

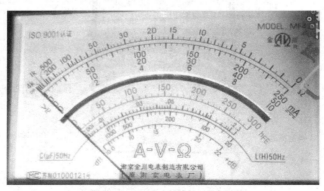

图1-4-2　MF47型万用表表盘

3．转换开关

转换开关用来选择被测电量的种类和量程（或倍率），是一个多挡位的旋转开关。MF47型万用表的测量项目包括：直流电压、直流电流、交流电压、交流电流和电阻。每挡又划分为几个不同的量程（或倍率）以供选择。

当转换开关拨到电流挡，可分别与五个接触点接通，用于500 mA、50 mA、5 mA、0 mA和50 μA量程的电流测量；同样，当转换开关拨到电阻挡，可用×1、×10、×100、×1K、×10K倍率分别测量电阻；当转换开关拨到直流电压挡，可用于0.25 V、1 V、2.5 V、10 V、50 V、250 V、500 V和1 000 V量程的直流电压测量；当转换开关拨到交流电压挡，可用于10 V、50 V、250 V、500 V、1 000 V量程的交流电压测量。

4．机械调零旋钮和电阻挡调零旋钮

机械调零旋钮的作用是调整表针静止时的位置。万用表进行任何测量时，其表针应指在表盘刻度线左端"0"的位置上，如果不在这个位置，可调整该旋钮使其到位。

电阻挡调零旋钮的作用是，当红、黑两表笔短接时，表针应指在电阻（欧姆）挡刻度线的右端"0"的位置上，如果不指在"0"的位置，可调整该旋钮使其到位。需要注意的是，每转换一次电阻挡的量程，都要调整该旋钮，使表针指在"0"的位置上，以减小测量的误差。

5．表笔插孔

表笔分为红、黑两支，使用时应将红色表笔插入标有"+"号的插孔中，黑色表笔插入标有"–"号的插孔中。另外，MF47型万用表还提供2 500 V交直流电压扩大插孔以及5 A直流电流扩大插孔。使用时分别将红、黑表笔移至对应插孔中即可。

4.1.2　模拟万用表的工作原理

电磁式表头基本工作原理是先通过一定的测量机构将被测的模拟电量转换成电流信号，再由电流信号去驱动电磁式表头指针偏转，通过对相应的刻度盘读数即可指示出被测量的大小。

4.1.3　模拟万用表的使用方法

1．准备工作

万用表应水平放置；调节"机械零位调节器"，使指针指示在零位；红表笔插入"+"插孔，黑表笔插入"–"插孔。

2．电阻的测量

（1）正确选用Ω（欧姆）挡。

（2）欧姆调零：在进行电阻测量前，先将两根表笔"短接"，指针便向满刻度偏转；再调节"欧姆调零"电位器，使指针指在0 Ω刻度上。

（3）测出电阻值：将两根表笔分别接被测电阻的两端，电阻值=Ω挡倍率×指针在刻度上的读数。

27

3．直流电流的测量

（1）选择转换开关的直流电流量程挡。

（2）连接测量电路：万用表串联接入被测电路，红表笔接电流流入方向，黑表笔接电流流出方向。

（3）读数：直流电流值等于直流电流量程相应刻度线的指针示值。

4．直流电压的测量

（1）选择转换开关的直流电压挡。

（2）连接测量电路：红表笔接被测直流电压的正端，黑表笔接被测电压的负端。

（3）读数：直流电压值等于直流电压挡相应刻度线的指针示值。

5．交流电压的测量

（1）选择转换开关的交流电压挡。

（2）两根测试笔接在被测交流电压的两端，无须考虑极性。

（3）读数：交流电压值等于交流电压挡相应刻度线的指针示值。

6．交流电流的测量

（1）选择转换开关的交流电流量程挡。

（2）将万用表串联接入被测电路中，两表笔的连接无须考虑极性。

（3）读数：交流电流值等于交流电流挡相应刻度线的指针示值。

4.1.4　模拟万用表的使用注意事项

（1）使用之前，应仔细阅读说明书和万用表面板上的技术符号，了解所用万用表的各种正常使用条件和技术指标。

（2）测试前，首先把万用表放置水平状态，并视其表针是否处于零点（指电压、电流刻度的零点），若不在零点，则应调整表头下方的"机械零位调节器"，使指针指向零点。

（3）根据所测物理量，正确选择万用表的功能挡和量程挡，务必使测量结果指针偏转超过刻度尺的一半，如测直流电压时，就应把右旋钮置"V"挡，左旋钮置合适的直流电压量程挡上。

（4）测直流电压、直流电流时，应注意被测量的极性应与万用表的极性一致。

（5）测电压时，万用表表笔应并联在被测电路两端；测电流时，表笔应串联在被测电路中。

（6）若不知所测物理量的大小，首先应把量程置于较大的量程上，而后逐渐调小到合适的量程，即测量结果使指针偏转超过刻度尺的一半。

（7）使用欧姆表前必须进行调零，即将两表笔短接，调节欧姆挡的"欧姆调零"电位器，使指针指在欧姆表刻度尺的"0 Ω"位置上。若调节电位器，指针不能指示"0 Ω"位置，说明电池电压不足，需要更换新的电池。

（8）不允许带电测量电阻值。测量连接在电路中的电阻时，应将电路的电源断开，如果电阻两端还与其他元件相连，应断开一端后再测量。如果电路中有电容器，应先将电容器放电后再测。

（9）严禁使用万用表的电流挡、欧姆挡测量交、直流电压。

（10）万用表使用完毕，各旋钮应放置于安全挡位上，即右旋钮置"V~"挡或 "·"空挡上，左旋钮置交流电压最大量程"500 V"挡上。

4.2　数字万用表

与普通的模拟式万用表相比，数字万用表的测量功能较多，它不仅能测量直流电压、直流电流、交流电压、交流电流和电阻等参数，还能测量信号频率、电容器电容及电路的通断等。除以上测量功能外，还有自动校零、自动显示极性、过载显示、读数保持、显示被测量单位的符号等功能。它以直流电压的测量为基础，测量其他参数时，先把它们变换为等效的直流电压，然后通过测量直流电压获得所测参数的数值。

1. 数字万用表的特点

较之模拟式万用表，数字万用表除具有一般的模拟式万用表所具有的准确度高、数字显示、读数迅速准确、分辨力高、输入阻抗高、能自动调零、自动转换量程、自动转换即显示极性等优点外，由于采用大规模集成电路，所以体积小、可靠性高、测量功能齐全、操作简便。有些数字万用表可以精确地测量电容、电感、温度、晶体管的电流放大倍数h_{FE}等，大大扩展了功能。数字万用表内部还有较完善的保护电路，过载能力强。由于数字万用表具有上述这些优点，使它获得越来越广泛的应用。但它也有不足之处：不能反映被测量的连续变化过程以及变化的趋势，如用来观察电容器的充放电过程，就不如模拟电压表方便直观；也不适于作电桥调平衡用的零位指示器；同时其价格也偏高。所以，尽管数字万用表具有许多优点，但它不可能完全取代模拟万用表。

2. 数字万用表的基本组成

图1-4-3是某种型号数字万用表的原理方框图。全机由集成电路ICL-7129、$4\frac{1}{2}$位LCD、分压器、电流/电压变换器（I/U）、电阻/电压变换器（R/U）、A/D转换器、电容/电压变换器（C/U）、频率/电压变换器（F/U）、蜂鸣器电路、电源电路等组成。

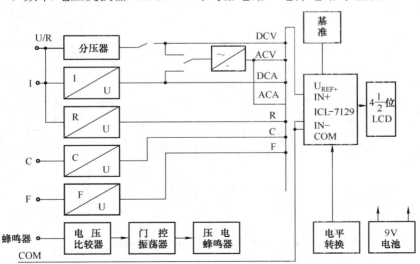

图1-4-3　某种型号数字万用表的原理方框图

集成电路ICL-7129测量电路的基本部分是基本量程为200 mV的直流数字万用表。对于电流、电阻、电容量、频率等非电量，都必须先经过变换器转换为电压量后，再送入A/D转换器。对于高于基本量程的输入电压，还须经分压器变换到基本量程范围内。

ICL-7129型A/D转换器内部包括模拟电路和数字电路两大部分。模拟部分为积分式A/D转换器。数字部分用于产生A/D转换过程中的控制信号及对转换后的数字信号进行计数、锁存、译码，最后送往LCD显示器。该万用表使用9 V电池，经基准电压产生电路产生A/D转换过程所需的基准电压U_{REF}；电平转换器则将电源电压转换为LCD显示所需的电平幅值。它每秒可完成A/D转换1.6次。

3．数字万用表的测量电路

测量电压、电流和电阻时的电路连接如图1-4-4所示。

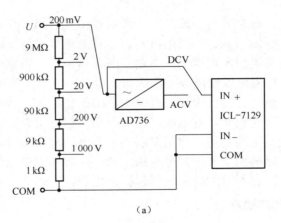

（a）

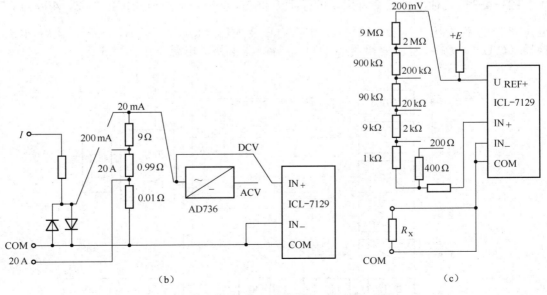

（b）　　　　　　　　　　　　　　　（c）

图1-4-4　测量电压、电流和电阻的电路连接

（a）电压测量电路　（b）电流测量电路　（c）电阻测量电路

　　电压测量的基本量程为200 mV，对高于200 mV的被测电压，测量时需通过分压电路转换到基本量程范围内。测量电流时，被测电流流过取样电阻，将电流量转换为电压量送至A/D转换器。取样电阻的大小依量程而定，它保证在满量程电流值时，取样电压为200 mV。

　　测量交流电压和电流时，还须经过A/D转换，本仪器使用集成电路AD736来完成。它是一种计算式有效值型转换器，既可用于测量正弦电压，也可用于测量方波、三角波等非正弦电压，所得结果均为有效值，不必进行换算。但是，由于交流测量电路中没有使用隔直流电容，因此指示值为交流分量有效值和直流分量之和。

　　电阻和电压测量共用一个输入端。ICL-7129有一个量程控制器，测量电阻时可以将仪器基本量程改为2 V。这时$U_{\text{REF+}}$端电压为+3.2 V。被测电阻与内部的标准电阻串联后分压，将被测电阻转换为相应的电压值进行测量。

　　测量电容和频率时，也需将被测量转换为相应的电压值送至A/D转换器。图1-4-5为测量电容时的电路连接图。图中A_1和周围的容阻网络组成文氏桥振荡器，A_2、A_3为放大器。文氏桥振荡电路中，闭环增益由负反馈支路决定，略大于3；振荡频率由正反馈支路的电阻、电容决定，频率约为400 Hz。

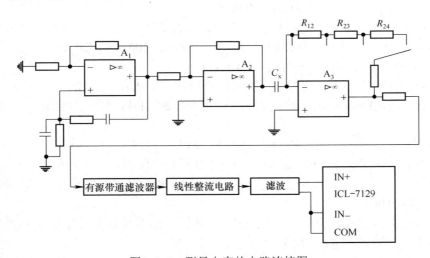

图1-4-5　测量电容的电路连接图

　　在A_3放大电路中反馈支路电阻R_{12}、R_{23}、R_{24}为量程电阻。前级来的振荡信号经被测电容C_x加至A_3的反向输入端，本级的闭环增益

$$A_u = -\frac{R_f}{1/\text{j}\omega C_x} = -\text{j}\omega C_x R_f \qquad (1\text{-}4\text{-}2)$$

式中　　R_f——R_{12}、R_{23}、R_{24}适当组合。

　　可见，当R_f一定时，放大器的输出电压与被测电容的容量成正比。该电压经有源滤波、线性整流后，加至ICL-7129输入端进行测量，可直接读出电容的数值。

　　测量频率时，首先对信号进行放大、整形，然后经频率-电压变换电路，将被测频率变换为与之成正比的电压后，再送至ICL-7129中测量。

　　仪表内装有蜂鸣器电路，可用于检查线路的通断。线路接通时，使比较器翻转，门控振荡器起振，从而推动蜂鸣器发声。

4.3 数字万用表典型产品的介绍

DT-9205型数字万用表可测量交、直流电压，交、直流电流，电阻，电容，频率，温度，二极管，晶体管，逻辑电平等；$3\frac{1}{2}$位液晶显示，读数刷新速率（即测量速率）为每秒2～3次；过量程指示；最高位显示"1"，其余位消隐；自动负极性"－"指示；有自动校零功能；配有内置和外接热电偶，可测量环境温度和电路板上的温度；内置蜂鸣器和指示灯，用于表示电路通断及高低电平等；机内保险，对全量程进行过载保护；具有自动关机功能，节省电量。DT-9205型数字万用表的前面板如图1-4-6所示。

图1-4-6 DT-9205型数字
万用表前面板

1. 主要功能

（1）直流电压（DCV）：分五挡，200 mV，2 V，20 V，200 V，1 000 V。

（2）交流电压（ACV）：分三挡，20 V，200 V，750 V。

（3）直流电流（DCA）：分四挡，20 μA，20 mA，200 mA，20 A。

（4）交流电流（ACA）：分两挡，20 mA，2 A。

（5）电阻：分七挡，200 Ω，2 kΩ，20 kΩ，200 kΩ，2 MΩ，20 MΩ，200 MΩ。其中"200 Ω"挡也用于电路通断测试，当两测试点间电阻小于30 Ω时，蜂鸣器会发声，同时发光二极管会发光。

（6）电容：分五挡，2 nF，20 nF，200 nF，2 μF，20 μF。电容测量时会自动校零。

（7）频率：分两挡，2 kHz，20 kHz。输入电压有效值不得大于250 V。

（8）温度：一挡，以摄氏度为单位。随表所附的K型裸露式接点热电偶，极限温度为250 ℃（短时间内可为300 ℃）。

（9）二极管：正负极性测试。显示正向压降值，反接时显示过量程符号"1"。测试条件：正向直流电流约10 μA，反向直流电压约为3 V。

（10）三极管：h_{FE}参数测试。可测NPN型、PNP型晶体管。测试条件：基极电流I_B约为10 μA，U_{CE}约为3 V。

（11）逻辑：高低电平测试。被测电压≥2.4 V为高电平，被测电压≤0.7 V为低电平。

2. 使用方法

1）电源开关

置于"ON"时，电源接通，显示屏上有"1""0"或变化不定的数字显示，此时即可进行测量。该仪表具有自动断电功能，开机约15 min后会自动关机，重复电源开关操作即可开机。

2）电压的测量

（1）直流电压的测量，如电池、随身听电源等。首先将黑表笔插进"COM"插孔，红表笔插进"VΩ"插孔。把旋钮打到比估计值大的量程（注意：表盘上的数值均为最大量程，"V－"表示直流电压挡，"V～"表示交流电压挡，"A"表示电流挡），接着把表笔接电源或电池两端，保持接触稳定。数值可以直接从显示屏上读取，若显示为"1"，表明量程太小，就要加大量程后再测量。如果在数值左边出现"–"，则表明表笔极性与实际电源极性相反，此时红表笔接的是负极。

（2）交流电压的测量。表笔插孔与直流电压的测量一样，不过应该将旋钮打到交流挡"V～"处所需的量程即可。交流电压无正负之分，测量方法跟前面相同。无论测交流还是直流电压，都要注意人身安全，不要随便用手触摸表笔的金属部分。

3）电流的测量

（1）直流电流的测量。先将黑表笔插入"COM"插孔。若测量大于200 mA的电流，则要将红表笔插入"10 A"插孔并将旋钮打到直流"10 A"挡；若测量小于200 mA的电流，则将红表笔插入"200 mA"插孔，将旋钮打到直流200 mA以内的合适量程。调整好后，就可以测量了。将万用表串进电路中，保持稳定，即可读数。若显示为"1"，就要加大量程；如果在数值左边出现"–"，则表明电流从黑表笔流进万用表。

（2）交流电流的测量。测量方法与直流电流相同，不过挡位应该打到交流挡位，电流测量完毕后应将红笔插回"VΩ"插孔。若忘记这一步而直接测电压，可能会将数字万用表烧毁。

4）电阻的测量

将表笔插进"COM"和"VΩ"插孔中，把旋钮打到电阻挡中所需的量程，将表笔接在电阻两端金属部位，测量中可以用手接触电阻，但不要把手同时接触电阻两端，这样会影响测量精确度——人体是电阻很大但有限大的导体。读数时，要保持表笔和电阻有良好的接触。注意单位：在"200"挡时单位是"Ω"，在"2K"到"200K"挡时单位为"kΩ"，"2M"以上的单位是"MΩ"。

5）二极管的测量

数字万用表可以测量发光二极管、整流二极管等，测量时，表笔位置与电压测量一样，将旋钮旋到"$\rightarrow\mid$"挡；用红表笔接二极管的正极，黑表笔接负极，这时会显示二极管的正向压降。肖特基二极管的压降是0.2 V左右，普通硅整流管（1N4000、1N5400系列等）约为0.7 V，发光二极管为1.8～2.3 V。调换表笔，显示屏显示"1"则为正常，因为二极管的反向电阻很大；否则此管已被击穿。

6）三极管的测量

表笔插位同上，原理同二极管。先假定 A 脚为基极，用黑表笔与该脚相接，红表笔分别接触其他两脚。若两次读数均为0.7 V左右，然后再用红笔接 A 脚，黑表笔分别接触其他两脚，若均显示"1"，则 A 脚为基极，否则需要重新测量，且此管为PNP管。那么集电极和发射极如何判断呢？数字表不能像指针表那样利用指针摆幅来判断，那怎么办呢？可以利用"hFE"挡来判断：先将挡位打到"hFE"挡，可以看到挡位旁有一排小插孔，分为PNP和NPN管的测量。前面已经判断出管型，将基极插入对应管型"b"插孔，其余两脚分别插入"c""e"插孔，此时可以读取数值，即β值；再固定基极，其余两脚对调；比较两次读数，读数较大的那次引脚位置与万用表插孔上标明的"c""e"相对应。

7）MOS场效应管的测量

N沟道的MOS场效应管有国产的3D01、4D01，日产的3SK系列。G极（栅极）的确定：利用万用表的"$\rightarrow\mid$"挡。若某脚与其他两脚间的正、反压降均大于2 V，即显示"1"，此脚即为栅极。再交换表笔测量其余两脚，压降小的那次测量中，黑表笔接的是D极（漏极），红表笔接的是S极（源极）。

8）使用注意事项

严禁在测量较高电压或较大电流时旋动开关，以防电弧烧毁开关；严禁带电测量电阻；当电池电压不足时，会显示电池符号，此时应更换电池；测量高压时应注意人身安全。

实验与思考题

1. 电压测量的特点有哪些？它的重要性体现在哪里？
2. 模拟电压表和数字电压表的分辨力各与什么因数有关？
3. 直流电压的测量方案有哪些？
4. 交流电压的测量方案有哪些？

第5章　电子示波器

示波器是一种用途十分广泛的电子测量仪器。它能把肉眼看不见的电信号变换成看得见的图像，便于人们研究各种电现象的变化过程。示波器利用狭窄的、由高速电子组成的电子束，打在涂有荧光物质的屏面上，就可产生细小的光点。在被测信号的作用下，电子束就好像一支笔的笔尖，可以在屏面上描绘出被测信号的瞬时值的变化曲线。利用示波器能观察各种不同信号幅度随时间变化的波形曲线，还可以用它测试各种不同的电量，如电压、电流、频率、相位差、调幅度等。

5.1　示波器的结构组成与调节原理

示波器主要由显示电路、垂直（Y轴）电路、水平（X轴）电路、扫描与同步电路、电源供给电路五大电路板块构成。这里以YB4340型通用示波器为例，说明主要控制键的作用与调节原理。YB4340型通用示波器的面板如图1-5-1所示。

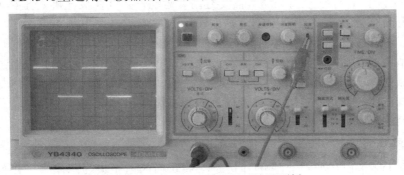

图1-5-1　YB4340型通用示波器面板

5.1.1　显示电路

显示电路包括示波管及其控制电路两个部分。示波管是一种特殊的电子管，是示波器一个重要组成部分。示波管由电子枪、偏转系统和荧光屏三个部分组成。

1. 电子枪

电子枪用于产生并形成高速、聚束的电子流，去轰击荧光屏使之发光。它主要由灯丝F、阴极K、控制极G、第一阳极A1、第二阳极A2组成。除灯丝外，其余电极的结构都为金属圆筒，且它们的轴心都保持在同一轴线上。阴极被加热后，可沿轴向发射电子；控制极相对阴极来说是负电位，改变电位可以改变通过控制极小孔的电子数目，也就是控制荧光屏上光点的亮度。为了提高屏上光点亮度，又不降低对电子束偏转的灵敏度，现代示波管中，在偏转系统和荧光屏之间还加上一个后加速电极A3。

第一阳极对阴极而言加有几百伏的正电压。在第二阳极上加有一个比第一阳极更高的正电压。穿过控制极小孔的电子束，在第一阳极和第二阳极高电位的作用下，得到加速，向荧光屏方向作高速运动。由于电荷的同性相斥，电子束会逐渐散开。通过第一阳极、第二阳极之间电场的聚焦作用，使电子重新聚集起来并交汇于一点。适当控制第一阳极和第二阳极之间电位差的大小，便能使焦点刚好落在荧光屏上，显现一个光亮细小的圆点。改变第一阳极和第二阳极之间的电位差，可起调节光点聚焦的作用，这就是示波器的"聚焦"和"辅助聚焦"调节的原理。第三阳极是在示波管锥体内部涂上一层石墨形成的，通常加有很高的电压，它有三个作用：①使穿过偏转系统的电子进一步加速，有足够的能量去轰击荧光屏，以获得足够的亮度；②石墨层涂在整个锥体上，能起到屏蔽作用；③电子束轰击荧光屏会产生二次电子，处于高电位的A3可吸收这些电子。

2．偏转系统

示波管的偏转系统大都是静电偏转式，它由两对相互垂直的平行金属板组成，分别称为水平偏转板和垂直偏转板。它们分别控制电子束在水平方向和垂直方向的运动。当电子在偏转板之间运动时，如果偏转板上没有加电压，偏转板之间无电场，离开第二阳极后进入偏转系统的电子将沿轴向运动，射向屏幕的中心。如果偏转板上有电压，偏转板之间则有电场，进入偏转系统的电子会在偏转电场的作用下射向荧光屏的指定位置。

如果两块偏转板互相平行，并且它们的电位差等于零，那么通过偏转板空间的，具有速度v的电子束就会沿着原方向（设为轴线方向）运动，并打在荧光屏的坐标原点上。如果两块偏转板之间存在着恒定的电位差，则偏转板间就形成一个电场，这个电场与电子的运动方向相垂直，于是电子就朝着电位比较高的偏转板偏转。这样，在两偏转板之间的空间，电子就沿着抛物线在这一点上作切线运动。最后，电子降落在荧光屏上的A点，这个A点距离荧光屏原点（O）有一段距离，这段距离称为偏转量，用y表示。偏转量y与偏转板上所加的电压U_y成正比。同理，在水平偏转板上加有直流电压时，也发生类似情况，只是光点在水平方向上偏转。

3．荧光屏

荧光屏位于示波管的终端，它的作用是将偏转后的电子束显示出来，以便观察。在示波器的荧光屏内壁涂有一层发光物质，因而荧光屏上受到高速电子冲击的地点就显现出荧光。此时光点的亮度决定于电子束的数目、密度及其速度。改变控制极的电压时，电子束中电子的数目将随之改变，光点亮度也就改变。在使用示波器时，不宜让很亮的光点固定出现在示波管荧光屏一个位置上，否则该点荧光物质将因长期受电子冲击而烧坏，从而失去发光能力。

涂有不同荧光物质的荧光屏，在受电子冲击时将显示出不同的颜色和不同的余辉时间，通常供观察一般信号波形用的是发绿光的，属中余辉示波管；供观察非周期性及低频信号用的是发橙黄色光的，属长余辉示波管；供照相用的示波器中，一般都采用发蓝色的短余辉示波管。

在荧光屏这部分中的控制键数目不多，主要控制键有辉度和聚焦两个。它们的作用及调节的原理如下。

（1）辉度：用来调节波形的亮度。调节原理是，调节示波管的控制极的电压，从而使电子束的电子密度改变，密度大时亮度提高，反之亮度降低。

（2）聚焦：用来调节波形的清晰度。调节原理是，调节示波管的聚焦极的电压，以改变电子透镜的聚焦点的位置，当焦点正好落在荧光屏上时，波形的清晰度最高。

这里需特别指出，示波器中辉度旋钮有相当大的调节范围，不要将其调到亮度最大的位置，因为这样会降低荧光屏的寿命。一般情况下，辉度旋钮只需调到中间位置即可。在使用过程中，可酌情微调辉度旋钮，使亮度适中。

通常聚焦旋钮也是调到中间位置，而且一旦调好，在以后的整个测试过程中，都无须再调节该旋钮。

5.1.2　垂直（Y轴）电路

由于示波管的偏转灵敏度甚低，例如常用的示波管13SJ38J型，其垂直偏转灵敏度为0.86 mm/V（约12 V电压产生1 cm的偏转量），所以一般的被测信号电压都要先经过垂直放大电路的放大，再加到示波管的垂直偏转板上，以得到垂直方向的适当大小的图形。

1．垂直通道的组成

垂直通道的基本组成如图1-5-2所示。

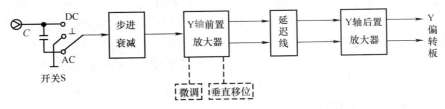

图1-5-2　垂直通道的组成

其中，开关S和衰减器为Y输入电路；Y轴放大器分为前置放大器和后置放大器，之间插入延迟线。前置放大器将不平衡输入信号变换为平衡输出信号，并且由此处分出一路信号送到X通道作内触发信号。可见，垂直通道主要由衰减器和放大器组成，其作用是放大（或衰减）被测信号，再将其送到Y偏转板。

因为最终从屏幕上看到的波形，是由当前加在Y偏转板上的电信号来决定的。而被测信号需经过Y通道的全部电路，才能到达Y偏转板。故而Y通道的控制键可以实现如下的控制：决定Y输入信号能否送到Y偏转板，决定信号中的直流分量能否送到Y偏转板；决定送到Y偏转板的信号幅度大小，决定Y偏转板的附加直流电压大小。这些控制作用，分别体现在下面列举的控制键中。

2．垂直通道的主要控制键

（1）耦合方式：转换信号的输入耦合方式。它有"AC""⊥""DC"三个挡位（见图1-5-2中的开关S）。在"DC"挡位时，Y通道是一个直流放大器，此时被测信号中的直流分量，可改变屏上波形的垂直位置；"AC"挡位时，由于耦合电容C的存在，Y通道变成一个交流放大器，此时被测信号中的直流分量不影响屏上波形的垂直位置。"⊥"即接地，此时Y通道放大器的输入端被接地，从而Y输入插座上的被测信号被隔断。

（2）偏转因数：调节示波器的垂直偏转灵敏度。它其实是一个多挡位的衰减器，采取步进方式变更衰减量。当衰减量增大时，Y通道的总增益降低，屏上波形的幅度（波形的高度）减小；反之，幅度增大。偏转因数的挡位，明确指示了垂直偏转灵敏度之值。

（3）垂直微调：垂直偏转灵敏度的微调。电路中，通常采用调整负反馈量的方法来调节放大器的增益。调节垂直微调时，屏上波形的幅度可连续变化，但不能明确指示垂直偏转灵敏度的大小。

（4）垂直移位：调整屏上波形的垂直位置。电路中，采用改变Y偏转板上附加直流电压的大小来实现。垂直移位有相当大的调整范围，一般宜置于中间位置。

（5）探极：是连接被测电路与示波器的测试线，常用的是无源探极。目前示波器所用探极常带有开关，有"×1""×10"两个挡位。在"×10"挡位时，衰减比为10:1，输入电阻为10 MΩ。在"×1"挡位时，无衰减，输入电阻为1 MΩ。两个挡位不仅输入阻抗不同，而且带宽也不同，在"×10"挡位时，可达满带宽；在"×1"挡位时，带宽在10 MHz以下。因此，应优先选用"×10"挡位，特别是测量高频信号时。

（6）垂直方式：选择Y通道的工作方式。在双踪示波器中才有此控制键。在早期生产的示波器中，该键是一个多挡位的开关；目前生产的示波器，常用一组（CH1，CH2，ADD）按键开关来控制。通过组合可有四种工作方式。

① 按下"CH1"按键：屏幕上仅显示通道1的信号波形。

② 按下"CH2"按键：屏幕上仅显示通道2的信号波形。

③ 同时按下"CH1""CH2"按键：屏幕上同时显示通道1和通道2两个信号的波形，此时为双踪显示（DUAL）。

④ 按下"ADD"按键：屏幕上显示通道1信号和通道2信号的叠加波形。

5.1.3 水平（X 轴）电路

由于示波管水平方向的偏转灵敏度也很低，所以接入示波管水平偏转板的电压（锯齿波电压或其他电压）也要先经过水平放大电路的放大以后，再加到示波管的水平偏转板上，以得到水平方向适当大小的图形。

1. 水平通道的组成

水平通道的基本组成如图1-5-3所示。

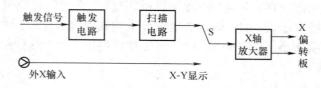

图1-5-3　水平通道的组成

水平通道由触发电路、扫描电路、X轴放大器组成。其中，X轴放大器用来放大锯齿波扫描电压或X外接信号；扫描电路产生线性锯齿波（扫描电压）；触发电路将各种来源的触发信号变换成触发脉冲。可见，水平通道不仅用扫描电路产生的锯齿波去实现扫描，而且还由触发电路去完成同步。

示波器中，水平通道的控制键最多，其中近一半在触发电路中。下面按上述三个部分来分述各部分中的控制键作用与调节原理。

2．X轴放大器中的控制键

（1）水平移位：调整屏上波形的水平位置。电路中，采用改变X偏转板上附加直流电压的大小来实现。水平移位的调整范围较小，一般也应置于中间位置。

（2）扫描格式：示波器除可显示电信号的波形外，还可显示X-Y图形。此控制键是这两种扫描格式的转换开关。一般情况下，此开关处在波形显示位置，X偏转板上所加信号是锯齿波扫描电压；当此开关处在X-Y显示位置时，X偏转板上所加信号是X外接信号，而Y偏转板上所加是Y信号，所以显示图形是Y-X的函数曲线。

3．扫描电路中的控制键

扫描电路的典型组成是由扫描闸门电路、锯齿波发生器、比较释抑电路构成一个环（称为扫描发生器环)，如图1-5-4所示。

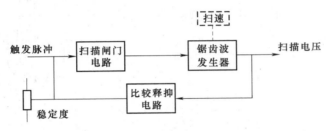

图1-5-4　扫描电路

其中锯齿波发生器是产生锯齿波（扫描电压）的电路，多用密勒积分电路。该电路中设置了扫描速度的调节控制键（见图1-5-4)。扫速调节就是改变扫描正程时间T_s，因其由时间常数RC决定（其中R称为时间电阻，C称为时间电容)，故改变R或C的大小即改变了扫速。扫描电压的起点和终点，是由扫描闸门输出的门控信号决定的。在正常情况下，由触发脉冲打开扫描闸门，扫描开始；积分电路输出的锯齿波电压，经释抑电路返送回闸门输入端，当达到预定电压幅度时，便关闭扫描闸门，扫描结束。这里，扫描发生器环构成一个定幅反馈电路，从而使得在任何扫描速度时，扫描电压的幅度（锯齿波的终止电平u_z）是恒定不变的。

而释抑电路由射极跟随器和一个$R_h C_h$并联电路构成。其中C_h称为释抑电容，它和积分电路中的RC同步调节。并且，释抑电容的放电时间常数$R_h C_h$大于扫描回程的时间常数，这样可保证时间电容C充分放电后才可开始第二次扫描。于是保证了每一次扫描的起点电平（锯齿波的起点电平u_q）不变，提高了扫描信号的幅度稳定性，也就是提高了显示波形的稳定性。下面简述扫描电路中的控制键。

（1）时间因数：调节扫描速度。电路中是用改变时间电阻R和时间电容C的方法，去改变锯齿波的斜率，即改变扫描的正程时间T_s，从而调节扫描的速度。该键采用步进调节。

（2）扫描微调：扫描速度的微调。电路中是改变电容的充电电压，使锯齿波的斜率变化，从而调节扫描的速度。该键采用电位器进行连续调节。

（3）稳定度：调节触发灵敏度。电路中是调整扫描闸门的静态输入电平。该键是一个不常调整的控制键，只有在触发扫描方式时，出现不触发或同步不易的情况下，需调此键。

4．触发电路中的控制键

触发电路主要包含有触发源选择、触发方式选择、电平极性选择、整形微分电路及各种转换开关等，其基本构成如图1-5-5（a）所示。

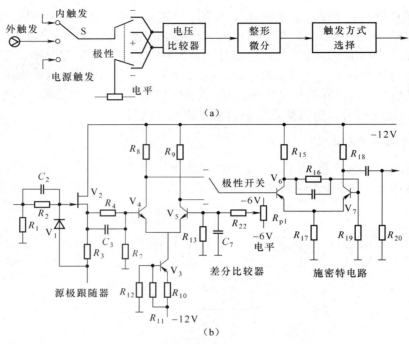

图1-5-5　触发电路的组成和电平极性选择器

（a）触发电路组成　（b）电平极性选择器

不同型号的示波器，触发电路构成有所差异，进而控制键的个数及挡位也不尽相同。但其中主要控制键以及挡位基本相同。

（1）触发源：选择触发信号源。该转换开关主要为内、外两挡。在"内"挡位时，触发信号来自Y通道的前置放大器，此时除被测信号外，示波器无须外接触发信号。在"外"挡位时，需由外触发输入插座引入外部触发信号，此挡位用于被测信号为复杂信号且同步不易之时。有的示波器另设有CH2和电源挡位。"CH2"挡位是双踪示波器所特有的，主要用在观测两个信号的相位差时，用CH2的信号作触发信号。"电源"挡位则是以市电信号作触发信号，用于观测与市电相关的信号波形。

（2）触发方式：选择触发方式。触发方式主要有自动（>20 Hz）、常态两种；YB4340型示波器还设有TV-H、TV-V两挡，这是为观察电视信号中的行信号与场信号而专门设置的。

需要说明的是：常态即触发扫描；而自动在无信号输入时是连续扫描，有信号输入时转变为触发扫描。目前生产的示波器都采用这两种扫描方式。

（3）触发电平：选择触发点的电平。用触发信号的瞬时电平与直流比较电平进行比较，在两者相等时刻产生触发脉冲，再用此触发脉冲去启动扫描。故显示的波形之起点即是该触发点。比较电平的可选择范围较大，常可超过触发信号之峰点电平。

（4）触发极性：选择触发点的切线斜率。触发点位于触发信号的上升沿时，称为+极性；位于下降沿时，称为−极性。由触发极性与电平来确保触发点的唯一性，因此在观测正弦波等连续信号时，极性所置位置可+可−。而在观测脉冲信号时，应酌情选择。

以观测正弦波为例，触发电平和极性对显示波形的影响如图1-5-6（a）所示。

若观测脉冲波，触发极性应根据需观测的脉冲的正负来选定。若需观测正脉冲，触发极性应置于+；若是负脉冲，极性应置于−。不同极性脉冲的显示如图1-5-6（b）所示。

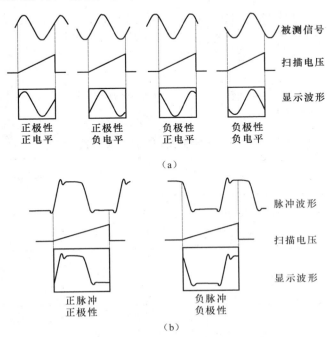

图1-5-6　不同触发极性与电平的屏幕显示

（a）不同极性电平的显示波形　（b）不同极性脉冲的显示

5.1.4　扫描与同步电路

扫描电路产生一个锯齿波电压，该锯齿波电压的频率能在一定的范围内连续可调。锯齿波电压的作用是使示波管阴极发出的电子束在荧光屏上形成周期性的、与时间成正比的水平位移，即形成时间基线。这样，才能把加在垂直方向的被测信号按时间的变化波形展现在荧光屏上。

5.1.5　电源供给电路

电源供给电路：供给垂直与水平放大电路、扫描与同步电路以及示波管与控制电路所需的负高压、灯丝电压等。

由示波器的原理功能方框图可见，被测信号电压加到示波器的Y轴输入端，经垂直放大电路加于示波管的垂直偏转板。示波管的水平偏转电压，虽然多数情况都采用锯齿电压（用于观察波形时），但有时也采用其他的外加电压（用于测量频率、相位差等时），因此在水平放大电路输入端有一个水平信号选择开关，以便按照需要选用示波器内部的锯齿波电压，或选用外加在X轴输入端上的其他电压来作为水平偏转电压。

5.2 示波器的应用

5.2.1 波形的观察

使用示波器观察波形或测量参数须按一定的操作方法，才能快速得到所需结果。下面以YB4340型双踪示波器为例，说明其波形观测的基本操作方法。

例1：观察一个1 kHz的正弦波（不要求测量周期和幅度）。

操作步骤：

（1）先按表1-5-1设定各控制键的位置，然后打开电源开关。此时，屏幕上应显示出一条水平亮线，其位置在屏幕中间。

表1-5-1　示波器控制键及其位置

垂直工作方式（MODE）	CH1
垂直移位（POSITION）	中间
耦合方式（AC－GND－DC）	接地（GND）
X－Y 控制键	弹出
触发方式（TRIG MODE）	自动（AUTO）
触发源（SOURCE）	内（INT）
触发电平（TRIG LEVEL）	中间
水平移位（POSITION）	中间

（2）将信号接入到示波器的CH1通道，并将偏转因数（VOLT/DIV）放在适当挡位，再将耦合方式转至"AC"挡。此时，屏幕上应显示出正弦波。

（3）要显示的正弦波有一个以上的完整周期，可将时间因数（TIME/DIV）放在"0.1 ms/div"至"0.5 ms/div"挡位。

在定性观察时，垂直微调和扫描微调的位置，可随意放置。

5.2.2 示波器的测量应用

5.2.2.1 测量前的自检

示波器在使用中应遵照基本操作要领进行操作，这样既能保障仪器的安全、延长使用寿命，又能快速获得所需波形。示波器自检主要有以下两方面的要求。

注意事项：①亮度不宜过亮，避免显示不动的光点；②输入电压不得超过400 V。

操作技巧：①触发方式尽量使用"自动"；②零电平线置于水平中心刻度线上。

1. 聚焦的检查与调整

1）简易调整

当看到扫描线（或波形）后，先调辉度旋钮使亮度适当，然后调聚焦旋钮直至轨迹线达最清晰程度为止。这种方法的缺点是，其标准不够明确（即何时才是最清晰）。但目前生产的示波器，常带有自动聚焦功能，即在测量过程中聚焦电平可自动校正。因此仍可用此简易方法进行调整。

2）光点调整法

在看到扫描线后，按下扫描格式（即"X—Y"控制键）按键，让示波器工作于X—Y工作方式，并将两个通道的耦合方式都置于"⊥"挡。屏幕上应看到一个光点，先调整辉度旋钮将亮度降至适中，再调整聚焦旋钮（及辅助聚焦）使光点最小最圆。此后可调节垂直移位和水平移位，检查光点在屏幕上任何位置是否都是如此。若否，应调聚焦与辅助聚焦使其兼顾。

应当指出，光点调整法较为复杂，但效果好（即显示波形的清晰度高）。一般，聚焦一旦调好，使用中就无须再动。

2．示波器的自检

示波器可以利用自身所带的校准信号进行自检。

1）自检的步骤

（1）按表1-5-1设定相关控制键的位置。

（2）开启电源，待屏幕上出现扫描线后，将探极线连接在CH1输入插座和校准信号输出端子上，且探极上的开关放在"×10"挡。

（3）将偏转因数置于"10 mV/div"，时间因数置于"0.5 ms/div"，且垂直微调和扫描微调均放在校准位置；然后将耦合方式转至"AC"挡，屏幕上应出现图1-5-7所示波形。

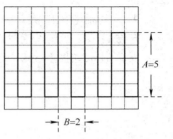

图1-5-7　自检的波形

2）自检的项目

（1）检查偏转灵敏度的准确度。

显示的波形垂直高度应为5大格。否则说明偏转灵敏度准确度欠佳。

（2）检查扫描速度的准确度。

显示的波形周期应为水平2大格。否则说明扫速的准确度欠佳。

（3）检查探极中补偿电容是否处于最佳值。

当显示波形如图1-5-8（a）所示时，说明补偿电容已是最佳值。若如图1-5-8（b）（c）所示，则应调整探极线上的微调电容，直至出现图1-5-8（a）所示波形为止。

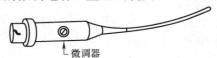

图1-5-8　补偿电容的调整

（a）最佳补偿　（b）过补偿　（c）欠补偿

自检时偏转因数和时间因数可以置其他位置，可据校准信号为0.5 V_{P-P}、1 kHz的方波来推算显示波形的垂直和水平格数。

由自检项目（3）知，探极线应同示波器配套使用，一般不应互相挪用。若挪用，应进行第（3）项检查或调整。

5.2.2.2　参数的测量

示波器可以进行电压测量、时间测量、相位测量、频率测量等各种测量。

43

1．电压测量

利用示波器所做的任何测量，都归结为对电压的测量。示波器可以测量各种波形的电压幅度，既可以测量直流电压和正弦电压，又可以测量脉冲或非正弦电压的幅度。更有用的是它可以测量一个脉冲电压波形各部分的电压幅值，如上冲量或顶部下降量等。这是其他任何电压测量仪器都不能比拟的。

1）直接测量法

所谓直接测量法，就是直接从屏幕上量出被测电压波形的高度，然后换算成电压值。定量测试电压时，一般把Y轴灵敏度开关的微调旋钮转至"校准"位置上，这样，就可以从"V/div"的指示值和被测信号占取的纵轴坐标值直接计算被测电压值。所以，直接测量法又称为标尺法。

Ⅰ．交流电压的测量

方法1：耦合方式置"AC"挡

屏幕显示如图1-5-9所示，读出波形的上下峰点间的格数A，则

$$U_{p-p}=D_y \times A \tag{1-5-1}$$

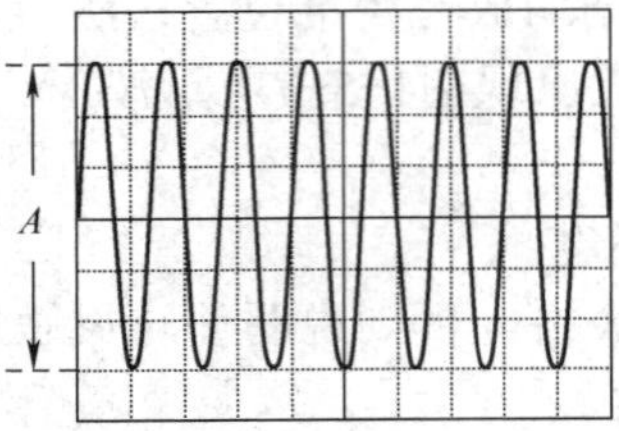

图1-5-9　交流电压的测量

说明： 此时仅能测出波形之峰峰值，无法测出直流分量之值。测量时应调节垂直移位，使波形的上峰点（或下峰点）位置与某条水平刻度线对齐。

方法2：耦合方式置"DC"挡

操作步骤： 耦合方式先放在"⊥"挡，调定零电平线的位置；再转至"DC"挡，屏幕显示如图1-5-10所示。读取零电平线与远端峰点之格数A_p，则

$$U_{p-p}+U_{DC}=D_y \times A_p \tag{1-5-2}$$

读取零电平线与平均电平线之格数A_0，则直流分量按式（1-5-2）计算。

说明： 此时测出的是$AC_{P-P}+DC$的叠加值，也可测出直流分量U_{DC}之值。但当直流分量很高时，不宜用此法观测交流信号AC_{P-P}。若需观测AC_{P-P}，最好采用"AC"挡耦合方式，使波形显示仍如图1-5-9所示。但若信号$f_y \leqslant 20\,\text{Hz}$时，仍应采用"DC"挡，此时若直流分量很高，可外加一反极性直流电压与之抵消。

Ⅱ．直流电压的测量

示波器一般用于交流信号的观测，但也可以测量直流电压，方法如下。

（1）挡位选择：耦合方式置"DC"挡，触发方式置"自动"挡。

（2）测量方法：耦合方式先放在"⊥"挡，调定零电平线的位置；再转至"DC"挡，读出扫描线移动之格数A_0（见图1-5-11）则

$$U_{DC}=D_y \times A_0 \tag{1-5-3}$$

说明： 零电平线的位置应根据所测电压的极性来选择，+极性时可选最下一条刻度线，

－极性时选最上一条刻度线。式中D_y是偏转因数的标称值。

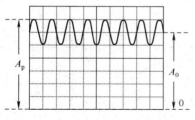
图1-5-10　含直流分量的交流电压

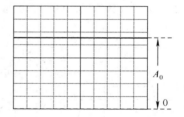
图1-5-11　直流电压的测量

2）比较测量法

比较测量法就是用一已知的标准电压波形与被测电压波形进行比较求得被测电压值。

将被测电压U_x输入示波器的Y轴通道，调节Y轴灵敏度选择开关"V/div"及其微调旋钮，使荧光屏显示出便于测量的高度H_x并做好记录，且"V/div"开关及微调旋钮位置保持不变。去掉被测电压，把一个已知的可调标准电压U_s输入Y轴，调节标准电压的输出幅度，使它显示与被测电压相同的幅度。此时，标准电压的输出幅度等于被测电压的幅度。

比较法测量电压可避免垂直系引起的误差，因而提高了测量精度。

2．时间测量

示波器时基能产生与时间成线性关系的扫描线，因而可以用荧光屏的水平刻度来测量波形的时间参数，如周期性信号的重复周期、脉冲信号的宽度、时间间隔、上升时间（前沿）和下降时间（后沿）、两个信号的时间差等。

时间测量时，扫描微调应置于"校准"位置。一般偏转因数可放在使显示的波形幅度尽量接近8格的位置，垂直微调可随意放置。

1）周期测量

操作步骤： 选择适当的时间因数挡位，使显示波形有一个以上的完整周期（如图1-5-12所示），读出一个周期之格数B（或读出nB后再除以n求之），则

$$T=S_s\times B \qquad\qquad (1-5-4)$$

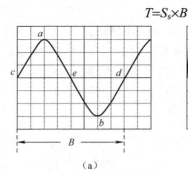

(a)　　　　　　　　　　(b)
图1-5-12　周期的测量
（a）一个完整周期　（b）多个完整周期

说明： 式中S_s是时间因数的标称值。测量时，最好使波形的平均电平线位于水平中心刻度线。若要求出频率，可由$f=1/T$换算。

2）脉宽、前后沿时间的测量

此时，触发方式宜选择"常态"。

操作步骤：适当选择偏转因数以及触发极性，使屏幕上显示出完整的脉冲头（如图1-5-13所示），读出$0.5U_m$两点间的格数C，则脉宽

$$T_P = S_s \times C \tag{1-5-5}$$

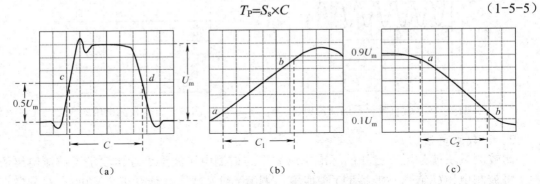

图1-5-13　脉宽、前后沿时间的测量

（a）脉宽　（b）上升时间　（c）下降时间

说明：U_m指脉冲幅度。若测量上升时间t_r（或下降时间t_f），应如图1-5-13（b）（c）所示尽量展宽波形，并用$0.1U_m$与$0.9U_m$间的格数C_1（或C_2）代替C，即可求出t_r（或t_f）。但当$T_P \leqslant 3T_{rs}$时，应按t_r（t_f）$=\sqrt{T_P^2 - T_{rs}^2}$求出（T_{rs}为示波器的上升时间，T_P为按式（1-5-5）求得的值）。

3.相位测量

利用示波器测量两个正弦电压之间的相位差具有实用意义，用计数器可以测量频率和时间，但不能直接测量正弦电压之间的相位关系。利用示波器测量相位的方法很多，下面仅介绍几种常用的简单方法。

1）双踪法

双踪法是用双踪示波器在荧光屏上直接比较两个被测电压的波形来测量其相位关系。测量时，将相位超前的信号接入Y_B通道，另一个信号接入Y_A通道。选用Y_B触发。调节"t/div"开关，使被测波形的一个周期在水平标尺上准确地占满8 div，这样，一个周期的相角360°被8等分，每1 div相当于45°。

操作：垂直方式置双踪（DUAL），选择时间因数的挡位使显示如图1-5-14所示，分别调两个垂直移位，使两波形的平均电平线均重合于水平中心刻度线。从屏幕上读出两个波形相邻的同相位点间的格数C和波形一周的格数B，则相位差

$$\Delta\varphi = \frac{C}{B} \times 360° \tag{1-5-6}$$

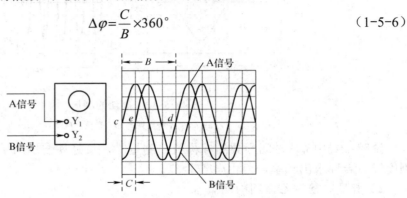

图1-5-14　相位差的测量

2）李沙育图形法测相位

在示波器的两个通道都加上正弦波之后所得到的图形叫李沙育图形，李沙育图形法常用于测量信号频率比、相位差及调幅波的调幅系数。

操作：将两信号分别送入CH1、CH2通道，两信号取高频小信号放大器的输出与输入端的信号，则屏幕上显示如图1-5-15所示的椭圆。调节垂直与水平移位，使椭圆移至坐标中心。读出椭圆在水平中心刻度线上的截距C，和椭圆水平方向的最大距离B，则相位差

$$\Delta\varphi= \arcsin\frac{C}{B} \tag{1-5-7}$$

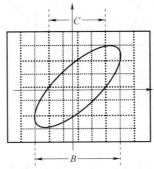

图1-5-15　椭圆法测相位差

一般测相位差时，两个信号是相互关联的，故显示的图形是稳定的，不会出现图形翻转变化的现象。

当信号频率相同而幅度不同时示波器屏幕上将显示图1-5-16中图形。

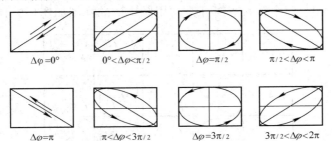

图1-5-16　不同的相位差的李沙育图形

4．频率测量

用示波器测量信号频率的方法很多，下面介绍常用的两种基本方法。

1）周期法

对于任何周期信号，可用前述的时间间隔的测量方法，先测定其每个周期的时间T，再用下式求出频率f：

$$f=1/T$$

例如示波器上显示的被测波形，一周期为8 div，"t/div"开关置"1 μs"位置，其微调旋钮转置"校准"位置，则其周期和频率计算如下：

$$T=1 \text{ μs/div}\times8 \text{ div}=8 \text{ μs}$$

$$f=1/8\ \mu s=125\ kHz$$

所以，被测波形的频率为125 kHz。

2）李沙育图形法测频率

被测信号$f_y=4$ kHz送入CH2通道，标准信号$f_x=2$ kHz送入CH1通道，调整f_x的频率直至出现翻转较慢的图形，如图1-5-17所示。

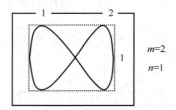

图1-5-17　李沙育图形法测频率图

则

48

$$\frac{f_y}{f_x}=\frac{m}{n} \tag{1-5-8}$$

对所显示的图形作一外切矩形，则式（1-5-8）中m为水平切点数，n为垂直切点数。显然，因f_x可直接读出，所以f_y可由式（1-5-8）求出。此法适用范围：$f_y=10$ Hz～30 MHz；一般在测量时尽量使比值范围$m:n=1:1$～10:1（设$f_y>f_x$）。

应当指出，此时的李沙育图形只是相对稳定，若时间较长可能发生变化，但不影响测量结果。另外，当频率比（或相位差）不同时，显示的李沙育图形也不相同。当信号的相位差为0°、45°、90°三个特殊点时几个常用频率比的样图如图1-5-18所示。

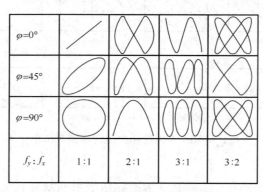

图1-5-18　李沙育图形法测频率图

5. 调幅系数测量——示波法

操作步骤：适当选择"时间因数"挡位，使包络波有一个完整周期，即如图1-5-19所示，直接显示出调幅波。读出图中A（最大垂直高度）、B（最小垂直高度）之格数，则调幅系数

$$m_a=\frac{A-B}{A+B} \tag{1-5-9}$$

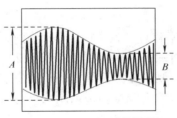

图1-5-19　调幅系数测量

5.2.2.3　参数测量举例

例2：测量一个频率1 kHz左右、幅度1 V左右的正弦波的周期和幅度。

操作步骤：

（1）按例1中的操作步骤（1）和（2），让屏幕上显示出一个稳定的正弦波。

（2）测周期时，先调垂直移位，使正弦波的平均电平线与坐标水平中心刻度线重合。将扫描微调旋钮旋至"校准"位置（顺时针旋到底）；时间因数可放在"0.1 ms/div"（或"0.2 ms/div"）挡位；调水平移位，使正弦波零相位点落在左端垂直刻度线上；读出正弦波一个周期的格数B（如图1-5-20所示），则周期$T=B×0.1$ ms。

（3）测幅度时，应将垂直微调旋钮旋至"校准"位置（顺时针旋到底）。偏转因数放在"0.5 V/div"挡位；调节垂直移位，使正弦波上峰点落在上边第三条水平刻度线上。读出正弦波下峰点与第三条水平刻度线的距离为A格（如图1-5-20所示）；则正弦波的峰峰值$U_{P-P}=A×0.5$ V（幅度为$U_P=U_{P-P}/2$）。为使读出的A值更准确，可调节水平移位，让下峰点落在垂直中心刻度线上。

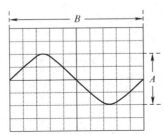

图1-5-20　波形参数的测量

5.2.2.4　操作时要求解决的问题

由以上两个例子可知，要快速地观察到波形，并得到准确的参数之量值，操作时须解决以下两个基本问题。

（1）如何让波形出现在屏幕中间区域，并且波形是稳定不动的。

（2）如何选择显示波形的幅度、周期数以及波形位置，才更有利于得到准确的读数。

现从上面的实例来说明各控制键放置位置的缘由。表1-5-1所列控制键预先设置的目的是，开启电源开关后，可立即在屏幕上看到一条水平亮线。其中：

① X-Y控制键——弹出，垂直方式——CH1，是让示波器工作在显示CH1通道波形的状态；

② 触发方式——自动，耦合方式——接地，是让示波器电源开启后，有一条水平亮线

显示；

③ 垂直移位——中间，水平移位——中间，是让显示的波形在屏幕的中间区域；

④ 触发源——内，触发电平——中间，是让步骤（2）中显示的正弦波稳定不动。

应当指出，示波器的辉度控制旋钮应旋至适当的位置（即屏幕上波形的亮度适中），而聚焦控制旋钮应调整到使波形的迹线最细最清晰为好。

实验与思考题

1. 通用示波器包括哪几部分？各部分有何作用？

2. 示波器的偏转因数置"0.5 V/div"挡，时间因数置"0.2 ms/div"挡，测量一个频率为1 kHz、峰值为1 V的正弦波。问屏上波形高度（峰峰值）为多少格？波形的周期为多少格？

3. 某示波器的触发方式放在"自动"位置，观察一正弦波时，显示波形是稳定的。若将触发源的位置由"内"转至"外"（示波器未接外触发信号），屏幕上波形会怎样变化？若此时又将触发方式转至"常态"位置，屏上显示什么波形？

4. 何谓"双踪"？它与单踪有什么不同？双踪示波器与单踪示波器在电路结构上有什么区别？

第6章 晶体管特性图示仪

示波器若配上测试晶体管特性参数的部件和电路，可扩展其功能，成为测绘晶体管特性曲线的专用图示仪器，称为晶体管特性图示仪。

由于晶体管的一致性差，实际的晶体管特性和手册中给出的特性相差甚远，使用前必须进行测试。因此，晶体管特性图示仪成为制造和使用晶体管的实验室和工厂中最基本的设备之一。

晶体管特性图示仪可以测试晶体三极管（NPN型和PNP型）的共发射极、共基极电路的输入特性、输出特性，测试各种反向饱和电流和击穿电压，还可以测量场效应管、稳压管、二极管、单结晶体管、晶闸管等半导体管、集成电路等多种器件的特性和参数。它具有显示直观、读数简便和使用灵活等特点。

6.1 图示仪的基本组成

由上述原理可以看出，晶体管特性图示仪应包括下面几部分，其基本方框图如图1-6-1所示。

（1）基极阶梯信号发生器：提供必要的基极注入电流。

（2）集电极扫描电压发生器：提供从零开始可变的集电极电源电压。

（3）同步脉冲发生器：用来使基极阶梯信号和集电极扫描电压保持同步，使其正确稳定地显示图形（特性曲线）。

（4）测试转换开关：当测试不同接法和不同类型的晶体管特性曲线和参数时，用此开关进行转换。

（5）放大和显示电路：用以显示被测晶体管的特性曲线，其作用原理和电路形式与普通示波器基本相同，所以也可用普通示波器代替。

（6）电源：为各部分电路提供电源电压。

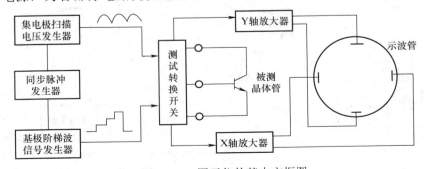

图1-6-1 图示仪的基本方框图

常用的晶体管特性图示仪有JT1和QT1两种，其原理和用法基本相同，下面介绍QT1的测试原理和使用方法。

6.2 QT1晶体管特性图示仪的测试原理和使用方法

QT1晶体管特性图示仪是一种全晶体管化专用仪器，能在荧光屏上直接观察PNP、NPN型晶体管的各种特性曲线，还可通过荧光屏前的标尺刻度直接测读晶体管的各项参数。

6.2.1 QT1晶体管图示仪的功能

1. 可测击穿电压及饱和电流

（1）BU_{EBO}、BU_{CBO}、BU_{CEO}、BU_{CES}、BU_{CER}。

（2）I_{EBO}、I_{CBO}、I_{CEO}、I_{CES}、I_{CER}。

2. 可测共射极或共基极特性曲线

（1）输出特性：I_C—U_{CE}或I_C—U_{CB}。

（2）输入特性：I_B—U_{BE}或I_E—U_{BE}。

（3）电流放大特性：I_C—I_B或I_C—I_E。

3. 可测二极管特性

（1）正向或反向特性。

（2）稳压和齐纳特性。

6.2.2 QT1整机方框图

QT1整机方框图如图1-6-2所示，其主要由集电极扫描发生器、基极阶梯波发生器、X轴和Y轴放大器、测试转换开关、电源及显示电路等部分组成。

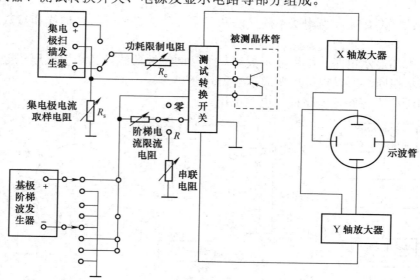

图1-6-2　QT1整机方框图

当选择被测晶体管连接成共发射极（共e极）或共基极（共b极）后，通过测试转换开关，从集电极电压、集电极电流、基极（或发射极）电压和基极（或发射极）电流四者中任选两者，分别送到X轴放大器和Y轴放大器，使相应特性曲线显示在示波管的屏幕上。

6.2.3 QT1的使用

1. 晶体管特性和主要参数的测试

现以3DG6三极管为例，说明用QT1测量晶体管特性和主要参数的方法。

1）输出特性的测试

I. 共发射极的输出特性

共发射极的输出特性为

$$I_C = f(U_{CE})\Big|_{I_B=C} \quad （C为常数）$$

测试原理简图如图1-6-3所示。开关和旋钮位置如下。

测试选择：I_C—U_{CE}。极性转换：NPN共e。扫描量程：0～20 V。集电极电压：2 V/度。集电极电流：2 mA/度。阶梯电流：20 μA/级。功耗电阻：1 kΩ。

X倍率、Y倍率均为1×1，顺时针方向旋转扫描电压调节旋钮至一定位置时，屏幕上将显示出输出特性曲线，如图1-6-4所示。

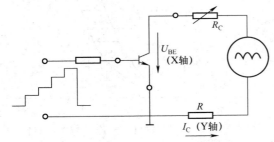

图1-6-3 共发射极输出特性测试简图

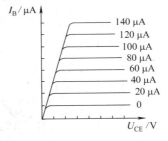

图1-6-4 共发射极输出特性曲线

根据共发射极直流电流放大系数 $\overline{\beta}$ 和共发射极交流电流放大系数 β 的定义，在输出特性上可求出 $\overline{\beta}$ 和 β。

II. 共基极的输出特性

共基极的输出特性为

$$I_C = f(U_{CB})\Big|_{I_E=C}$$

开关和旋钮的位置如下。

测试选择：I_C—U_{CE}。极性转换：NPN共b。扫描量程：0～20 V。集电极电压：2 V/度。集电极电流：2 mA/度。阶梯电流：1 mA/级。功耗电阻：100 Ω。

调节扫描电压调节旋钮，在荧光屏上将显示出特性曲线，根据共基极直流电流放大系数 $\overline{\alpha}$ 和共基极交流电流放大系数 α 的定义，在输出特性上可求出 $\overline{\alpha}$ 和 α。

2）输入特性的测试

I. 共发射极的输入特性

共发射极的输入特性为

$$I_B=f\left(U_{BE}\right)\mid_{U_{CE}=C}$$

测试原理简图如图1-6-5所示。

开关和旋钮的位置如下。

测试选择：I_B—U_{BE}。极性转换：NPN共e。X倍率："×0.2"挡。Y倍率："×5"挡。阶梯电流：10 μA/级。

其余测试参数设定均与输出特性测试相同。然后再沿顺时针方向旋转扫描电压调节旋钮，屏幕上出现曲线，如图1-6-6所示。

由图可以求出晶体管的输入电阻r_{BE}，根据定义，$r_{BE}=\Delta U_{BE}/\Delta I_B$。

II. 共基极的输入特性

共基极的输入特性为

$$I_E=f\left(U_{BE}\right)\mid_{U_{CB}=C}$$

开关和旋钮位置如下。

测试选择：I_B—U_{BE}（实为I_E—U_{BE}）。极性转换：NPN共b。阶梯电流：200 μA/级。

其余测试参数设定均同共发射极输入特性的情况。

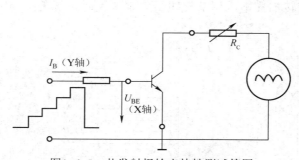

图1-6-5　共发射极输出特性测试简图

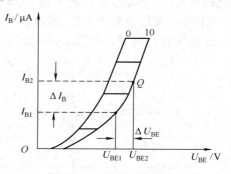

图1-6-6　共发射极输入特性

3）电流放大特性

共发射极电流放大特性

$$I_C=f\left(I_B\right)\mid_{U_{CE}=C}$$

测试原理简图如图1-6-6所示。

测试时旋钮和开关位置如下。

测试选择：I_C—I_B。极性转换：NPN共e。X倍率："为×5"挡。Y倍率："×1"挡。集电极电流：2 mA/度。阶梯电流：2 μA/级。

其他测试参数设定与输出特征测试相同。所测得曲线如图1-6-7所示。由此图可以确定电流放大系数$\overline{\beta}$和β。

$$\overline{\beta}=\frac{I_C}{I_B}$$

$$\beta=\frac{\Delta I_C}{\Delta I_B}$$

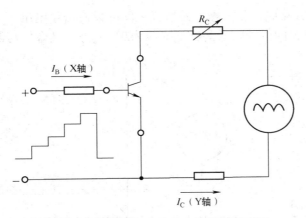

图1-6-7　共发射极电流放大特性测试简图

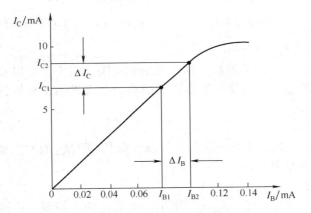

图1-6-8　共发射极I_C和I_B的关系

用类似的方法可以测出共基极电流放大特性，由图1-6-7所示ΔI_C与ΔI_B的关系可求出共基极的电流放大系数α。

4）I_{CBO}和BU_{CBO}的测试

I_{CBO}是集电极—基极反向饱和电流，表示发射极开路，C、B间加上一定反向电压时的反向电流。

BU_{CBO}是指发射极开路时，集电极—基极间的反向击穿电压。

I_{CBO}和BU_{CBO}的测试电路如图1-6-9所示。测试时开关和旋钮的位置如下。

测试选择：BU_{CBO}。极性转换：NPN共e。集电极电流：0.1 mA/度。集电极电压：5 V/度。扫描量程：0～200 V。X倍率和Y倍率均置于"×1"挡。

插入晶体管前，一定要把扫描电压调节旋钮逆时针旋到最小，否则会损坏晶体管。然后插入管子进行测试，缓慢顺时针旋转扫描电压调节旋钮，使荧光屏上出现波形，注意观察BU_{CBO}，其图形如图1-6-10所示。

5）I_{CEO}和BU_{CEO}的测试

I_{CEO}是集电极和发射极之间反向饱和电流，表示基极开路集电极、发射极间加上一定反向电压时的集电极电流。由于该电流是从集电区穿过基区到发射区，所以又称穿透电流。

BU_{CEO}是指基极开路时，集电极—发射极之间的反向击穿电压。

测试时旋钮和开关的位置除了测试选择应为BU_{CEO}外，其余均与测BU_{CBO}相同。

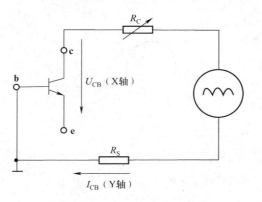

图1-6-9　BU_{CBO}和I_{CBO}的测试简图　　　　图1-6-10　发射极开路时I_C—U_{CB}的关系曲线

6）晶体管常见的几种不良特性

由于晶体管特性图示仪可观测管子特性的全貌，因此它不仅可以测量参数，而且可从所示特性曲线全面判断晶体管性能的好坏，下面举一些常见的不良特性，供测试和使用时参考。

I．特性曲线倾斜

如图1-6-11所示，曲线发生整个曲线族倾斜，而且I_C随U_{CB}的增大而增大，这说明晶体管反向漏电流大，不能使用。

II．特性曲线分散

如图1-6-12所示，零注入线（$I_{B1}=0$）平坦，而其他曲线倾斜，这说明晶体管的输出电阻小，并且由于放大系数β的不均匀，引起信号的失真。

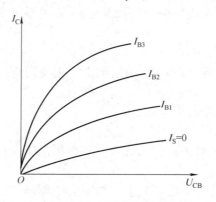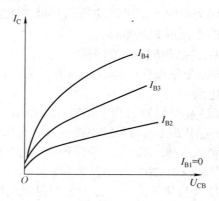

图1-6-11　特性曲线倾斜　　　　　　　　图1-6-12　特性曲线分散

III．小电流注入时特性曲线密集

如图1-6-13所示，I_C较小时，曲线密集，这说明β小，晶体管在小电流工作时，放大作用小，容易引起信号的非线性失真。使用时应选择适当的静态工作点和输入信号幅度。

与上述情况正好相反，有时也出现大信号注入时特性曲线密集。使用时同样要注意静态工作点和输入信号幅度的选择。

IV．曲线上升缓慢

如图1-6-14所示，特性曲线的上升部分不陡，说明饱和压降大，不适合作为开关管用；如作放大管时，也存在工作范围小、噪声大等问题。

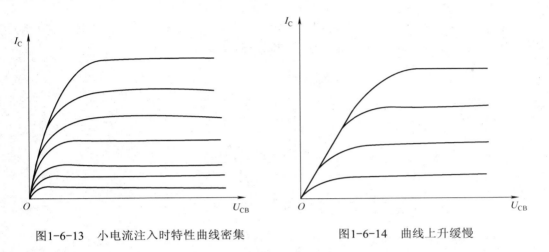

图1-6-13　小电流注入时特性曲线密集　　　　　图1-6-14　曲线上升缓慢

由上面列举的现象可知，由于晶体管的质量不好，可以从特性上反映出来，因此，在测试晶体管的特性时，应从所测得管子的质量判断是否符合电路要求。

2．二极管和稳压管特性的测试

各种二极管如整流二极管、开关管、高压二极管和稳压管等均可在QT1图示仪上测试其特性。

1）正向特性的测试

测试原理简图如图1-6-15实线部分所示。测试时开关和旋钮的位置如下。

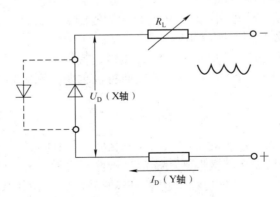

图1-6-15　二极管特性测试简图

测试选择：二极管特性。极性转换：PNP共e。集电极电压：0.1 V/度。扫描量程；0～20 V。X倍率、Y倍率均置于"×1"挡。

将二极管的正极插入"E"，负极插入"C"。顺时针方向调节扫描电压调节旋钮至一定位置，在荧光屏上就会显示出正向特性曲线，如图1-6-16实线所示。

2）反向特性的测试

把二极管接成如图1-6-15中虚线所示。测试时开关和旋钮的位置如下。

测试选择：二极管特性。极性转换：PNP共e。集电极电流：0.1 mA/度。集电极电压：2 V/度。扫描量程：0～20 V。X倍率、Y倍率均置于"×1"挡。

二极管的正极插入"C"，负极插入"E"。顺时针方向调节扫描电压调节旋钮到一定位置，在荧光屏上显示出反向特性曲线，如图1-6-16虚线部分所示。

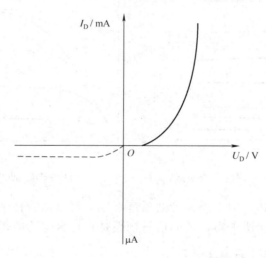

图1-6-16　二极管的伏安特性

用上述同样的方法可以测试稳压管等其他二极管的特性。

3）说明

（1）测试二极管正向特性时，应特别注意扫描电压的极性。极性选择开关置于PNP时插座上的C为负，NPN时插座上的C为正。

（2）测反向特性时，"集电极电压（V/度）"应置于较大挡级，"集电极电流（mA/度）"置于较小挡级。测正向特性时，刚好相反。

（3）调节扫描电压调节旋钮时，应当较为缓慢，特别是正向特性时更要小心，否则会使二极管损坏。当扫描量程置于高挡时，测反向特性也要特别小心，否则易使二极管击穿和损坏。

3．几点说明

（1）以上测试实例为一般小功率NPN晶体三极管（如3DG6），若要测PNP型的晶体三极管（如3AX22）时，只需将其极性（扫描信号极性、阶梯信号极性）作相应变化。

（2）例中所选各挡位置一般是对小功率NPN型晶体管（例如3DG6）而言。如测其他类型的晶体管，特别是大功率晶体管时，则需根据被测管的具体情况作相应变更。

（3）为了便于比较和选用对管，本机还附有测试盒一只，通过外接测试盒，可对某两个被测晶体管的特性进行比较或挑选。

（4）当测试高频晶体管时，特性曲线可能会出现某些不规则的畸变现象（如顶部下降等），其主要原因是被测晶体管产生了自激。对于频率较低的高频管，手捏被测管外壳，畸变现象即可消失，对于频率更高的管子，则需在三极管b、e间或c、e间并联一只适当容量（可小到几个pF）的电容。

6.2.4 使用注意事项

（1）在测试前和测试中，应对仪器进行必要的校正（具体方法可参阅有关仪器说明书），如：

① X轴、Y轴放大器"零点"和"满度"校正。

② 阶梯"零点"的校正。

（2）在测试前应对被测管的性能和极限参数有所了解，在测试中应注意被测管是否过热。必要时应加散热片，且测试时间不应过长，否则不仅会影响测试精度，严重过热时还会烧坏管子。

（3）在测试中应特别注意阶梯电流、功耗限制电阻、扫描量程三个开关转动的位置。如位置不当，在测试中会造成被测管损坏。当测小功率管时，如不慎将阶梯电流开关置于大于"1 mA/级"挡，则晶体管基极易损坏。如功耗限制电阻开关置于较小的电阻，且扫描量程开关置于较大的范围（如0～200 V），晶体管也容易损坏。但是如功耗限制电阻开关置于较大的位置（如10 kΩ），即使扫描量程开关置于"0～200 V"也不会损坏。

（4）测试结束后，应将集电极电压扫描量程开关置于"0～20 V"，扫描电压调节旋钮旋到零，功耗限制电阻开关置于较大位置，阶梯电流开关置于较小处，并关掉电源，以防下次使用时，因不慎而损坏被测管。

（5）本仪器不适合测试场效应管的特性和参数，主要是基极电流的正负和集电极电压的极性是用一个极性转换开关控制（它是专为测晶体管设置的），不能满足场效应管偏置的要求，若需测场效应管，可用JT–1型图示仪测试。其方法与测晶体管特性、参数类似，其管脚的接法与晶体管的对应关系如下：e–s、c–d、b–g。特别注意场效应管的栅极输入是电压量，且栅—源之间电阻大的特点。

实验与思考题

1. 晶体管特性图示仪与示波器的区别是什么？

2. 如何用晶体管特性图示仪显示S8050的输出特性曲线？

3. 如何根据上题的特性曲线确定三极管的 β 值？

第7章 扫频测量仪器

7.1 频率特性的测量

频率特性测试仪是利用示波管直接显示被测电路幅频特性曲线的仪器。它采用扫频信号作测试信号，是一种扫频测量仪器，故又称之为**扫频仪**。

7.1.1 静态幅频特性曲线及其测量

1. 频率响应和基本测量问题

在正弦信号的激励下，若输出响应是具有与输入相同频率的正弦波，只是幅值和相位可能有所差别，这样的系统称为线性系统（或称线性网络）。

常见的各种放大电路和四端网络都可看作线性网络，例如接收机中的高频放大器和中频放大器、宽带放大器以及滤波器、衰减器等。一个放大电路（或四端网络）对正弦输入的稳态响应称为频率响应，也称频率特性。频率特性包括幅频特性和相频特性。放大器的放大倍数（增益）随频率的变化规律，称为幅频特性；放大器的相移随频率的变化规律，称为相频特性。研究电路的频率响应，需要进行幅频特性和相频特性测量。

为了使电路达到理想的要求，需要调整相关元件参数，使电路具有最佳的幅频特性和相频特性。显然，要确定调整的方向，首先应当进行频率特性的测量。然而，不是在所有的电路里，相位失真都会对传输质量产生重大影响。有些电路对其要求不高，此时只需测试幅频特性而无须测试相频特性。因此，在频率特性的测量中，最主要的是幅频特性的测量。

下面将讨论幅频特性的测量方法以及幅频曲线图的获得方法。

2. 测试信号与曲线图的获得方法

幅频特性有两种测量方法：经典测量方法是正弦波点频法。目前常用测量方法是正弦波扫频法。

点频法与扫频法的主要区别有两点：其一测试信号不同，其二频率特性曲线的获得方法不同。

测试信号是被测电路的输入信号。

点频法的测试信号是点频信号，即单一频率的正弦波信号。因输入信号频率不变，故输出信号的幅度是被测电路对该输入频率的静态响应。为得到被测电路的幅频特性，需要分别输入多个点频信号。

扫频法的测试信号是扫频信号，即是频率连续变化的正弦波信号。由于输入信号频率是变化的，所以输出信号的幅度变化，是被测电路对输入频率的动态响应。

幅频曲线是在直角坐标系中画出的增益与频率的函数关系的曲线。

在点频法中，需由人工画出幅频曲线图。而在扫频法中，却是由示波管直接显示幅频曲线图，它是利用波形显示原理自动显示的。

3．幅频曲线的点频测量法

点频法的测量步骤如下。

（1）按图1-7-1（a）连接测试线路。

（2）由信号发生器输出一个点频信号，从频率低端开始，按一定的频率间隔改变信号频率f（但保持u_i不变），加至被测电路的输入端。

（3）由电子电压表逐一读出u_o，记录u_o，f对值。

（4）将测得的每一对u_o，f值，在坐标纸上标出一个对应的点，再依次将各点连接成平滑的曲线（如图1-7-1（b）所示）。

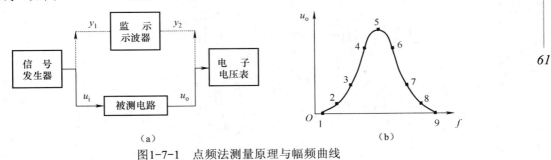

图1-7-1　点频法测量原理与幅频曲线

（a）原理框图　（b）幅频曲线

61

这是一种静态测量法，所绘曲线是静态幅频曲线。在测量过程中，采取手动方法改变频率，再由人工绘图画出幅频曲线，因此测试时间长。又由于测试频率点是不连续的，有可能漏掉曲线的突变点。再者，实际信号多是动态变化的，由静态法获得的曲线不能反映这种实际情况。

7.1.2　动态幅频特性的图示方法

1．幅频曲线的扫频法

扫频法的测量原理框图如图1-7-2（a）所示，图1-7-2（b）是其工作波形。

扫频法的测量原理：由扫描发生器产生的扫描电压u_s（图中①处波形）一方面送至X轴放大器，为示波器提供扫描信号；一方面又送至扫频振荡器，控制振荡频率的变化，使其产生等幅的扫频信号u_i（图中②处波形）。扫频信号经被测电路后，幅度将发生变化。其输出电压u_o（图中③处波形）的包络，表征被测电路的幅频特性。输出电压经包络检波后，得到代表被测电路的幅频特性的曲线图形信号u_q（图中④处波形）。图形信号送至Y轴放大器，然后由示波管直接显示出来。

扫频法是将等幅扫频信号加至被测电路的输入端，再用示波管来显示被测电路输出信号幅度的变化。由于测试信号的频率是变化的，因此是一种动态测量法，测试所得曲线能反映电路工作的实际情况。因扫频信号的频率是连续变化的，不存在测试频率的间断点，这就不会漏掉幅频曲线的突变点。再者，扫频信号是自动改变频率，远快于手动改变频率；

而曲线又是由示波管直接显示，更是快于人工绘图，故而测试速度快、时间短。

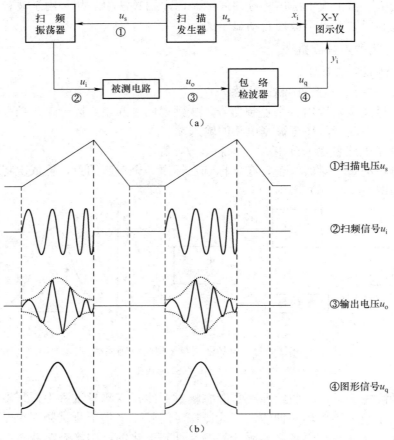

（a）

（b）

图1-7-2　扫频法测量原理与工作波形

（a）测量原理　（b）工作波形

2．动态幅频曲线图的形成

在扫频法中，幅频曲线图是由示波管直接显示的。而由示波管的特性知，一般荧光屏上显示的是一个静止的光点或一个运动光点描绘的迹线。是何种图形取决于示波管的X偏转板和Y偏转板上所加信号是直流还是交流。

由扫频法的测量原理知，扫描电压被送到示波管的X偏转板，输出电压经检波所得的包络波形被送到示波管的Y偏转板。因包络波形与扫描电压都是交流信号，故而示波管屏幕上显示一个运动的光点。而光点运动的迹线，是两个信号电压（包络波形与扫描电压）的函数曲线图。

由于扫描电压是扫频振荡器的调制电压，因此扫频信号的瞬时频率正比于扫描电压。而包络波形正是（被测电路）输出电压的幅度变化曲线。于是可以说，屏幕上显示的曲线图是 u_o—f 函数曲线图。又由于扫频信号是等幅的（即被测电路的输入电压 u_i 是恒定的），所以被测电路的增益（u_o/u_i）正比于输出电压 u_o。所以，u_o—f 曲线即可表征（u_o/u_i）—f 曲线，即幅频曲线。因输入信号的频率是变化的，故该曲线是动态幅频曲线。

可见，在上述的扫频法中，屏幕上显示的幅频曲线，是通过光点扫描而得到的。因此，上述的扫频法称为光点扫描式图示法。

3．单向扫描与零基线的显示

采用扫频法测出的动态曲线，与点频法测出的静态曲线不同。如图1-7-3（a）中虚线为静态曲线，实线是动态曲线。从图可见两者的差别有：其一，动态曲线的谐振点偏离静态曲线的谐振点，偏离方向与扫频信号 f 的变化方向相同，而且扫频速度越快偏离越甚；其二，动态曲线的带宽变宽，谐振峰幅度降低。造成这种差别的主要原因是电路存在惯性。

从图1-7-2中可见，由于扫描电压的锯齿波之正程时间与逆程时间是不同的，正程时间长而逆程时间短，而且正程和逆程两个方向都进行扫描（即双向扫描）。因此受锯齿波调制的扫频信号，正程扫频速度慢而逆程扫频速度快，而且扫频 f 的变化方向相反。于是，正程扫描出的曲线和逆程扫描出的曲线不能重合（如图1-7-3（b）所示），显然这种曲线是不利于观测的。为此，在电路中采取措施，使扫频振荡器在逆程期间停振。这样一来，光点只在正程时间内扫描出幅频曲线，称为单向扫描。而在逆程期间，由于输入电压为零，则输出电压亦为零，光点描出的是一条零电平线（即零基线），此时屏幕显示如图1-7-3（c）所示。使用这种方法，不仅避免了双向扫描的曲线不重合现象，而且由于有零基线，方便了增益测量。

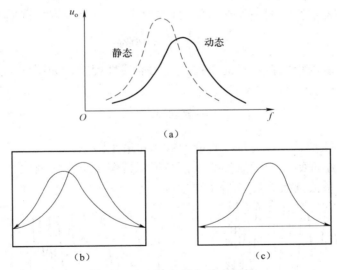

图1-7-3　双向扫描与单向扫描

（a）静态曲线和动态曲线　（b）双向扫描的显示　（c）单向扫描和零线显示

7.1.3　扫频测量的信号源

1．扫频信号源的主要工作特性

频率按一定规律在一定范围内反复扫动的正弦信号，称为扫频信号。其本质是调频信号，只是通常所说的扫频信号的瞬时频率范围（即最大频率覆盖范围）比调频信号的瞬时频率范围大许多。

扫频信号的波形如图1-7-4（a）所示。描述扫频信号时，常用以下三个参数。

（1）扫频宽度 B_w：指一次扫频所达到的最大频率覆盖范围。

$$B_w = f_m - f_n \qquad (1-7-1)$$

式中：f_m，f_n—— 一次扫频中最高瞬时频率和最低瞬时频率。

（2）中心频率f_o：指一次扫频的平均频率。

$$f_o = (f_m + f_n)/2 \qquad (1-7-2)$$

（3）频偏Δf：指一次扫频最大频率覆盖范围的一半。

$$\Delta f = (f_m - f_n)/2 \qquad (1-7-3)$$

对扫频信号的基本要求是：

（1）具有足够宽的扫频范围（即扫频宽度应大于被测带宽）；

（2）具有很高的振幅平稳性（即振幅应恒定不变，以保证u_o/u_i正比于u_o）；

（3）具有良好的扫频线性（以获得预定的扫频规律）。

衡量扫频信号源的性能之优劣，主要用以下几个参数来表示：扫频宽度、寄生调幅、线性系数，如图1-7-4所示。

其中，扫频宽度由预定要求的测量范围而定。例如：BT3C的扫频宽度为大于30 MHz，一般说明书上用最大频偏Δf不小于±15 MHz来表示。这个指标表明，BT3C可用来测量带宽在30 MHz以下的电路的幅频曲线。

寄生调幅用来表示振幅的平稳性，如图1-7-4（b）所示，寄生调幅系数

$$M = \frac{A-B}{A+B} \times 100\% \qquad (1-7-4)$$

线性系数用来表示扫频振荡器的压控特性的非线性程度，如图1-7-4（c）所示。线性系数

$$K = \frac{K_m}{K_n} \qquad (1-7-5)$$

式中：K_m，K_n—— 压控特性f—u曲线的最大斜率和最小斜率。

由扫频测量法原理知，扫频信号的振幅必须保持恒定不变，因此，寄生调幅系数应当越小越好。而线性系数越接近1，扫频线性越好。

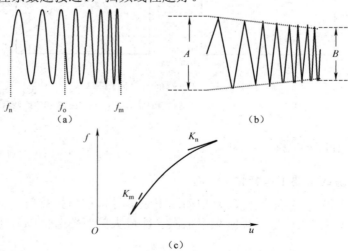

图1-7-4 扫频信号、寄生调幅与压控特性

（a）扫频信号 （b）寄生调幅 （c）压控特性

2．扫频信号的产生方法

产生扫频信号的方法很多，目前广泛采用变容二极管扫频。图1-7-5是BT3C的扫频振荡器的原理电路和等效电路。

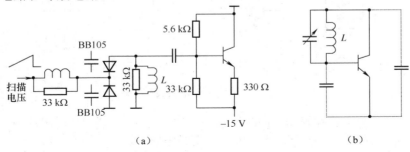

图1-7-5　扫频振荡器

（a）原理电路　（b）等效电路

由图可见，这是一个电容三点式振荡电路，其振荡频率主要由电感L及变容二极管的等效结电容C_j决定。而变容二极管的结电容与所加偏压有以下近似关系：

$$C_j \approx \frac{C_{jo}}{u_r^m} \qquad (1\text{-}7\text{-}6)$$

式中：C_{jo}——零偏压时变容二极管的结电容；

　　　u_r——变容二极管所加偏压；

　　　m——电容指数，为获得线性扫频，常取$m=2$。

则，当取电容指数$m=2$时，扫频振荡器的振荡频率

$$\omega \approx \frac{u_r}{\sqrt{LC_{jo}}} \qquad (1\text{-}7\text{-}7)$$

由式（1-7-7）可见，振荡频率与变容二极管所加偏压成正比。而偏压u_r就是扫频振荡器的调制电压，即扫描电压u_s。因此，当锯齿波电压（即u_s）加到变容二极管上后，振荡器的频率将随电压u_s的变化而连续变化，于是产生扫频信号。

从式（1-7-7）可知，在其他条件不变的情况下，扫频信号的最高瞬时频率f_m和最低瞬时频率f_n，由偏压变化的最大值和最小值而定。因而两者之差（$f_m - f_n$）由偏压变化的范围控制。这就是说，调节调制电压u_r的幅度，就改变了扫频宽度。这是扫频仪中扫频宽度的调节原理。

3．获得宽频率覆盖的方法

通常把一个波段信号的最高频率f_H与最低频率f_L之比（f_H/f_L）称为波段的频率覆盖系数。但在振荡器中，覆盖系数是受到限制的。这是因为一般振荡器采用LC作振荡回路，而且采用调节电容（即C用可变电容）的方法来改变频率；于是可变电容的最大容量C_m与最小容量C_n之比和覆盖系数有以下关系：

$$\frac{C_m}{C_n} = \frac{f_H^2}{f_L^2} \qquad (1\text{-}7\text{-}8)$$

由上式可见，若$f_H/f_L=2$，则要求$C_m/C_n=4$；若$f_H/f_L=3$，则要求$C_m/C_n=9$。由于可变电容的容量比（C_m/C_n）无法做得很大，所以覆盖系数通常在3以下。

扫频仪的工作频率范围是很宽的，这里是指中心频率的可调范围。例如BT3C的中心频

率在1～300 MHz连续可调。其覆盖系数达到300，显然一般振荡器是无法实现的，通常需采用外差式电路来实现。

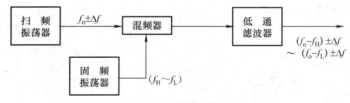

图1-7-6　宽频率覆盖的获得方法

图1-7-6中，扫频振荡器输出一高频的扫频信号，设中心频率为f_0；可调固频振荡器的频率可以手动调节，调节范围为（f_H）～（f_L）。当固频振荡器的频率在（f_H）～（f_L）变化时，输出扫频信号的中心频率将在（$f_0\sim f_H$）～（$f_0\sim f_L$）间变化。适当选择f_H，f_L及f_0，就可以获得所需的宽频率覆盖。例如：选$f_H=199$ MHz，$f_L=100$ MHz，$f_0=200$ MHz；则扫频信号的中心频率变化范围是1～100 MHz。此时覆盖系数已达100，但固频振荡器的覆盖系数仅为$f_H/f_L\approx 2$，一般振荡器是可以实现的。实际在BT3C扫频仪中，所选频率比上例更高，以获得1～300 MHz的频率覆盖。

从图1-7-6可知，扫频信号的中心频率的调节原理，是手动调节固频振荡器之频率，从而改变该频率与扫频振荡器的频率（即f_0）之差。

7.2　扫频仪的使用

扫频仪的基本用途是显示电路的幅频特性。而增益和通频带是表征电路特性的最主要的参数指标。本节将讨论使用扫频仪测试电路的幅频特性、增益和通频带以及扫频仪使用之前的自检。

7.2.1　扫频仪的自检

1. 测试电缆

BT3C扫频仪配有三根测试用的电缆。

（1）匹配输出电缆：是扫频信号源的输出电缆，在电缆的终端接有75 Ω的电阻，以获得与扫频信号源输出阻抗的匹配。

（2）检波输入电缆：是示波器的输入电缆，在电缆的前端（即探头中）装有包络检波器。当被测电路中不带有检波器时，需使用此电缆作输入电缆。

（3）输入电缆：也是示波器的输入电缆，但在电缆中没有检波器。当被测电路中带有检波输出时，应当使用此电缆作输入电缆。例如测鉴频器的鉴频曲线时，应使用它。另外，此电缆又可作外频标的输入电缆。

使用时，两根输入电缆应根据以上所述选择其中之一。

2. 自检的步骤

使用扫频仪测试之前，应对其进行自检。通过自检，可以判断扫频仪是否工作正常。自检的步骤如下。

首先将匹配输出电缆接到扫频信号源的输出插座，将检波输入电缆接到示波器的输入插座。打开电源开关，将辉度旋钮旋至最右（顺时针旋至极限）。约1 min后，调Y位移使屏幕上出现一条水平线，再调聚焦使水平线最清晰，然后进行以下操作。

（1）扫频方式置于"扫频"挡位，扫频宽度置于中间，中心频率置于低频段。

（2）将Y衰减置于1的位置，输出衰减置于20 dB（粗调与细调之和）的位置。

（3）将两根电缆对接（地线接地线，探针接探针），屏幕上应出现一个矩形图形*。

（4）调Y位移，让矩形的下边线与屏幕坐标的下端水平线对齐。

（5）耦合方式开关拉出，调Y增幅至矩形的上边线在屏幕坐标的上端水平线附近。

注：*号所指矩形图形是零电平线处在下边；若零线在上边，则应扳动影像极性开关使零线转至下边。

此后可按下述自检项目进行检查。

3. 自检的项目

自检包括检查以下几个项目。

（1）扫频信号的幅度检查。按上述步骤操作，若Y增幅旋至最大，矩形图形的垂直幅度可达8格以上（或扫频方式置点频，用超高频毫伏表测量输出电压，其有效值应大于0.5 V）。若小于8格，说明扫频信号源的输出幅度不正常，或某根电缆接触不良。

若调节Y增幅旋钮，屏幕显示始终是一条水平线，则说明无扫频信号输出。

（2）频标图形的幅度检查。频标选择置于"1.10"挡，频标幅度旋至最右，在矩形图形的上边线上有两种不同幅度的菱形频标，且幅度足够大。当调节频标幅度旋钮时，菱形的幅度随之变化。

若幅度旋钮旋至最右时，频标幅度仍很小，或根本无频标，说明频标电路不正常。

（3）扫频宽度的范围检查。中心频率在15 MHz附近，扫频宽度旋至最右时，屏幕上显示的频标个数不少于30个。调节扫频宽度，频标个数随之变化。

（4）中心频率的范围检查。从0频开始，调节中心频率旋钮，让频标向左移动；通过屏幕中心（垂直中心线）的10 MHz频标的个数不少于30个。

（5）频率值的读出。屏幕上的频标图形只是一个频率标尺的刻度，它仅表示出两个频标之间的频率差值，具体频率值须按以下方法读出。

首先调节中心频率旋钮，在频率低端附近找到如图1-7-7（a）所示的V形图形，该V形处即0频。在它右边的第一个小频标的频率值为1 MHz，第二个小频标的频率值为2 MHz，其余类推。由此可读出右边的第一个大频标频率值为10 MHz，第二个大频标频率值为20 MHz，如此类推。当需要找的中心频率很高时，可按下面的方法进行：例如电视机中图像中频为38 MHz。调节中心频率旋钮，让频标向左移动，找到第四个通过屏幕中心的大频标，该频标左边第二个小频标的频率值即为38 MHz。

（6）寄生调幅系数的检查。扫频宽度调到额定的±15 MHz频偏，按图1-7-7（b）所示，读其最大值A和最小值B，按式（1-7-4）计算调幅系数。

在整个频率范围内M应小于等于10%。测试时，要求两根电缆的探针接线和地线尽量短且接触良好，最好用镀银线将两根电缆的探头绑在一起，否则测出的调幅系数会增大。

（7）扫频非线性系数的检查。扫频宽度调到额定的±15 MHz频偏，按图1-7-7（c）所示，分别读出中间频标（即f_0）与低端频标（即f_n）、高端频标（即f_m）之间的距离A、B，按下式计算非线性系数：

$$K_r = \frac{A-B}{A+B} \times 100\% \qquad （1-7-9）$$

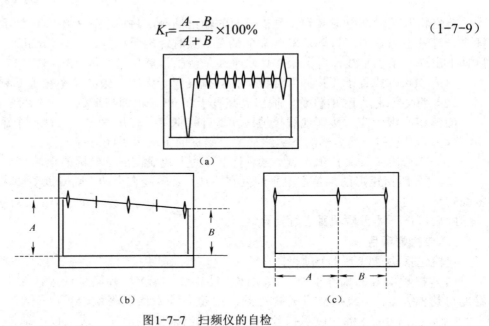

（a）

（b）　　　　　　　　　　　　　　　　（c）

图1-7-7　扫频仪的自检

（a）频标值的读出　（b）调幅系数检查　（c）非线性系数检查

7.2.2　增益的测量

1．增益测量原理

BT3C扫频仪测量增益需进行两次测量：第一次是直接将示波器的检波探头与扫频信号源的输出电缆相连，输出衰减旋至适当部位（设衰减量为$-K_1$），调节Y增幅使矩形框垂直高度为一定值（可选6～7格）；第二次接入被测电路，并增大输出衰减，在Y增幅不动的情况下，细调衰减使此时的曲线高度与第一次的相等。若第二次的总衰减量为$-K_2$，被测电路的增益为A，则因两次测量中只有衰减量的改变和被测电路的加入（图1-7-8），所以两次测量中衰减量之总和是相等的，即$-K_1=-K_2+A$。故有

$$A=K_2-K_1 \qquad （1-7-10）$$

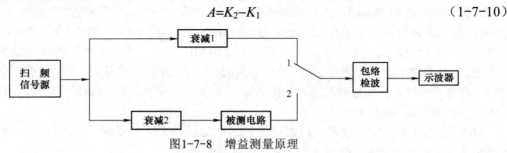

图1-7-8　增益测量原理

这里应说明，第二次测量的总衰减量$-K_2$可以包括Y衰减的变化。但扫频仪上Y衰减是以倍数表示衰减量，故应先换算成分贝数。

2．增益测量实例

示例1：调频收音机的中频放大器的增益

步骤如下。

（1）将中心频率调至10.5 MHz，扫频宽度调在±5 MHz左右，输出衰减置20 dB，Y衰减置1。将检波输入电缆接在示波器的输入插座上，并与输出电缆对接。调Y增幅使矩形框垂直高度为7格，并调Y位移使零线与坐标下端线对齐；

（2）将输出衰减的粗调置于40 dB，细调置于5 dB左右。再将检波输入电缆接到中频放大器的输出端，输出电缆接到中频放大器的输入端，然后调整输出衰减的细调，使显示的曲线高度仍为7格。记下此时细调的读数（比如读数为2），则增益$A=(42-20)$ dB$=22$ dB。

7.2.3　通频带的测量

1．通频带测量原理

通常用通频带来衡量一个电路的频率响应特性，一般所指通频带是−3 dB带宽，即上限截止频率f_H与下限截止频率f_L之差。这里的f_H和f_L是指增益下降为$1/\sqrt{2}$时所对应的两个频率值。故此通频带

$$B_w=f_H-f_L \tag{1-7-11}$$

如图1-7-9所示，先选定好中心频率和适当的扫频宽度，并让屏幕上显示出被测的幅频曲线；再确定f_H和f_L的位置，并读出它们的频率值；然后按式（1-7-11）计算出B_w。

这里应说明，据通频带之定义$B_w=f_H-f_L$，故可以从屏幕上直接读出两个截止频率点之间的频率差，而不必读出f_H和f_L的具体频率值。

2．通频带测量实例

示例2：调频收音机的中频放大器的通频带

步骤如下。

（1）将中心频率调至10.5 MHz，扫频宽度调在±2 MHz左右，输出衰减调在45 dB左右，Y衰减置1。再将检波输入电缆接到中频放大器的输出端，输出电缆接到中频放大器的输入端，调Y增幅使幅频曲线垂直高度为7格，并调Y位移使零线与坐标下端线对齐。

（2）微调扫频宽度，使10 MHz与11 MHz两个频标的水平距离正好为5格。

（3）找出幅频曲线上与零线垂直距离为5格的两点（如图1-7-9中a，b两点），读出它们的水平距离（比如读数为3格），则$B_{ab}=(3/5)$ MHz$=0.6$ MHz。这里的B_{ab}即通频带B_w，理由如下：

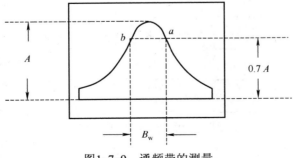

图1-7-9　通频带的测量

因曲线的垂直高度为7格，设增益为100%；而a，b两点的垂直高度为5格，则增益为

$5/7 \approx 1/\sqrt{2}$。即a，b两点就是f_H和f_L的对应点，因此两点间的频率差B_{ab}即通频带B_w。

7.3 数字频率特性测试仪

7.3.1 数字频率特性测试仪的工作原理

1. 直接数字合成频率源

传统的模拟信号源是直接采用振荡器来产生信号波形的，而直接数字合成频率源（Direct Digital Synthesizer, DDS）是以高精度频率源为基础，用数字合成的方法产生一连串带有波形信息的数据流，再经过数模转换器产生出一个预先设定的模拟信号。

如合成一个正弦波信号，首先将$y=\sin x$进行数字量化，然后以x为地址，以y为量化数据，依次存入波形存储器。在每一个采样时钟周期中，都把一个相位增量累加到相位累加器的当前结果上，通过改变相位增量，即可以改变DDS的输出频率值。根据相位累加器输出的地址，由波形存储器取出波形量化数据，经过数模转换器和运算放大器转换成模拟电压。再经过低通滤波器滤除高次谐波，即获得连续的正弦波输出。

DDS使用相位累加技术来控制波形存储的地址，而由于波形数据是间断的取样数据，所以DDS发生器输出的是一个阶梯正弦波，需经过低通滤波器滤波，才能得到连续正弦波。数模转换器内部带有高精度的基准电压源，因而输出波形具有很高的幅度精度和幅度稳定性。

2. SA1030的工作原理

SA1030数字频率特性测试仪的原理框图如图1-7-10所示。

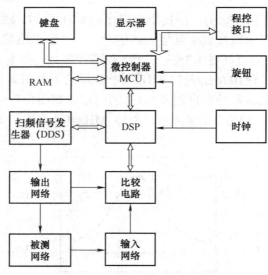

图1-7-10　SA1030原理框图

电路主要分为以下两部分。

（1）以微控制器（Microcontroller Unit, MCU）为核心的接口电路，用于完成控制命令的接收、特性曲线的显示、测试数据的输出。

（2）以DDS为核心的测试电路，用于完成扫频信号的产生、扫频信号输出幅度的控制、输入信号幅度的控制、特性参数的产生。

MCU将接收到的控制命令传递给数字信号处理器（Digital Signal Processor, DSP），DDS电路在DSP的控制下产生等幅的扫频信号，经输出网络输出到被测网络，被测网络的响应信号、通过输入网络处理后送至比较电路，DSP将比较电路测得的数据处理后送到MCU，显示电路再在MCU的控制下显示出特性曲线。

3．操作控制工作原理

仪器是由微处理器通过接口电路去控制键盘及显示部分，当有键按下时，微处理器识别出被按键的编码，然后转去执行该键的命令程序。显示电路将仪器的工作状态、各种参数以及被测网络的特性曲线显示出来。

面板上的旋钮可以用来改变光标指示位的数字，每转15°角可以产生一个触发脉冲，由微处理器判断出旋钮是左旋或是右旋，若左旋则光标指示位的数字减一，若右旋则数字加一，并且可连续进位或借位。因此仪器操作时，即可使用键盘，也可使用调节手轮。

7.3.2 SA1030的使用方法

1．面板说明

SA1030面板如图1-7-11所示。

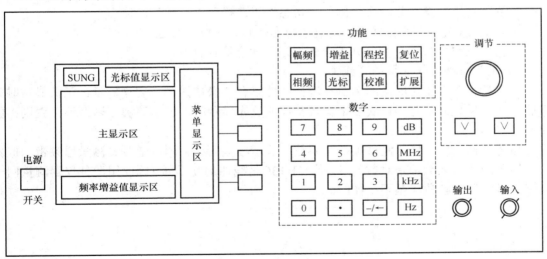

图1-7-11 SA1030面板

由图可见，面板分为键盘区和显示区两大部分。

1）键盘区

键盘区又分为四个区域。

（1）功能区：共8个按键，分上下两行。其中"相频"和"扩展"是空键。其余6键的菜单及操作在下面操作方法中说明。

（2）数字区：共16个键，排成4×4的方阵。除0～9十个数字外，另有小数点和负号两键以及dB，MHz，kHz，Hz四个单位键。

（3）调节区：设有∧和∨两个按键和一个调节手轮。

（4）子菜单区：有5个按键，由菜单显示区指明其功能。

2）显示区

显示区亦分为四个区域。

（1）主显示区：显示幅频曲线和光标。

（2）菜单显示区：分别显示各个功能键的菜单，其菜单项目由各键确定。

（3）光标值显示区：显示光标的频率和增益值。

（4）频率增益值显示区：显示始点和终点的频率，屏幕纵向每大格代表的分贝数。

2．操作方法

本仪器主要操作的功能键是"幅频""增益""光标"三键。

按下"幅频"键，显示子菜单："扫频方式""始点频率""终点频率""中心频率""扫频带宽"。

"扫频方式"一般选"线性"，其余四个频率值选择两个输入即可。

按下"增益"键，显示子菜单："输出衰减""输入衰减""基准位置""每格增益"。本仪器"每格增益"为10 dB/div，不可调。

"基准位置"由主显示区中左上角光标指示，可用调节按键或手轮调节。

"输出衰减"0～–60 dB可调，以曲线顶部低于基准光标10 dB为宜（图1-7-12）。

"输入衰减"0～–30 dB可调，由曲线幅度选定。

按下"光标"键，显示子菜单："状态""选择""开关"。

"状态"有常态（即独立）、差值（两光标间）两种，可选。

"选择"有1，2，3，4，5共五个光标，可随意选择打开。

"开关"选择某号光标的开或关。

以上是三个主要功能键的调节与选择。这里有一操作解释：**反亮显示**。正常显示时为蓝底白字，反亮显示时为白底蓝字。按某键能反亮显示时，表示该键可以调整，否则不能调整。

与普通扫频仪一样，测试项目主要是：显示幅频曲线、测量增益、测量通频带。但本仪器显示的曲线之纵轴是对数刻度，这与**BT3C**是线性刻度不同。因此用两种仪器测量同一电路，显示的幅频曲线是不一样的。

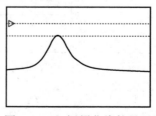

图1-7-12　幅频曲线的显示

3．示例

示例：低通滤波器的测试

步骤如下。

（1）打开仪器电源开关，等待菜单显示区显示出相应数值（因本仪器带宽较窄，可以不改变仪器的默认设定值）。

（2）将仪器的输入测试线接在低通滤波器的输出端，输出测试线接在低通滤波器的输入端（此时主显示区将显示出低通特性曲线）。

（3）按下"增益"键，子菜单区显示出五个项目。

（4）按下"输出衰减"键，调节手轮使特性曲线在零位基准光标值以下10 dB。

（5）按下"光标"键，打开光标1，调节手轮使光标位于曲线增益最高处（此时光标值显示区显示出光标处的频率值和增益值）。

至此，低通特性曲线和增益值已测出。若需测上截止频率，可将光标调至增益下降3 dB处即可从光标值显示区读出。

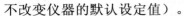

实 验 与 思 考 题

1. 扫频仪中如何产生扫频信号？
2. 简述扫频仪测量电路参数的原理与方法。
3. 什么是频标？频标为什么会叠加在扫频仪屏幕显示的图形上？

第2篇

基础设计篇

第1章　红外电路的设计

红外电路包括红外接收电路和红外发射电路。红外发射电路是利用红外发射管在脉冲信号的作用下，发射出750 nm～1 mm的红外信号；红外接收电路主要由红外接收管和比较电路组成，是利用红外接收管接收到红外信号后电阻值发生变化而产生电压变化，从而促使比较器的输出信号变化，在脉冲信号频率设置合适的值时，可以看到接在比较器输出端的指示灯闪烁。

通过本项目的学习，掌握红外发射管及接收管的特性，学会使用常用的元器件设计简单的实用电路。

1.1　常用元器件知识

1.1.1　电阻器

电阻在电路中多用来进行限流、分压、分流以及阻抗匹配等，是电路中应用最多的元件之一。

1.1.1.1　电阻的基本概念

物质对电流通过的阻碍作用称为电阻，利用这种阻碍作用做成的元件称为电阻器（Resistor），通常简称电阻。若在阻值为R的电阻两端加上1 V的电压U，当通过该电阻的电流强度I为1 A时，则称该电阻的阻值为1 Ω（欧姆），其关系式（欧姆定律）为

$$R=U/I \qquad\qquad (2-1-1)$$

在实际使用中，比欧姆更大的单位有千欧（kΩ）、兆欧（MΩ）和吉欧（GΩ），其关系为

$$1\ G\Omega=1\ 000\ M\Omega,\ 1\ M\Omega=1\ 000\ k\Omega,\ 1\ k\Omega=1\ 000\ \Omega$$

电子电路中无不存在电阻，它的使用范围甚广，其质量的好坏对电路工作的稳定性有极大影响，它的主要用途如下：

（1）稳定和调节电路中的电流和电压；

（2）作为分流器、分压器和负载使用。

1.1.1.2　电阻器的分类

电阻按结构可分为固定电阻、可变电阻、特种电阻三大类。

电阻按材质可分碳膜电阻、金属膜电阻、金属氧化膜电阻、碳系混合体电阻、水泥电

阻等，如表2-1-1所示。

表2-1-1　制作电阻的常见材料及表示符号

符　号	电阻材料
RD	碳膜
RN	金属膜
RS	金属氧化膜
RC	碳系混合体
RK	金属系混合体
RW	电阻线（功率型）
RB	电阻线（精密型）

1．固定电阻

固定电阻的阻值是固定的，一经制成后不再改变，有薄膜电阻、金属线绕电阻、实心电阻三种。几种常见电阻实物如图2-1-1所示。

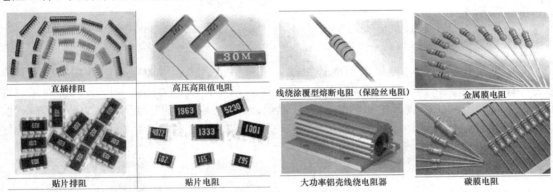

图2-1-1　几种常见电阻实物

1）薄膜电阻

薄膜电阻是用蒸发的方法将一定电阻率材料蒸镀于绝缘材料表面制成，常用的蒸镀材料是碳或某些金属合金。因而薄膜电阻有碳膜电阻和金属膜电阻，最常用的是金属膜贴片电阻。

Ⅰ．碳膜电阻

碳膜电阻是将结晶碳沉积在陶瓷棒骨架上制成。碳膜电阻成本低、性能稳定、阻值范围宽、温度系数和电压系数低，是目前应用最广泛的电阻。

Ⅱ．金属膜电阻

金属膜电阻是用真空蒸发的方法将合金材料蒸镀于陶瓷棒骨架表面。金属膜电阻比碳膜电阻的精度高，稳定性好，噪声、温度系数小。在仪器仪表及通信设备中大量采用。

Ⅲ．金属氧化膜电阻

金属氧化膜电阻是在绝缘棒上沉积一层金属氧化物。由于其本身即是氧化物，所以高温下稳定，耐热冲击，负载能力强。

2）金属线绕电阻

金属线绕电阻是用高阻合金线绕在绝缘骨架上制成，外面涂有耐热的釉绝缘层或绝缘漆。绕线电阻具有较低的温度系数，阻值精度高，稳定性好，耐热耐腐蚀，主要作精密大功率电阻使用。其缺点是高频性能差，时间常数大。

3）实芯电阻

实芯电阻是用石墨和碳质颗粒状导电物质、填料和黏合剂混合制成一个实体的电阻。其价格低廉，但其阻值误差、噪声电压都大，稳定性差，目前较少用。

2．可调电阻

可调电阻是一种阻值在一定范围内连续可调的电阻，主要用在阻值需要调整的电路中。一般的可调电阻有三个接头，通常也把它称为电位器，其实物如图2-1-2所示。

3．特种电阻

1）敏感电阻

敏感电阻是指元件特性对温度、电压、湿度、光照、气体、磁场、压力等作用敏感的电阻。敏感电阻的符号是在普通电阻的符号中加一斜线，并在旁标注敏感电阻的类型，如t.v等。其实物如图2-1-3所示。

Ⅰ．压敏电阻

压敏电阻主要有碳化硅和氧化锌压敏电阻，氧化锌具有更多的优良特性。

Ⅱ．湿敏电阻

湿敏电阻由感湿层、电极、绝缘体组成，主要包括氯化锂湿敏电阻、碳湿敏电阻、氧化物湿敏电阻。氯化锂湿敏电阻随湿度上升而电阻减小，缺点为测试范围小，特性重复性不好，受温度影响大。碳湿敏电阻缺点为低温灵敏度低，阻值受温度影响大，有老化特性，较少使用。氧化物湿敏电阻性能较优越，可长期使用，温度影响小，阻值与湿度变化成线性关系，有氧化锡、镍铁酸盐等材料。

光敏电阻

热敏电阻

图2-1-2　可调电阻器

湿敏电阻

热敏电阻

图2-1-3　几种特种电阻实物

Ⅲ．光敏电阻

光敏电阻是电导率随着光量力的变化而变化的电子元件，当某种物质受到光照时，载流子的浓度增加从而增加了电导率，这就是光电导效应。

Ⅳ．气敏电阻

气敏电阻是利用某些半导体吸收某种气体后发生氧化还原反应制成，主要成分是金属氧化物，主要品种有：金属氧化物气敏电阻、复合氧化物气敏电阻、陶瓷气敏电阻等。

Ⅴ．力敏电阻

力敏电阻是一种阻值随压力变化而变化的电阻，国外称为压力电阻。所谓压力电阻效应即半导体材料的电阻率随机械应力的变化而变化的效应。使用力敏电阻可制成各种力矩计、半导体话筒、压力传感器等。其主要品种有硅力敏电阻、硒碲合金力敏电阻，相对而言，合金电阻具有更高灵敏度。

2）熔断电阻

熔断电阻又称为保险丝电阻，是一种新型的双功能元件，它在正常情况下使用时具有普通电阻的电气特性，一旦发生异常情况，熔断电阻超过负荷就会在规定的时间内熔断开路，从而起到保护元器件的作用。

1.1.1.3　电阻器的主要参数

额定功率、标称阻值、允许误差和最高工作电压是电阻器的主要参数。

1．额定功率

电阻的额定功率是指在规定的环境温度和湿度下，假定周围空气不流通，在长期连续负载而不损坏或基本不改变性能的情况下，电阻上允许消耗的最大功率。当超过额定功率时，电阻的阻值将发生变化，甚至发热烧毁。为保证安全使用，一般选择其额定功率比它在电路中所消耗的功率高1～2倍的电阻。实际应用较多的电阻是1/8 W、1/4 W、1/2 W、1 W、2 W、4 W、5 W、15 W等，如表2-1-2所示。

表2-1-2　常见封装与功率表

封装	0201	0402	0603	0805	1206	1210	1812	2010	2512
功率	1/20 W	1/16 W	1/10 W	1/8 W	1/4 W	1/3 W	1/2 W	3/4 W	1 W

2．标称值

常用电阻标称值设计电路时计算出来的电阻值经常会与电阻的标称值不相符，有时候需要根据标称值来修正电路的计算。表2-1-3和表2-1-4列出了常用的5%和1%精度电阻的标称值，供大家设计时参考。例如，表2-1-3中"240"表示电阻值为240 Ω的碳膜电阻，表2-1-4中"13 K"表示电阻值为13 kΩ的金属膜电阻。

表2-1-3　精度为5%的碳膜电阻，以欧姆为单位的标称值

1.0	5.6	33	180	1K	5.1K	30K	160K	910K	5.1M
1.1	6.2	36	200	1.1K	5.6K	33K	180K	1M	5.6M
1.2	6.8	39	220	1.2K	6.2K	36K	200K	1.1M	6.2M
1.3	7.5	43	240	1.3K	6.6K	39K	220K	1.2M	6.8M
1.5	8.2	47	270	1.5K	7.5K	43K	240K	1.3M	7.5M
1.6	9.1	51	300	1.6K	8.2K	47K	270K	1.5M	8.2M
1.8	10	56	330	1.8K	9.1K	51K	300K	1.6M	9.1M
2.0	11	62	360	2K	10K	56K	330K	1.8M	10M
2.2	12	68	390	2.2K	11K	62K	360K	2M	15M
2.4	13	75	430	2.4K	12K	68K	390K	2.2M	22M
2.7	15	82	470	2.7K	13K	75K	430K	2.4M	
3.0	16	91	510	3K	15K	82K	470K	2.7M	
3.3	18	100	560	3.2K	16K	91K	510K	3M	
3.6	20	110	620	3.3K	18K	100K	560K	3.3M	
3.9	22	120	680	3.6K	20K	110K	620K	3.6M	
4.3	24	130	750	3.9K	22K	120K	680K	3.9M	
4.7	27	150	820	4.3K	24K	130K	750K	4.3M	
5.1	30	160	910	4.7K	27K	150K	820K	4.7M	

任何固定电阻的阻值都应符合标称阻值系列所列数值乘以10^n，其中n为整数。对于贴片电阻的值，其最后一位为倍率n，前面数为有效数字，如有R则表示小数点。例如：000=0.00 Ω，1R5=1.5 Ω，100=10 Ω，102=1.0 kΩ，105=1 MΩ，R010=0.01 Ω，1502=15 kΩ。

表2-1-4　精度为1%的金属膜电阻，以欧姆为单位的标称值

10	24.3	53.6	124	300	634	1.58K	3.6K	8.25K	20K	44.2K
10.2	24.7	54.9	127	301	649	1.6K	3.65K	8.45K	20.5K	45.3K
10.5	24.9	56	130	309	665	1.62K	3.74K	8.66K	21K	46.4K
10.7	25.5	56.2	133	316	680	1.65K	3.83K	8.8K	21.5K	47K
11	26.1	57.6	137	324	681	1.69K	3.9K	8.87K	22K	47.5K
11.3	26.7	59	140	330	698	1.74K	3.92K	9.09K	22.1K	48.7K
11.5	27	60.4	143	332	715	1.78K	4.02K	9.1K	22.6K	49.9K
11.8	27.4	61.9	147	340	732	1.8K	4.12K	9.31K	23.2K	51K
12	28	62	150	348	750	1.82K	4.22K	9.53K	23.7K	51.1K
12.1	28.7	63.4	154	350	768	1.87K	4.32K	9.76K	24K	52.3K
12.4	29.4	64.9	158	357	787	1.91K	4.42K	10K	24.3K	53.6K
12.7	30	66.5	160	360	806	1.96K	4.53K	10.2K	24.9K	54.9K
13	30.1	68	162	365	820	2K	4.64K	10.5K	25.5K	56K
13.3	30.9	68.1	165	374	825	2.05K	4.7K	10.7K	26.1K	56.2
13.7	31.6	69.8	169	383	845	2.1K	4.75K	11K	26.7K	57.6K
14	32.4	71.5	174	390	866	2.15K	4.87K	11.3K	27K	59K
14.3	33	73.2	178	392	887	2.2K	4.99K	11.5K	27.4K	60.4K
14.7	33.2	75	180	402	909	2.21K	5.1K	11.8K	28K	61.9K
15	34	75.5	182	412	910	2.26K	5.11K	12K	28.7K	62K
15.4	34.8	6.8	187	422	931	2.32K	5.23K	12.1K	29.4K	63.4K
15.8	35.7	78.7	191	430	953	2.37K	5.36K	12.4K	30K	64.9K
16	36	80.6	196	432	976	2.4K	5.49K	12.7K	30.1K	66.5K
16.2	36.5	82	200	442	1K	2.43K	5.6K	13K	30.9K	68K
16.5	37.4	82.5	205	453	1.02K	2.49K	5.62K	13.3K	31.6K	68.1K
16.9	38.3	84.5	210	464	1.05K	2.55K	5.76K	13.7K	32.4K	69.8K
17.4	39	86.6	215	470	1.07K	2.61K	5.9K	14K	33K	71.5K
17.8	39.2	88.7	220	475	1.1K	2.67K	6.04K	14.3K	33.2K	73.2K
18	40.2	90.9	221	487	1.13K	2.7K	6.19K	14.7K	33.6K	75K
18.2	41.2	91	226	499	1.15K	2.74K	6.2K	15K	34K	76.8K
18.7	42.2	93.1	232	510	1.18K	2.8K	6.34K	15.4K	34.8K	78.7K
19.1	43	95.3	237	511	1.2K	2.87K	6.49K	15.8K	35.7K	80.6K
19.6	43.2	97.6	240	523	1.21K	2.94K	6.65K	16K	36K	82K
20	44.2	100	243	536	1.24K	3.0K	6.8K	16.2K	36.5K	82.5K
20.5	45.3	102	249	549	1.27K	3.01K	6.81K	16.5K	37.4K	84.5K
21	46.4	105	255	560	1.3K	3.09K	6.98K	16.9K	38.3K	86.6K
21.5	47	107	261	562	1.33K	3.16K	7.15K	17.4K	39K	88.7K
22	47.5	110	267	565	1.37K	3.24K	7.32K	17.8K	39.2K	90.9K
22.1	48.7	113	270	578	1.4K	3.3K	7.5K	18K	40.2K	91K
22.6	49.9	115	274	590	1.43K	3.32K	7.68K	18.2K	41.2K	93.1K
23.2	51	118	280	604	1.47K	3.4K	7.87K	18.7K	42.2K	95.3K
23.7	51.1	120	287	619	1.5K	3.48K	8.06K	19.1K	43K	97.6K
24	52.3	121	294	620	1.54K	3.57K	8.2K	19.6K	43.2K	100K

102K	133K	174K	221K	280K	357K	442K	562K	715K	910K
105K	137K	178K	226K	287K	360K	453K	576K	732K	931K
107K	140K	180K	232K	294K	365K	464K	590K	750K	953K
110K	143K	182K	237K	300K	374K	470K	604K	768K	976K
113K	147K	187K	240K	301K	383K	475K	619K	787K	1.0M
115K	150K	191K	243K	309K	390K	487K	620K	806K	1.5M
118K	154K	196K	249K	316K	392K	499K	634K	820K	2.2M
120K	158K	200K	255K	324K	402K	511K	649K	825K	
121K	160K	205K	261K	330K	412K	523K	665K	845K	
124K	162K	210K	267K	332K	422K	536K	680K	866K	
127K	165K	215K	270K	340K	430K	549K	681K	887K	
130K	169K	220K	274K	348K	432K	560K	698K	909K	

3．允许误差

为了满足使用者的要求，工厂生产了各种不同阻值的电阻，即便如此，也无法做到要什么样阻值的电阻就会有什么样阻值的成品。为了便于生产和满足使用者的需要，国家规定了一系列阻值作为产品的标准。在实际生产中，加工出来的电阻的阻值无法做到和标称阻值完全一样，即阻值具有一定分散性。为了便于生产的管理和使用，又规定了电阻的精度等级，确定了电阻在不同等级下的允许偏差。其允许误差等级如表2-1-5所示。

表2-1-5　电阻允许误差等级

级　别	B	C	D	F	G	J	K	M
允许误差	±0.1%	±0.25%	±0.5%	±1%	±2%	±5%	±10%	±20%

市场成品电阻的精度大多为J、K级，它们已可满足一般的使用要求，B、C、D、F、G等级的电阻仅供精密仪器及特殊设备使用。

4．最高工作电压

最高工作电压是指由电阻、电位器的最大电流密度、电阻体击穿及其结构等因素所规定的工作电压限度。对电阻值较大的电阻，当工作电压过高时，虽然功率不会超过规定值，但其内部会发生电弧火花放电，导致电阻变质损坏。一般1/8 W碳膜电阻或金属膜电阻，最高工作电压分别不能超过150 V、200 V。

1.1.1.4　电阻值的读取

1．用万用表读取

读取步骤如下。

（1）将万用表打到电阻挡，确认万用表的零点。

（2）设定电阻量程。

（3）用红黑表笔接触电阻引线。

（4）从万用表上读出读数。

2．用色标法读取

固定电阻中，由于在电子电路中使用的小型电阻上没有用数字表示电阻值和电阻值容许误差的空间，在电阻外侧的绝缘体上涂有称为色标的色带，用色标来表示电阻值等参数。为了读取用色标表示的电阻值，必须牢牢记住色标和数字间的规则，如表2-1-6所示。

表2-1-6　电阻上的色标与其对应的数字

颜色	第1色带	第2色带	第3色带	第4色带	第5色带
	第1数字	第2数字	第3数字	第4数字	第5数字
黑	0	0	0	10^0	
棕	1	1	1	10^1	±1%
红	2	2	2	10^2	±2%
橙	3	3	3	10^3	
黄	4	4	4	10^4	
绿	5	5	5	10^5	±0.5%
蓝	6	6	6	10^6	±0.25%
紫	7	7	7	10^7	±0.1%
灰	8	8	8		±0.05%
白	9	9	9		
金				10^{-1}	±5%
银				10^{-2}	±10%

电阻值的读取关键是：找第1色带（从电阻引线与色带的间隔窄的一方开始向右读），然后按4色表示、5色表示读取电阻。图2-1-4为4色标的读法，图2-1-5为5色标的读法，靠近电阻引线的一端有4道或5道色环，其中第1、第2和精密电阻的第3道色环，分别表示其相应位数的数字，倒数第2道色环表示"0"的个数，最后一道色环表示误差。色环代表的数字按表2-1-6读取。

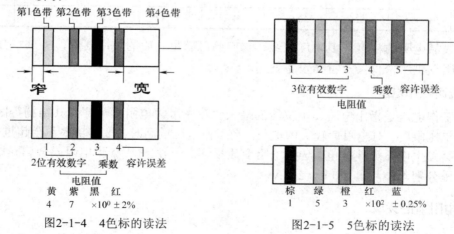

图2-1-4　4色标的读法　　　　图2-1-5　5色标的读法

1.1.1.5　电阻测量的原理和方法

1．电阻的频率特性

电阻工作于低频时，电阻分量起主要作用，电抗部分可以忽略不计，即忽略L_0和C_0的影响，只需测出R值就可以了。

工作频率高时，电抗分量就不能忽略了，等效电路如图2-1-6所示。此时，工作于交流电路的电阻的阻值，由于集肤效应、涡流损耗、绝缘损耗等原因，其等效电阻随频率的不同而不同。实验证明，当频率在1 kHz以下时，电阻的交流与直流阻值相差不超过1×10^{-4}，随着频率的升高，其差值也随之增大。

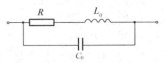

图2-1-6　电阻的等效电路

2．固定电阻的测量

1）万用表测量电阻

模拟式和数字式万用表都有电阻测量挡，都可以用来测量电阻。

采用模拟万用表测量时，应先选择万用表电阻挡的倍率或量程范围，然后将两输入端短路调零，最后将万用表并接在被测电阻的两端，测量电阻值。

由于模拟式万用表电阻挡刻度的非线性，使得刻度误差较大，测量误差也就较大，因而模拟式万用表只能做一般性的粗略检查测量。数字式万用表测量电阻的误差比模拟式万用表的误差小，但用它测量阻值较小的电阻时，相对误差仍然比较大。

2）电桥法测量电阻

当对电阻值的测量精度要求很高时，可用直流电桥法进行测量。测量时，可以利用QS18A型万能电桥，接上被测电阻R_x，再接通电源，通过调节R_n，使电桥平衡，即检流计指示为0，此时，读出R_n的值，即可求出R_x：

$$R_x = \frac{R_1}{R_2} \cdot R_n \qquad\qquad (2-1-2)$$

3）伏安法测量电阻

伏安法是一种间接测量方法，先直接测量被测电阻两端的电压和流过它的电流，然后根据欧姆定律算出被测电阻的阻值。伏安法原理简单，测量方便，尤其适用于测量非线性电阻的伏安特性。伏安法测量原理如图2-1-7所示，有电流表内接和电流表外接两种测量电路。由于电流表接入的方法不同，测量值与实际值有差异，此差异为系统误差。为了尽可能减小系统误差，一是采用加修正值的方法，二是根据被测电阻值的阻值范围合理选择电路。一般地，当电阻值介于千欧和兆欧之间时，可采用电流表内接电路；当电阻值介于几欧姆到几百欧姆之间时，可采用电流表外接电路；若被测电阻介于这两者之间，可根据误差项的大小，选用误差小的电路。

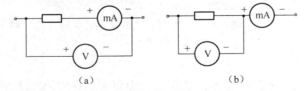

（a）　　　　　　　　　　（b）

图2-1-7　伏安法测电阻原理图

（a）电流表内接法　（b）电流表外接法

3．电位器的测量

1）用万用表测量电位器

用万用表测量电位器的方法与测量固定电阻的方法相同。先测量电位器两固定端之间的总固定电阻，然后测量滑动端对任意一端之间的电阻值。进行测量时，缓慢调节滑动端的位置，观察电阻值的变化情况，阻值指示应平稳变换，没有跳变现象；而且滑动端从开始调到另一端时，应滑动灵活，松紧适度，听不到杂声，否则说明滑动端接触不良，或滑动端的引出机构内部存在故障。

2）用示波器测量电位器的噪声

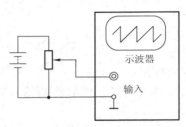

图2-1-8　电位器噪声测量接线图

示波器可以用来测量电位器、变阻器的噪声，如图2-1-8所示，给电位器两端加一适当的直流电源E，E的大小应不致造成电位器超功耗。最好用电池，因为电池的纹波电压小，噪声也小。让一恒定电流流过电位器，缓慢调节电位器的滑动端，随着电位器滑动端的调节，水平亮线在垂直方向上移动。当R_P接触良好、无噪声时，屏幕上显示为一条平滑直线；当R_P接触不好且有噪声时，屏幕上将显示噪声电压的波形。

4．非线性电阻的测量

非线性电阻如热敏电阻、二极管的内阻等，它们的阻值与工作环境以及外加电压和电流的大小有关。可采用前面介绍的伏安法，即测量一定直流电压下的直流电流值。逐点改变电压的大小，然后测量相应的电流，最后作出伏安特性曲线。

1.1.2　电容器

几种电容器实物如图2-1-9所示。

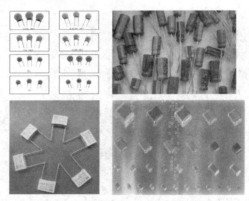

图2-1-9　瓷片电容、电解电容、高品质电容、贴片电容器实物

1.1.2.1　电容器的特性

电容器是一种能储存电荷的容器，通常简称为电容，在电路中多用来滤波、隔直、耦合交流、旁路交流及与电感元件构成振荡电路等。它是由两片靠得较近的金属片，中间再隔以绝缘物质而组成的。按绝缘材料不同，可制成各种各样的电容，如云母、瓷介、纸介、电解电容等；在构造上，又分为固定电容和可变电容。电容对直流电阻力无穷大，即电容具有隔直流作用；电容对交流电的阻力受交流电频率影响，即相同容量的电容对不同频率的交流电呈现不同的容抗。为什么会出现这些现象？这是因为电容是依靠它的充放电功能来工作的，电容对于频率高的交流电的阻碍作用小，即容抗小；反之对频率低的交流电产生的容抗大。

对于同一频率的交流电，电容的容量越大，容抗就越小；容量越小，容抗就越大。

1.1.2.2　电容器分类

（1）**聚酯（涤纶）电容**。符号：CL。电容量：40 pF～4 μF。额定电压：63～630 V。

主要特点：小体积，大容量，耐热耐湿，稳定性差。应用：对稳定性和损耗要求不高的低频电路。

（2）**聚苯乙烯电容**。符号：CB。电容量：10 pF～1 μF。额定电压：100 V～30 kV。

主要特点：稳定，低损耗，体积较大。应用：对稳定性和损耗要求较高的电路。

（3）**聚丙烯电容**。符号：CBB。电容量：1 000 pF～10 μF。额定电压：63～2 000 V。

应用：代替大部分聚苯或云母电容，用于要求较高的电路。

（4）**云母电容**。符号：CY。电容量：10 pF～0.1 μF。额定电压：100 V～7 kV。

主要特点：高稳定性，高可靠性，温度系数小。应用：高频振荡、脉冲等要求较高的电路。

（5）**高频瓷介电容**。符号：CC。电容量：1 pF～6 800 pF。额定电压：63～500 V。

主要特点：高频损耗小，稳定性好。应用：高频电路。

（6）**低频瓷介电容**。符号：CT。电容量：10 pF～4.7 μF。额定电压：50～100 V。

主要特点：体积小，价廉，损耗大，稳定性差。应用：要求不高的低频电路。

（7）**玻璃釉电容**。符号：CI。电容量：10 pF～0.1 μF。额定电压：63～400 V。

主要特点：稳定性较好，损耗小，耐高温（200 ℃）。应用：脉冲、耦合、旁路等电路。

（8）**铝电解电容**。符号：CD。电容量：0.47～10 000 μF。额定电压：6.3～450 V。

主要特点：体积小，容量大，损耗大，漏电大。应用：电源滤波，低频耦合，去耦，旁路等。

（9）**钽电解电容（CA）、铌电解电容（CN）**。电容量：0.1～1 000 μF。额定电压：6.3～125 V。

主要特点：损耗、漏电小于铝电解电容。应用：在要求高的电路中代替铝电解电容。

（10）**空气介质可变电容**。可变电容量：100～1 500 pF。

主要特点：损耗小，效率高；可根据要求制成直线式、直线波长式、直线频率式及对数式等。应用：电子仪器，广播电视设备等。

（11）**薄膜介质可变电容**。可变电容量：15～550 pF。

主要特点：体积小，重量轻；损耗比空气介质的大。应用：通信、广播接收机等。

（12）**薄膜介质微调电容**。可变电容量：1～29 pF。

主要特点：损耗较大，体积小。应用：收录机、电子仪器等电路作电路补偿。

（13）**陶瓷介质微调电容**。可变电容量：0.3～22 pF。

主要特点：损耗较小，体积较小。应用：精密调谐的高频振荡回路。

（14）**独石电容**（又叫多层瓷介电容）。容量范围：0.5 pF～1 μF。耐压：2倍额定电压。

分两种类型：Ⅰ型，性能挺好，但容量小，一般小于0.2 μF；Ⅱ型，容量大，但性能一般。

主要特点：电容量大、体积小、可靠性高、电容量稳定，耐高温耐湿性好等。其最大的缺点是温度系数很高，做振荡器时温漂较大。

应用范围：广泛应用于电子精密仪器，各种小型电子设备作谐振、耦合、滤波、旁路。

1.1.2.3 电解电容

电解电容的内部有储存电荷的电解质材料，分正、负极性，类似于电池，不可接反。正极为粘有氧化膜的金属基板，负极通过金属极板与电解质（固体和非固体）相连接。

无极性（双极性）电解电容采用双氧化膜结构，类似于两只有极性电解电容将两个负极相连接后构成，其两个电极分别为两个金属极板（均粘有氧化膜）相连，两组氧化膜中间为电解质。

有极性电解电容通常在电源电路或中频、低频电路中起电源滤波，退耦、信号耦合及时间常数设定、隔直流等作用。无极性电解电容通常用于音响分频器电路、电视机S校正电路及单相电动机的起动电路。

电解电容的工作电压为4 V、6.3 V、10 V、16 V、25 V、35 V、50 V、63 V、80 V、100 V、160 V、200 V、300 V、400 V、450 V、500 V，工作温度为–55～155 ℃（4～500 V），特点是容量大、体积大、有极性，一般用于直流电路中作滤波、整流。目前最常用的电解电容有铝电解电容和钽电解电容。电解电容的标称电容量及额定电压如图2-1-10所示。

图2-1-10　电解电容的标称电容量及额定电压

电解电容有很多的用途。

（1）隔直流：阻止直流通过而让交流通过。

（2）旁路（去耦）：为交流电路中某些并联的元件提供低阻抗通路。

（3）耦合：作为两个电路之间的连接，允许交流信号通过并传输到下一级电路。

（4）滤波：这个对自己动手制作而言很重要，显卡上的电容基本都是这个作用。

（5）温度补偿：针对其他元件对温度的适应性不够带来的影响而进行补偿，改善电路的稳定性。

（6）计时：电容与电阻配合使用，确定电路的时间常数。

（7）调谐：对与频率相关的电路进行系统调谐，比如手机、收音机、电视机。

（8）整流：在预定的时间开或者关闭半导体开关元件。

（9）储能：储存电能，用于必要的时候释放，例如用于相机闪光灯、加热设备等。

1.1.2.4 电容器的测量

1．电容器的参数和标注方法

1）电容器的参数

电容的参数主要有以下几项。

（1）标称电容量C_R和允许误差δ。标注在电容上的电容量，称作标称电容量C_R；电容的实际电容量与标称电容量的允许最大偏差范围，称为允许误差δ。

（2）额定工作电压。这个电压是指在规定的温度范围内，电容能够长期可靠工作的最高电压，可分为直流工作电压和交流工作电压。

（3）漏电电阻和漏电电流。电容中的介质并不是绝对的绝缘体，或多或少总有些漏电。除电解电容以外，一般电容的漏电电流是很小的。显然，电容器的漏电电流越大，绝缘电阻越小。当漏电电流较大时，电容会发热，发热严重时，会损坏电容。

（4）损耗因素。电容的损耗因素定义为损耗功率与存储功率之比，用D表示。D值越小，损耗越小，电容的质量越好。

2）电容规格的标注方法

电容的标注方法同电阻一样，有直标法和色标法两种。

直标法将主要参数和技术指标直接标注在电容表面上。通常在容量小于10 000 pF的时候，用pF作单位，而且用简标，如1 000 pF标为102、10 000 pF标为103。大于10 000 pF的时候，用μF作单位。为了简便起见，大于100 pF而小于1 μF的电容常常不注单位。没有小数点的，它的单位是pF；有小数点的，它的单位是μF。例如，3 300就是3 300 pF，也可标为332，0.1就是0.1 μF等。这种简标常用于以pF为单位的电容，如1 000 pF就是$10×10^2$标为10和2即102，100 000当然是104（0.1μF），3 300则为332。

色标法与电阻色标法相同。

2．电容器测量的原理和方法

1）电容器的等效电路

由于绝缘电阻和引线电感的存在，电容的实际等效电路如图2-1-11（a）所示。在工作频率较低时，可以忽略L_0的影响，等效电路可简化为图2-1-11（b）所示电路。因此，电容的测量主要是电容量与电容损耗的测量。

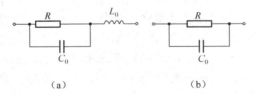

（a）   （b）

图2-1-11　电容的等效电路

（a）电容的实际等效电路　（b）电容的简化等效电路

2）万用表估测电容器

用模拟式万用表的电阻挡测量电容，不能测出其容量和漏电阻的确切数值，更不能知道电容所能承受的耐压，但对电容的好坏程度能进行粗略的判断，在实际工作中经常使用。

Ⅰ．估测电容器的漏电流

估测电容的漏电流可按万用表电阻挡测量电阻的方法来估测。黑表笔接电容的"+"极，红表笔接电容的"-"极，在电容与表笔相接的瞬间，表针会迅速向右偏转很大的角度，然后慢慢返回。待指针不动时，指示的电阻值越大，表示漏电流越小。若指针向右偏转后不再摆回，说明电容已被击穿；若指针根本不向右摆动，说明电容内部断路或电解质已干涸失去容量。指针的偏转范围可参考表2-1-7。

Ⅱ．判断电容器的极性

不知道极性的电解电容可用万用表的电阻挡测量其极性。只有电解电容的正极接电源正（电阻挡时的黑表笔）、负极接电源负（电阻挡时的红表笔）时，电解电容的漏电流才小（漏电阻大）。反之，则电解电容的漏电流增加（漏电阻减小）。

测量时，先假定某极为"+"极，让其与万用表的黑表笔相接，另一电极与万用表的红表笔相接，记下表针停止的刻度（表针靠左阻值大），然后将电容放电（既两根引线碰一下），两只表笔对调，重新进行测量。两次测量中，表针最后停留的位置靠左（阻值大）的那次，黑表笔接的就是电解电容的正极。测量时最好选用"R×100"或"R×1K"挡。

Ⅲ. 估测电容量

一般来说，电解电容的实际容量与标称容量差别较大，特别是放置时间较久或使用时间较长的电容。利用万用表准确测量出其电容量是很难的，只能比较出电容量的相对大小。方法是测量电容的充电电流，接线方法与测漏电流时相同，表针向右摆动的幅度越大，表示电容量越大。指针的偏转范围和容量的关系可参考表2-1-7。

表2-1-7　测量各种电容的指针摆动范围

指针摆动 容量范围/μF 测量挡	<10	20～25	30～50	>100
R×100	略有摆动	1/10以下	2/10以下	3/10以下
R×1K	2/10以下	3/10以下	6/10以下	7/10以下

Ⅳ. 用万用表判断电容器质量

视电解电容容量大小，通常选用万用表的"R×10""R×100""R×1K"挡进行测试判断。红、黑表笔分别接电容的负极（每次测试前，需将电容放电），由表针的偏摆来判断电容质量。若表针迅速向右摆动，然后慢慢向左退回原位，一般来说这个电容是好的。如果表针摆动后不再返回，说明电容已经击穿。如果表针摆起后逐渐退回到某一位置停位，则说明电容已经漏电。如果表针摆不起来，说明电容电解质已经干涸失去容量。

有些漏电的电容，用上述方法不易准确判断出好坏。当电容的耐压值大于万用表内电池电压值时，根据电解电容正向充电时漏电电流小，反向充电时漏电电流大的特点，可采用"R×10K"挡，对电容进行反向充电，观察表针停留处是否稳定（即反向漏电电流是否恒定），由此判断电容质量，准确度较高。黑表笔接电容的负极，红表笔接电容的正极，表针迅速摆动，然后逐渐退至某处停留不动，则说明电容是好的。凡是表针在某一位置停留不稳或停留后又逐渐慢慢向右移动的，说明电容已经漏电，不能继续使用了。表针一般停留并稳定在50～200 kΩ刻度范围内。

Ⅴ. 电解电容器的判断方法

电解电容常见的故障有容量减少、容量消失、击穿短路及漏电，其中容量变化是因电解电容在使用或放置过程中其内部的电解液逐渐干涸引起，而击穿与漏电一般为所加的电压过高或本身质量不佳引起。判断电解电容的好坏一般采用万用表的电阻挡进行测量。具体方法为：将电容两引脚短路进行放电，用万用表的黑表笔接电解电容的正极，红表笔接负极（对指针式万用表，用数字式万用表测量时表笔互调），正常时表针应先向电阻小的方向摆动，然后逐渐返回直至无穷大处。表针的摆动幅度越大或返回的速度越慢，说明电容的容量越大，反之则说明电容的容量越小。如表针指在中间某处不再变化，说明此电容漏电，如电阻指示值很小或为零，则表明此电容已被击穿短路。因万用表使用的电池电压一般很低，所以在测量低耐压的电容时比较准确；而当电容的耐压较高时，当时尽管测量正常，但加上高压时则有可能发生漏电或击穿现象。

3）交流电桥法测量电容和损耗因素

Ⅰ．串联电桥的测量

在图2-1-12（a）所示的串联电桥中，由电桥的平衡条件可得

$$C_x = \frac{R_4}{R_3} \times C_n \tag{2-1-3}$$

式中：C_x——被测电容的容量；

C_n——可调标准电容；

R_3，R_4——固定电阻。

$$R_x = \frac{R_3}{R_4} \times R_n \tag{2-1-4}$$

式中：R_x——被测电容的等效串联损耗电阻；

R_n——可调标准电阻。

$$D_x = \frac{1}{Q} = \tan \delta = 2\pi f R_n C_n \tag{2-1-5}$$

电容损耗因素D_x（$\tan \delta$）：电容器在电场作用下因发热而消耗的能量，是衡量电容器品质优劣的重要指标之一。

测量时，先根据被测电容的范围，通过改变R_3来选取一定的量程，然后反复调节R_4和R_n使电桥平衡，即检流计读数最小，从R_4、R_n的刻度读出C_x和D_x的值。

Ⅱ．并联电桥的测量

在图2-1-12（b）所示的并联电桥中，调节R_n和C_n使电桥平衡。

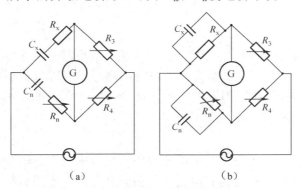

图2-1-12　测量电容的交流电桥法原理

（a）串联电桥　（b）并联电桥

$$\left. \begin{array}{l} C_x = \dfrac{R_4}{R_3} \times C_n \\[2mm] R_x = \dfrac{R_3}{R_4} \times R_n \\[2mm] D_x = \tan \delta = \dfrac{1}{2\pi f R_n C_n} \end{array} \right\} \tag{2-1-6}$$

这种电桥适用于测量损耗较大的电容。

3．电解电容器的使用注意事项

（1）电解电容由于有正负极性，因此在电路中使用时不能颠倒连接。在电源电路中，输出正电压时电解电容的正极接电源输出端，负极接地；输出负电压时则负极接输出端，正极接地。当电源电路中的滤波电容极性接反时，因电容的滤波作用大大降低，一方面引起电源输出电压波动，另一方面又因反向通电使此时相当于一个电阻的电解电容发热。当反向电压超过某一值时，电容的反向漏电电阻将变得很小，这样通电工作不久，就会使电容因过热而炸裂损坏。

（2）加在电解电容两端的电压不能超过其允许工作电压，在设计实际电路时应根据具体情况留有一定的余量，在设计稳压电源的滤波电容时，如果交流电源电压为220 V时，变压器次级的整流电压可达22 V，此时选择耐压为25 V的电解电容一般可以满足要求。但是，假如交流电源电压波动很大且有可能上升到250 V以上时，最好选择耐压30 V以上的电解电容。

（3）电解电容在电路中不应靠近大功率发热元件，以防因受热而使电解液加速干涸。

（4）对于有正负极性的信号的滤波，可采取两个电解电容同极性串联的方法，当作一个无极性的电容使用。

1.1.3 晶体二极管

1.1.3.1 晶体二极管的特性

晶体二极管（通常简称为二极管）最主要的特性是单向导电性，其伏安特性曲线如图2-1-13所示。

1．正向特性

当加在二极管两端的正向电压（P为正、N为负）很小时（锗管小于0.1V，硅管小于0.5 V），管子不导通，处于"截止"状态；当正向电压超过一定数值后，管子才导通，电压再稍微增大，电流急剧增加（见曲线I段）。不同材料的二极管，起始电压不同，硅管为0.5～0.7 V，锗管为0.1～0.3 V。

2．反向特性

二极管两端加上反向电压时，反向电流很小，当反向电压逐渐增加时，反向电流基本保持不变，这时的电流称为反向饱和电流（见曲线II段）。不同材料的二极管，反向电流大小不同，硅管为1微安到几十微安，锗管则可高达数百微安。另外，反向电流受温度变化的影响很大，锗管的稳定性比硅管差。

3．击穿特性

当反向电压增加到某一数值时，反向电流急剧增大，这种现象称为反向击穿（见曲线III）。这时的反向电压称为反向击穿电压，不同结构、工艺和材料制成的管子，其反向击穿电压值差异很大，可由1伏到几百伏，甚至高达数千伏。

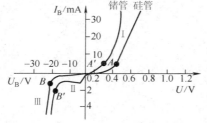

图2-1-13　二极管的伏安特性曲线

4. 频率特性

由于结电容的存在，当频率高到某一程度时，容抗小到使PN结短路，导致二极管失去单向导电性，不能工作。PN结面积越大，结电容也越大，越不能在高频情况下工作。

1.1.3.2　晶体二极管的主要参数

（1）正向电流I_F：在额定功率下，允许通过二极管的电流值。

（2）正向电压降U_F：二极管通过额定正向电流时，在两极间所产生的电压降。

（3）最大整流电流（平均值）I_{OM}：在半波整流连续工作的情况下，允许的最大半波电流的平均值。

（4）反向击穿电压U_B：二极管反向电流急剧增大到出现击穿现象时的反向电压值。

（5）正向反向峰值电压U_{RM}：二极管正常工作时所允许的反向电压峰值，通常U_{RM}为U_P的三分之二或略小一些。

（6）反向电流I_R：在规定的反向电压条件下流过二极管的反向电流值。

（7）结电容C：结电容包括势垒电容和扩散电容，在高频场合下使用时，要求结电容小于某一规定数值。

（8）最高工作频率f_m：二极管具有单向导电性的最高交流信号的频率。

1.1.3.3　晶体二极管的种类

部分二极管实物如图2-1-14所示。

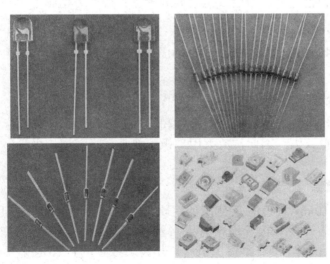

图2-1-14　部分二极管实物

由于功能不同，对二极管的性能参数要求亦不同，因此，所选择二极管的型号也就不同，就二极管的功能可以分为如下类型。

1. 检波用二极管

检波二极管是用于把叠加在高频载波上的低频信号检出来的器件，它具有较高的检波效率和良好的频率特性。

就原理而言，从输入信号中取出调制信号是检波，以整流电流的大小（100 mA）作为界线，通常把输出电流小于100 mA的叫检波。锗材料点接触型、工作频率可达400 MHz，正向压降小，结电容小，检波效率高，频率特性好，为2AP型。点触型检波二极管，除用于检波外，还能够用于限幅、削波、调制、混频、开关等电路。也有为调频检波专用的特性一致性好的两只二极管组合件。

2．整流用二极管

就原理而言，从输入交流中得到直流输出是整流。以整流电流的大小（100 mA）作为界线，通常把输出电流大于100 mA的叫整流。面结型，工作频率小于几千赫兹，最高反向电压在25～3 000 V，分A～X共22挡。分类如下：硅半导体整流二极管2CZ型、硅桥式整流器QL型、用于电视机高压硅堆工作频率近100 kHz的2CLG型。

3．限幅用二极管

大多数二极管能作限幅使用。也有像保护仪表用和高频齐纳管那样的专用限幅二极管。为了使这些二极管具有特别强的限制尖锐振幅的作用，通常使用硅材料制造。也有这样的组件出售：依据限制电压需要，把若干个必要的整流二极管串联起来形成一个整体。

4．调制用二极管

通常指的是环形调制专用的二极管。就是正向特性一致性好的四个二极管的组合件。即使其他变容二极管也有调制用途，但它们通常是直接作为调频用。

5．混频用二极管

使用二极管混频方式时，在500～10 000 Hz的频率范围内，多采用肖特基型和点接触型二极管。

6．放大用二极管

用二极管放大，大致有依靠隧道二极管和体效应二极管那样的负阻性器件的放大以及用变容二极管的参量放大。因此，放大用二极管通常是指隧道二极管、体效应二极管和变容二极管。

7．开关用二极管

有在小电流（10 mA程度）下使用的逻辑运算和在数百毫安下使用的磁芯激励用开关二极管。小电流的开关二极管通常有点接触型和键型等二极管，也有在高温下还可能工作的硅扩散型、台面型和平面型二极管。开关二极管的特长是开关速度快。而肖特基型二极管的开关时间特短，因而是理想的开关二极管。2AK型点接触二极管为中速开关电路用；2CK型平面接触二极管为高速开关电路用；2AP型二极管用于开关、限幅、钳位或检波等电路；肖特基（Schottky Bamer Diode，SBD）硅大电流开关二极管，正向压降小，速度快、效率高。

8．变容二极管

用于自动频率控制（Automatic Frequency Control，AFC）和调谐用的小功率二极管称变容二极管。日本厂商还有其他叫法。通过施加反向电压，使其PN结的静电容量发生变化，因此，被用于自动频率控制、扫描振荡、调频和调谐等。通常采用硅的扩散型二极管，但也可采用合金扩散型、外延结合型、双重扩散型等特殊制作的二极管，因为这些二极管对于电压而言，其静电容量的变化率特别大。结电容随反向电压U_R变化，取代可变电容，用作调谐回路、振荡电路、锁相环路，常用于电视机高频头的频道转换和调谐电路，多以硅材料制作。

9. 频率倍增用二极管

对二极管的频率倍增作用而言，有依靠变容二极管的频率倍增和依靠阶跃（即急变）二极管的频率倍增。频率倍增用的变容二极管称为可变电抗器，可变电抗器虽然和自动频率控制用的变容二极管的工作原理相同，但电抗器的构造却能承受大功率。阶跃二极管又被称为阶跃恢复二极管，从导通切换到关闭时的反向恢复时间t_{rr}短，因此，其特长是急速地变成关闭的转移时间显著地短。如果对阶跃二极管施加正弦波，那么，因t_t（转移时间）短，所以输出波形急骤地被夹断，故能产生很多高频谐波。

10. 稳压二极管

稳压二极管是代替稳压电子二极管的产品，被制作成为硅的扩散型或合金型，是反向击穿特性曲线急骤变化的二极管。作为控制电压和标准电压使用而制作。二极管工作时的端电压（又称齐纳电压）从3 V左右到150 V，每隔10%能划分成许多等级。在功率方面，也有200 mW～100 W及以上的产品。工作在反向击穿状态，硅材料制作，动态电阻R_Z很小，一般为2CW型；将两个互补二极管反向串接以减少温度系数则为2DW型。

11. PIN型二极管（PIN Diode）

PIN型二极管是在P区和N区之间夹一层本征半导体（或低浓度杂质的半导体）构造的二极管。PIN中的I是"本征"意义的英文略语。当其工作频率超过100 MHz时，由于少数载流子的存贮效应和"本征"层中的渡越时间效应，其二极管失去整流作用而变成阻抗元件，并且，其阻抗值随偏置电压而改变。在零偏置或直流反向偏置时，"本征"区的阻抗很高；在直流正向偏置时，由于载流子注入"本征"区，而使"本征"区呈现出低阻抗状态。因此，可以把PIN二极管作为可变阻抗元件使用。它常被应用于高频开关（即微波开关）、移相、调制、限幅等电路中。

12. 雪崩二极管（Avalanche Diode）

雪崩二极管是在外加电压作用下可以产生高频振荡的晶体管。产生高频振荡的工作原理是：利用雪崩击穿对晶体注入载流子，因载流子渡越晶片需要一定的时间，所以其电流滞后于电压，出现延迟时间，若适当地控制渡越时间，那么，在电流和电压关系上就会出现负阻效应，从而产生高频振荡。它常被应用于微波领域的振荡电路中。

13. 江崎二极管（Tunnel Diode）

江崎二极管是以隧道效应电流为主要电流分量的二极管。其基底材料是砷化镓和锗。其P型区和N型区是高掺杂的（即高浓度杂质的）。隧道电流由这些简并态半导体的量子力学效应所产生。发生隧道效应具备如下三个条件：①费米能级位于导带和满带内；②空间电荷层宽度必须很窄（0.01μm以下）；③简并半导体P型区和N型区中的空穴和电子在同一能级上有交叠的可能性。江崎二极管为双端子有源器件。其主要参数有峰谷电流比（I_P/I_V），其中，下标"P"代表"峰"，而下标"V"代表"谷"。江崎二极管可以应用于低噪声高频放大器及高频振荡器中（其工作频率可达毫米波段），也可以应用于高速开关电路中。

14．快速关断（阶跃恢复）二极管（Step Recovery Diode）

快速关断（阶跃恢复）二极管也是一种具有PN结的二极管。其结构上的特点是：在PN结边界处具有陡峭的杂质分布区，从而形成"自助电场"。由于PN结在正向偏压下，以少数载流子导电，并在PN结附近具有电荷存贮效应，使其反向电流需要经历一个"存贮时间"后才能降至最小值（反向饱和电流值）。阶跃恢复二极管的"自助电场"缩短了存贮时间，使反向电流快速截止，并产生丰富的谐波分量。利用这些谐波分量可设计出梳状频谱发生电路。快速关断（阶跃恢复）二极管用于脉冲和高次谐波电路中。

15．肖特基二极管（Schottky Barrier Diode）

肖特基二极管是具有肖特基特性的"金属半导体结"的二极管。其正向起始电压较低。其金属层除用银材料外，还可以采用金、钼、镍、钛等材料。其半导体材料采用硅或砷化镓，多为N型半导体。这种器件是由多数载流子导电的，所以，其反向饱和电流较以少数载流子导电的PN结大得多。由于肖特基二极管中少数载流子的存贮效应甚微，所以其频率响应仅为RC时间常数限制，因而，它是高频和快速开关的理想器件。其工作频率可达100 GHz。并且，MIS（金属-绝缘体-半导体）肖特基二极管可以用来制作太阳能电池或发光二极管。

16．阻尼二极管

阻尼二极管具有较高的反向工作电压和峰值电流，正向压降小，高频高压整流二极管在电视机行扫描电路中作阻尼和升压整流用。

17．瞬变电压抑制二极管

瞬变电压抑制二极管又称TVP管，对电路进行快速过压保护，分双极型和单极型两种，按峰值功率（500～5 000 W）和电压（8.2～200 V）分类。

18．双基极二极管（单结晶体管）

双基极二极管是两个基极、一个发射极的三端负阻器件，用于张驰振荡电路、定时电压读出电路中，它具有频率易调、温度稳定性好等优点。

19．发光二极管

发光二极管用磷化镓、磷砷化镓材料制成，体积小、正向驱动发光，工作电压低、工作电流小，发光均匀，寿命长，可发红、黄、绿单色光。

1.1.3.4 晶体二极管的简易测量方法

二极管的极性通常在管壳上注有标记，如无标记，可用万用表电阻挡测量其正反向电阻来判断（一般用"R×100"或"R×1K"挡），具体方法如表2-1-8所示。

表2-1-8 二极管简易测试方法

项目	正向电阻	反向电阻
测试方法	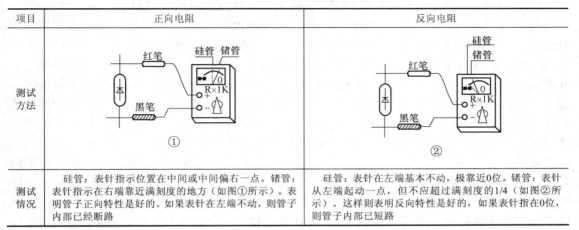	
测试情况	硅管：表针指示位置在中间或中间偏右一点。锗管：表针指示在右端靠近满刻度的地方（如图①所示）。表明管子正向特性是好的。如果表针在左端不动，则管子内部已经断路	硅管：表针在左端基本不动，极靠近0位。锗管：表针从左端起动一点，但不应超过满刻度的1/4（如图②所示）。这样则表明反向特性是好的，如果表针指在0位，则管子内部已短路

1.1.4　晶体三极管

95

1.1.4.1　晶体三极管的特性

　　晶体三极管（通常简称三极管）的主要特点是具有电流放大功能，以共发射极接法为例（信号从基极输入，从集电极输出，发射极接地）。当基极电压u_B有一个微小的变化时，基极电流i_B也会随之有一小的变化。受基极电流i_B的控制，集电极电流i_C会有一个很大的变化，基极电流i_B越大，集电极电流i_C也越大；反之，基极电流越小，集电极电流也越小，即基极电流控制集电极电流的变化。集电极电流的变化比基极电流的变化大得多，这就是三极管的放大作用。i_C的变化量与i_B变化量之比叫三极管的放大倍数β（$\beta=\Delta i_C/\Delta i_B$，$\Delta$表示变化量）。三极管的放大倍数$\beta$一般在几十到几百倍。

　　三极管实物如图2-1-15所示。

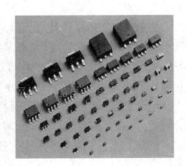

图2-1-15　三极管实物

1.1.4.2　晶体三极管的工作原理

　　三极管按材料分有两种：锗管和硅管。而每一种又有NPN和PNP两种结构形式，使用最多的是硅NPN和锗PNP两种三极管（其中，N表示在高纯度硅中加入磷，是指取代一些硅原子，在电压刺激下产生自由电子导电；而P是加入硼取代硅，产生大量空穴以利于导电）。两者除了电源极性不同外，其工作原理都是相同的，下面仅介绍NPN硅管的电流放大原理。

对于NPN管，它是由两块N型半导体中间夹着一块P型半导体所组成，发射区与基区之间形成的PN结称为发射结，而集电区与基区形成的PN结称为集电结，三条引线分别称为发射极e、基极b和集电极c。当b极电位高于e极电位零点几伏时，发射结处于正偏状态，而c极电位高于b极电位几伏时，集电结处于反偏状态，集电极电源E_c要高于基极电源E_{bo}。在制造三极管时，有意识地使发射区的多数载流子浓度高于基区的，同时基区做得很薄，而且，要严格控制杂质含量。这样，一旦接通电源后，由于发射结正偏，发射区的多数载流子（电子）及基区的多数载流子（空穴）很容易地越过发射结互相向对方扩散，但因前者的浓度大于后者，所以通过发射结的电流基本上是电子流，这股电子流称为发射极电流。由于基区很薄，加上集电结的反偏，注入基区的电子大部分越过集电结进入集电区而形成集电极电流i_C，只剩下很少（1%～10%）的电子在基区与空穴进行复合，被复合掉的基区空穴由基极电源E_b重新补给，从而形成了基极电流i_B。根据电流连续性原理得$i_E=i_B+i_C$。这就是说，在基极补充一个很小的i_B，就可以在集电极上得到一个较大的i_C，这就是所谓电流放大作用，i_C与i_B维持一定的比例关系，即

$$\beta_1=i_C/i_B \tag{2-1-7}$$

式中，β_1——直流放大倍数。

集电极电流的变化量Δi_C与基极电流的变化量Δi_B之比为

$$\beta=\Delta i_C/\Delta i_B \tag{2-1-8}$$

式中，β——交流电流放大倍数。

由于低频时β_1和β的数值相差不大，所以有时为了方便起见，对两者不作严格区分，β值为几十至一百多。

三极管是一种电流放大器件，但在实际使用中常常利用三极管的电流放大作用，通过电阻转变为电压放大作用。三极管放大时管子内部的工作原理如下。

（1）发射区向基区发射电子电源u_B经过电阻R_b加在发射结上，发射结正偏，发射区的多数载流子（自由电子）不断地越过发射结进入基区，形成发射极电流i_E。同时基区多数载流子也向发射区扩散，但由于多数载流子浓度远低于发射区载流子浓度，可以不考虑这个电流，因此可以认为发射结主要是电子流。

（2）基区中电子的扩散与复合电子进入基区后，先在靠近发射结的附近密集，渐渐形成电子浓度差，在浓度差的作用下，促使电子流在基区中向集电结扩散，被集电结电场拉入集电区形成集电极电流i_C。也有很小一部分电子（因为基区很薄）与基区的空穴复合，扩散的电子流与复合电子流之比例决定了三极管的放大能力。

（3）集电区收集电子由于集电结外加反向电压很大，这个反向电压产生的电场力将阻止集电区电子向基区扩散，同时将扩散到集电结附近的电子拉入集电区从而形成集电极主电流I_{CN}。另外集电区的少数载流子（空穴）也会产生漂移运动，流向基区形成反向饱和电流，用I_{CBO}来表示，其数值很小，但对温度却异常敏感。

主要参数有如下几个。

（1）特征频率f_T：当$f=f_T$时，三极管完全失去电流放大功能。如果工作频率大于f_T，电路将不正常工作。

（2）工作电压/电流：用这个参数可以指定该管的电压、电流使用范围。

（3）h_{FE}：电流放大倍数。

（4）U_{CEO}：集电极发射极反向击穿电压，表示临界饱和时的饱和电压。

（5）P_{CM}：最大允许耗散功率。

（6）封装形式：指定该管的外观形状，如果其他参数都正确，封装不同将导致组件无法在电路板上实现安装。

1.1.4.3　晶体三极管的检测

测试三极管要使用万用电表的电阻挡，并选择"R×100"或"R×1K"挡位。红表笔所连接的是表内电池的负极，黑表笔则连接着表内电池的正极。

假定不知道被测三极管是NPN型还是PNP型，也分不清各引脚是什么电极。测试的第一步是判断哪个引脚是基极。这时，可任取两个电极（如这两个电极为1、2），用万用电表两支表笔颠倒测量它的正、反向电阻，观察表针的偏转角度；接着，再取1、3两个电极和2、3两个电极，分别颠倒测量它们的正、反向电阻，观察表针的偏转角度。在这三次颠倒测量中，必然有两次测量结果相近：即颠倒测量中表针一次偏转大，一次偏转小；剩下一次必然是颠倒测量前后指针偏转角度都很小，这一次未测的那只管脚就是要寻找的基极。

1. PN结，定管型

找出三极管的基极后，就可以根据基极与另外两个电极之间PN结的方向来确定管子的导电类型。将万用表的黑表笔接触基极，红表笔接触另外两个电极中的任一电极，若表头指针偏转角度很大，则说明被测三极管为NPN型管；若表头指针偏转角度很小，则被测管即为PNP型。

2. 顺箭头，偏转大

找出了基极b，另外两个电极哪个是集电极c，哪个是发射极e呢？可以用测穿透电流I_{CEO}的方法确定集电极c和发射极e。

（1）对于NPN型三极管，穿透电流的测量电路。根据这个原理，用万用电表的黑、红表笔颠倒测量两极间的正、反向电阻R_{ce}和R_{ec}，虽然两次测量中万用表指针偏转角度都很小，但仔细观察，总会有一次偏转角度稍大，此时电流的流向一定是：黑表笔→c极→b极→e极→红表笔，电流流向正好与三极管符号中的箭头方向一致（"顺箭头"），所以此时黑表笔所接的一定是集电极c，红表笔所接的一定是发射极e。

（2）对于PNP型的三极管，道理类似，其电流流向一定是：黑表笔→e极→b极→c极→红表笔，其电流流向也与三极管符号中的箭头方向一致，所以此时黑表笔所接的一定是发射极e，红表笔所接的一定是集电极c。

3. 测不出，动嘴巴

在"顺箭头，偏转大"的测量过程中，若由于颠倒前后的两次测量指针偏转均太小难以区分时，就要"动嘴巴"了。具体方法是：在"顺箭头，偏转大"的两次测量中，用两只手分别捏住两表笔与引脚的结合部，用嘴巴含住（或用舌头抵住）基电极b，仍用"顺箭头，偏转大"的判别方法即可区分开集电极c与发射极e。

1.1.5　场效应晶体管

各类场效应晶体管（通常简称为场效应管）根据其沟道所采用的半导体材料，可分为N沟道和P沟道两种。所谓沟道，就是电流通道。

半导体的场效应，是在半导体表面的垂直方向上加一电场时，电子和空穴在表面电场作用下发生运动，半导体表面的载流子重新分布，因而半导体表面的导电能力受到电场的作用而改变，即改变为所加电压的大小和方向，可以控制半导体表面层中多数载流子的浓度和类型，或控制PN结空间电荷区的宽度，这种现象称半导体的场效应。

场效应管属于电压控制元件，这一点类似于电子管的三极管，但它的构造与工作原理和电子管是截然不同的，与双极型晶体管相比，场效应管具有如下特点。

（1）场效应管是电压控制器件，它通过u_{GS}（栅源电压）来控制i_D（漏极电流）。

图2-1-16　场效应管实物

（2）场效应管的输入端电流极小，因此它的输入电阻很大。

（3）它是利用多数载流子导电，因此它的温度稳定性较好。

（4）它组成的放大电路的电压放大系数要小于三极管组成放大电路的电压放大系数。

（5）场效应管的抗辐射能力强。

（6）由于不存在杂乱运动的电子扩散引起的散粒噪声，所以噪声低。

1.1.5.1　场效应晶体管的分类

场效应管分为结型场效应管（Junction Field-Effect Transistor，JFET）和绝缘栅型场效应管（Metal Oxide Semicouductor，MOS）两大类，按沟道材料型和绝缘栅型各分N沟道和P沟道两种；按导电方式分耗尽型与增强型，结型场效应管均为耗尽型，绝缘栅型场效应管既有耗尽型的，也有增强型的。

1．结型场效应管

1）结型场效应管的分类

结型场效应管有两种结构形式，分别是N沟道结型场效应管和P沟道结型场效应管。

结型场效应管也具有三个电极，它们是栅极、漏极、源极。电路符号中栅极的箭头方向可理解为两个PN结的正向导电方向。

2）结型场效应管的工作原理（以N沟道结型场效应管为例）

由于PN结中的载流子已经耗尽，故PN基本上是不导电的，形成了所谓耗尽区。当漏极电源电压u_D一定时，栅极电压越负，PN结交界面所形成的耗尽区就越厚，则漏、源极之间导电的沟道越窄，漏极电流i_D就愈小；反之，如果栅极电压没有那么负，则沟道变宽，i_D变大，所以用栅极电压u_G可以控制漏极电流i_D的变化，就是说，场效应管是电压控制元件。

2．绝缘栅场效应管

1）绝缘栅场效应管的分类

绝缘栅场效应管也有两种结构形式，分别是N沟道型和P沟道型。无论是什么沟道型，它们又分为增强型和耗尽型两种。

2）绝缘栅场效应管的组成

绝缘栅场效应管由金属氧化物和半导体所组成，所以又称为金属氧化物-半导体场效应管，简称MOS场效应管。

3）绝缘栅型场效应管的工作原理（以N沟道增强型MOS场效应管为例）

绝缘栅型场效应管是利用u_{GS}来控制"感应电荷"的多少，以改变由这些"感应电荷"形成的导电沟道的状况，然后达到控制漏极电流的目的。在制造管子时，通过工艺使绝缘层中出现大量正离子，故在交界面的另一侧能感应出较多的负电荷，这些负电荷把高掺杂浓度的N区接通，形成了导电沟道，即使在u_{GS}=0时也有较大的漏极电流i_D。当栅极电压改变时，沟道内被感应的电荷量也改变，导电沟道的宽窄也随之而变，因而漏极电流i_D随着栅极电压的变化而变化。

场效应管的工作方式有两种：当栅极电压为零时有较大漏极电流的称为耗尽型；当栅极电压为零，漏极电流也为零，必须再加一定的栅极电压之后才有漏极电流的称为增强型。

1.1.5.2　场效应晶体管主要参数

1．直流参数

（1）饱和漏极电流I_{DSS}，可定义为：当栅、源极之间的电压等于零，而漏、源极之间的电压大于夹断电压时，对应的漏极电流。

（2）夹断电压U_P，可定义为：当U_{DS}一定时，使I_D减小到一个微小的电流时所需的U_{GS}。

（3）开启电压U_T，可定义为：当U_{DS}一定时，使I_D到达某一个数值时所需的U_{GS}。

2．交流参数

（1）低频跨导g_m，用于描述栅、源电压对漏极电流的控制作用。

（2）极间电容，即场效应管三个电极之间的电容，它的值越小表示管子的性能越好。

3．极限参数

（1）漏、源击穿电压：当漏极电流急剧上升时，产生雪崩击穿时的U_{DS}。

（2）栅极击穿电压：结型场效应管正常工作时，栅、源极之间的PN结处于反向偏置状态，若电流过高，则发生击穿现象。

1.1.5.3　场效应晶体管型号命名

场效应管型号有两种命名方法。

第一种命名方法与双极型三极管相同，第三位字母J代表结型场效应管，O代表绝缘栅场效应管。第二位字母代表材料，D是P型硅，反型层是N沟道；C是N型硅P沟道。例如，3DJ6D是结型N沟道场效应管，3DO6C是绝缘栅型N沟道场效应管。

第二种命名方法是CS××#，CS代表场效应管，××是以数字代表型号的序号，#是用字母代表同一型号中的不同规格。例如CS14A、CS45G等。

1.1.5.4　场效应晶体管工作原理

一般三极管是由输入的电流控制输出的电流，但对于场效应管，其输出电流是由输入的电压（或称电场）控制，可以认为输入电流极小或没有输入电流，这使得该器件有很高的输入阻抗，同时这也是被称之为场效应管的原因。

在了解场效应管的工作原理前，先了解一下仅含有一个PN结的二极管的工作过程。二极管加上正向电压（P端接正极，N端接负极）时，二极管导通，其PN结有电流通过。

99

这是因为在P型半导体端为正电压时，N型半导体内的负电子被吸引而涌向加有正电压的P型半导体端，而P型半导体端内的正电子则朝N型半导体端运动，从而形成导通电流。同理，当二极管加上反向电压（P端接负极，N端接正极）时，这时在P型半导体端为负电压，正电子被聚集在P型半导体端，负电子则聚集在N型半导体端，电子不移动，其PN结没有电流通过，二极管截止。

对于场效应管，在栅极没有电压时，由前面分析可知，在源极与漏极之间不会有电流流过，此时场效应管处于截止状态。当有一个正电压加在N沟道的MOS场效应管栅极上时，由于电场的作用，此时N型半导体的源极和漏极的负电子被吸引出来而涌向栅极，但由于氧化膜的阻挡，使得电子聚集在两个N沟道之间的P型半导体中，从而形成电流，使源极和漏极之间导通。也可以想象为两个N型半导体之间为一条沟，栅极电压的建立相当于为它们之间搭了一座桥梁，该桥的大小由栅极电压的大小决定。

1.1.5.5　场效应晶体管作用

（1）场效应管可应用于放大。由于场效应管放大器的输入阻抗很高，因此耦合电容可以容量较小，不必使用电解电容。

（2）场效应管很高的输入阻抗非常适合作阻抗变换。常用于多级放大器的输入级作阻抗变换。

（3）场效应管可以用作可变电阻。

（4）场效应管可以方便地用作恒流源。

（5）场效应管可以用作电子开关。

1.1.5.6　场效应晶体管测量方法

根据场效应管的PN结正、反向电阻值不一样的现象，可以判别出结型场效应管的三个电极。具体方法：将万用表拨在"R×1K"挡上，任选两个电极，分别测出其正、反向电阻值。当某两个电极的正、反向电阻值相等，且为几千欧时，则该两个电极分别是漏极d和源极s。因为对结型场效应管而言，漏极和源极可互换，剩下的电极肯定是栅极g。也可以将万用表的黑表笔（红表笔也行）任意接触一个电极，另一只表笔依次去接触其余的两个电极，测其电阻值。当出现两次测得的电阻值近似相等时，则黑表笔所接触的电极为栅极，其余两电极分别为漏极和源极。若两次测出的电阻值均很大，说明是PN结的反向，即都是反向电阻，可以判定是N沟道场效应管，且黑表笔接的是栅极；若两次测出的电阻值均很小，说明是正向PN结，即是正向电阻，判定为P沟道场效应管，黑表笔接的也是栅极。若不出现上述情况，可以调换黑、红表笔按上述方法进行测试，直到判别出栅极为止。

1.　电阻法测好坏

电阻法是用万用表测量场效应管的源极与漏极、栅极与源极、栅极与漏极、栅极g1与栅极g2之间的电阻值同场效应管手册标明的电阻值是否相符去判别管的好坏。具体方法是：首先将万用表置于"R×10"或"R×100"挡，测量源极与漏极之间的电阻，通常在几十欧到几千欧（由手册可知，各种不同型号的管，其电阻值是各不相同的），如果测得阻值大于正常值，可能是由于内部接触不良；如果测得阻值是无穷大，可能是内部断极。然后把万用表置于"R×10K"挡，再测栅极g1与g2之间、栅极与源极、栅极与漏极之间的电阻值，若测得其各项电阻值均为无穷大，则说明管是正常的；若测得上述各阻值太小或为通路，则说明管是坏的。注意，若两个栅极在管内断极，可用元件代换法进行检测。

2．测放大能力

感应信号法：用万用表的电阻"R×100"挡，红表笔接源极，黑表笔接漏极，给场效应管加上1.5 V的电源电压，此时表针指示出的是漏极-源极间的电阻值。然后用手捏住结型场效应管的栅极，将人体的感应电压信号加到栅极上。由于管的放大作用，漏源电压u_{DS}和漏极电流i_B都要发生变化，也就是漏极-源极间电阻发生了变化，由此可以观察到表针有较大幅度的摆动。如果手捏栅极表针摆动较小，说明管的放大能力较差；表针摆动较大，表明管的放大能力大；若表针不动，说明管是坏的。如根据上述方法，用万用表的"R×100"挡，测结型场效应管3DJ2F。先将管的栅极开路，测得漏源电阻R_{ds}为600 Ω，用手捏住栅极后，表针向左摆动，指示的电阻R_{ds}为12 kΩ，表针摆动的幅度较大，说明该管是好的，并有较大的放大能力。

运用这种方法时要说明几点：第一，在测试场效应管用手捏住栅极时，万用表针可能向右摆动（电阻值减小），也可能向左摆动（电阻值增加）。这是由于人体感应的交流电压较高，而不同的场效应管用电阻挡测量时的工作点可能不同（或者工作在饱和区或者工作在不饱和区）所致，试验表明，多数管的R_{ds}增大，即表针向左摆动；少数管的R_{ds}减小，使表针向右摆动。无论表针摆动方向如何，只要表针摆动幅度较大，就说明该管有较大的放大能力。第二，此方法对MOS场效应管也适用。但要注意，MOS场效应管的输入电阻高，栅极允许的感应电压不应过高，所以不要直接用手去捏栅极，必须用手握螺丝刀的绝缘柄，用金属杆去碰触栅极，以防止人体感应电荷直接加到栅极，引起栅极击穿。第三，每次测量完毕，应当将栅极-源极间短路一下。这是因为栅源结电容上会充有少量电荷，建立起u_{GS}电压，造成再进行测量时表针可能不动，只有将栅极-源极间电荷短路放掉才行。

3．无标示管的判别

首先用测量电阻的方法找出两个有电阻值的引脚，也就是源极和漏极，余下两个脚为第一栅极和第二栅极。把测出的源极与漏极之间的电阻值记下来，对调表笔再测量一次，记下测的电阻值。两次测得阻值较大的一次，黑表笔所接的电极为漏极，红表笔所接的为源极，用这种方法判别出来的源极、漏极，还可以用估测其管的放大能力的方法进行验证，即放大能力大的黑表笔所接的是漏极，红表笔所接的是源极。两种方法检测结果均应一样。当确定了漏极、源极之后，按漏极、源极的对应位置装入电路，一般第一栅极、第二栅极也会依次对准位置，这就确定了两个栅极的位置，从而就确定了漏极、源极、第一栅极、第二栅极引脚的顺序。

4．判断跨导的大小

测反向电阻值的变化判断跨导的大小。对VMOS沟道增强型场效应管测量跨导性能时，可用红表笔接源极、黑表笔接漏极，这就相当于在源、漏极之间加了一个反向电压。此时栅极是开路的，管的反向电阻值是很不稳定的。将万用表的电阻挡选在"R×10 K"的高阻挡，此时表内电压较高。当用手接触栅极时，会发现管的反向电阻值有明显的变化，其变化越大，说明管的跨导值越高；如果被测管的跨导很小，用此法测时，反向阻值几乎不变。

5．判断方法

1）结型场效应管引脚识别

场效应管的栅极相当于晶体三极管的基极，源极和漏极分别对应于晶体三极管的发射极和集电极。将万用表置于"R×1K"挡，用两表笔分别测量每两个引脚间的正、反向电阻。当某两个引脚间的正、反向电阻相等，且均为数千欧时，则这两个引脚为漏极和源极（可互换），余下的一个引脚即为栅极。对于有四个引脚的结型场效应管，另外一极是屏蔽极。

2）判定栅极

用万用表黑表笔碰触管子的一个电极，红表笔分别碰触另外两个电极。若两次测出的阻值都很小，说明均是正向电阻，该管属于N沟道场效应管，黑表笔接的是栅极。制造工艺决定了场效应管的源极和漏极是对称的，可以互换使用，并不影响电路的正常工作，所以不必加以区分。源极与漏极间的电阻为几千欧。

注意：不能用此法判定绝缘栅型场效应管的栅极。因为这种管子的输入电阻极高，栅源间的极间电容又很小，测量时只要有少量的电荷，就可在极间电容上形成很高的电压，容易将管子损坏。

1.1.6　集成运算放大器

在实际电路中，运算放大器（通常简称运放）通常结合反馈网络共同组成某种功能模块。由于早期应用于模拟计算机中，用以实现数学运算，故得名"运算放大器"，此名称一直延续至今。运算放大器是具有高开环放大倍数并带有深度负反馈的多级直接耦合放大电路。它首先应用于电子模拟计算机上，作为基本运算单元，可以完成加减、乘除、积分和微分等数学运算。早期的运算放大器是用电子管组成的，后来被晶体管分立元件运算放大器取代。随着半导体集成工艺的发展，20世纪60年代初第一个集成运算放大器问世了，集成运算放大器除保持了原有的很高的增益和输入阻抗的特点之外，还具有精巧、廉价和可灵活使用等优点，因而使运算放大器的应用远远地超出模拟计算机的界限，在有源滤波器、开关电容电路、数模和模数转换器、直流信号放大、波形的产生和变换以及信号运算、信号处理、信号测量等方面都得到十分广泛的应用。

1.1.6.1　集成运算放大器内部结构

集成运算放大器的电路常可分为输入级、中间级、输出级和偏置电路四个基本组成部分，如图2-1-17所示。

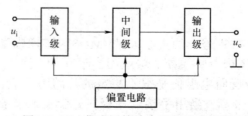

图2-1-17　集成运算放大器的组成框图

输入级是提高运算放大器质量的关键部分，要求其输入电阻能减小零点漂移和抑制干扰信号。输入级大都采用差动放大。

中间级主要进行电压放大，要求它的电压放大倍数高，一般由共发射极放大电路构成。

输出级与负载相接，要求其输出电阻低，带负载能力强，能输出足够大的电压和电流，一般由互补对称电路或射极输出器构成。

偏置电路的作用是为上述各级电路提供稳定和合适的偏置电流，决定各级的静态工作点，一般由各种恒流源电路构成。

在应用集成运算放大器时，需要知道它的几个引脚的用途以及放大器的主要参数，至于它的内部电路结构如何一般是无关紧要的。集成运算放大器成品外形如图2-1-18所示，有圆壳式和双列直插式。

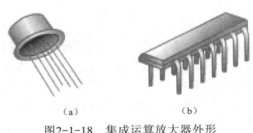

（a） （b）

图2-1-18 集成运算放大器外形

（a）圆壳式 （b）双列直插式

1.1.6.2 集成运算放大器基本分类

按照集成运算放大器的参数来分，集成运算放大器可分为如下几类。

1. 通用型

通用型集成运算放大器就是以通用为目的而设计的。这类器件的主要特点是价格低廉、产品量大面广，其性能指标能适合于一般性使用。例uA741（单运放）、LM358（双运放）、LM324（四运放）及以场效应管为输入级的LF356都属于此种。它们是目前应用最广泛的集成运算放大器。

2. 高阻型

这类集成运算放大器的特点是差模输入阻抗非常高，输入偏置电流非常小，一般输入电阻$R_{id}>$（$10^9 \sim 10^{12}$）Ω，输入偏置电流i_B为几皮安到几十皮安。实现这些指标的主要措施是利用场效应管高输入阻抗的特点，用场效应管组成集成运算放大器的差分输入级。用FET作输入级，不仅输入阻抗高，输入偏置电流低，而且具有高速、宽带和低噪声等优点，但输入失调电压较大。常见的集成器件有LF356、LF355、LF347（四运放）及更高输入阻抗的CA3130、CA3140等。

3. 低温漂型

在精密仪器、弱信号检测等自动控制仪表中，总是希望集成运算放大器的失调电压要小且不随温度的变化而变化。低温漂型集成运算放大器就是为此而设计的。常用的高精度、低温漂集成运算放大器有OP-07、OP-27、AD508及由MOSFET组成的斩波稳零型低漂移器件ICL7650等。

4．高速型

在快速A/D和D/A转换器、视频放大器中，要求集成运算放大器的转换速率S_R一定要高，单位增益带宽B_{WG}一定要足够大，像通用型集成运算放大器是不能适合于高速应用的场合的。高速型集成运算放大器主要特点是具有高的转换速率和宽的频率响应。常见的高速型集成运算放大器有LM318、mA715等，其S_R=50～70 V/μs，B_{WG}>20 MHz。

5．低功耗型

由于电子电路集成化的最大优点是能使复杂电路小型轻便，所以随着便携式仪器应用范围的扩大，必须使用低电源电压供电及低功率消耗的集成运算放大器。常用的集成运算放大器有TL-022C、TL-060C等，其工作电压为±2～±18V，消耗电流为50～250 mA。目前有的产品功耗已达微瓦级。

6．高压大功率型

集成运算放大器的输出电压主要受供电电源的限制。在普通的集成运算放大器中，输出电压的最大值一般仅几伏，输出电流仅几十毫安。若要提高输出电压或增大输出电流，集成运算放大器外部必须要加辅助电路。高压大功率型集成运算放大器外部不需附加任何电路，即可输出高电压和大电流。例如D41集成运算放大器的电源电压可达±150 V，mA791集成运放的输出电流可达1 A。

1.1.6.3　理想集成运算放大器的特性

在大多数情况下，将运算放大器视为理想运算放大器，就是将运算放大器的各项技术指标理想化，满足下列条件的运算放大器称为理想运算放大器。

（1）开环电压增益A_{ud}=∞。

（2）输入阻抗r_i=∞。

（3）输出阻抗r_o=0。

（4）带宽f_{BW}=∞。

（5）失调与漂移均为零等。

理想运放在线性应用时的两个重要特性如下。

（1）输出电压u_o与输入电压之间满足关系式：

$$u_o=A_{ud}（u_+-u_-）\tag{2-1-9}$$

由于A_{ud}=∞，而u_o为有限值，因此，$u_+-u_-≈0$。即$u_+≈u_-$，称为"虚短"。

（2）由于r_i=∞，故流进运放两个输入端的电流可视为零，即i_{IB}=0，称为"虚断"。这说明运放对其前级吸取电流极小。

上述两个特性是分析理想运放应用电路的基本原则，可简化运放电路的计算。

1.1.6.4　集成运算放大器的基本运算电路

1．反相比例运算电路

反相比例运算电路如图2-1-19所示。对于理想运放，该电路的输出电压与输入电压之间的关系为

$$u_o=-\frac{R_F}{R_1}u_i\tag{2-1-10}$$

为了减小输入级偏置电流引起的运算误差，在同相输入端应接入平衡电阻$R_2=R_1 /\!/ R_F$。

2．反相加法运算电路

反相加法运算电路如图2-1-20所示，输出电压与输入电压之间的关系为

$$u_o = -(\frac{R_F}{R_1}u_{i1} + \frac{R_F}{R_2}u_{i2}) \tag{2-1-11}$$

$$R_3 = R_1 /\!/ R_2 /\!/ R_F \tag{2-1-12}$$

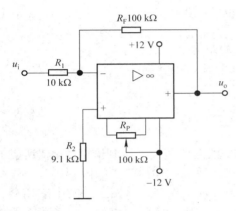
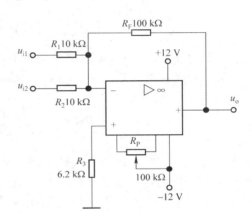

图2-1-19　反相比例运算电路　　　　　图2-1-20　反相加法运算电路

3．同相比例运算电路

同相比例运算电路如图2-1-21（a）所示，它的输出电压与输入电压之间的关系为

$$u_o = (1+\frac{R_F}{R_1})u_i \tag{2-1-13}$$

$$R_2 = R_1 /\!/ R_F \tag{2-1-14}$$

当$R_1 \to \infty$时，$u_o=u_i$，即得到如图2-1-21（b）所示的电压跟随器。图中$R_2=R_F$，用以减小漂移和起保护作用。一般R_F取10 kΩ，R_F太小起不到保护作用，太大则影响跟随性。

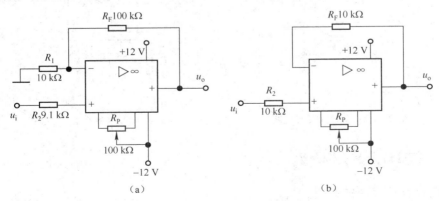

图2-1-21　同相比例运算电路

（a）同相电路　（b）电压跟随器

4．差动放大电路（减法器）

对于图2-1-22所示的减法运算电路，当$R_1=R_2$，$R_3=R_F$时，有如下关系式：

$$u_o = \frac{R_F}{R_1}(u_{i2} - u_{i1})$$ （2-1-15）

5．积分运算电路

积分运算电路如图2-1-23所示。在理想条件下，输出电压

$$u_o(t) = -\frac{1}{R_1 C}\int_0^t u_i dt + u_C(0)$$ （2-1-16）

式中，$u_C(0)$是$t=0$时刻电容C两端的电压值，即初始值。

如果$u_i(t)$是幅值为E的阶跃电压，并设$u_C(0)=0$，则

$$u_o(t) = -\frac{1}{R_1 C}\int_0^t E dt = -\frac{E}{R_1 C}t$$ （2-1-17）

106

即输出电压$u_o(t)$随时间增长而线性下降。显然RC的数值越大，达到给定的u_o值所需的时间就越长。积分输出电压所能达到的最大值受集成运放最大输出范围的限制。

在进行积分运算之前，首先应对运放调零。为了便于调节，将图2-1-23中K_1闭合，即通过电阻R_2的负反馈作用帮助实现调零。但在完成调零后，应将K_1打开，以免因R_2的接入造成积分误差。K_2的设置一方面为积分电容放电提供通路，同时可实现积分电容初始电压$u_C(0)=0$，另一方面，可控制积分起始点，即在加入信号u_i后，只要K_2一打开，电容就将被恒流充电，电路也就开始进行积分运算。

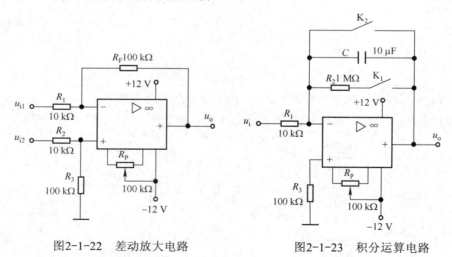

图2-1-22　差动放大电路　　　　图2-1-23　积分运算电路

1.1.6.5　集成运算放大器实例介绍

1．集成运算放大器的选型

集成运算放大器是模拟集成电路中应用最广泛的一种器件。在由运算放大器组成

的各种系统中，由于应用要求不一样，对运算放大器的性能要求也不一样。

运放型号很多，而且对很多参数理解得不是很透彻，因而选型不容易。要选择性能好的，还不能太偏，要方便购买，同时价格还要合适。在没有特殊要求的场合，尽量选择通用型集成运放，这样既可降低成本，又容易保证货源。当一个系统中使用多个运放时，尽可能选用多运放集成电路，例如LM324、LF347等都是将四个运放封装在一起的集成电路。

评价集成运放性能的优劣，应看其综合性能。一般用优值系数K来衡量集成运放的优良程度，其定义为：

$$K = \frac{S_R}{i_{ib} \cdot u_{OS}} \qquad (2-1-18)$$

式中，S_R——转换率，V/ms，其值越大，表明运放的交流特性越好；

    i_{ib}——运放的输入偏置电流，nA；

    u_{OS}——输入失调电压，mV。

i_{ib}和u_{OS}值越小，表明运放的直流特性越好。所以，对于放大音频、视频等交流信号的电路，选S_R（转换速率）大的运放比较合适；对于处理微弱的直流信号的电路，选用精度比较高（即失调电流、失调电压及温漂均比较小）的运放比较合适。

实际选择集成运放时，除要考虑优值系数之外，还应考虑其他因素。例如信号源的性质（是电压源还是电流源）、负载的性质（集成运放输出电压和电流是否满足要求）、环境条件（集成运放允许工作范围、工作电压范围、功耗与体积）等因素是否满足要求。

表2-1-9是部分常用运放选型一览表，其他见附录3。在附录3里比较全面地列出了常用的运放器件。

107

表2-1-9　部分常用运放选型一览表

运放型号	单位带宽/MHz	转换速率/（V/μs）	输入阻抗/Ω	运放型号	单位带宽/MHz	转换速率/（V/μs）	输入阻抗/Ω
OP07	0.6	0.3	50M	LF157	20	50	10^12||3p
LM358	1	0.3	300k	LM359	30	30	2.5k
AD549	1	3	10^15||1p	NJM2716	30	40	10k
OPA128	1	3	10^13||1p	CA3094	30	500	500k～1M
TLC274	2	4	10^12	AD843	34	250	10^10||6p
TL081	3	13	10^12	AD507	35	20	300M
AD8682	3.5	9	10^12	AD827	50	200	330k
LF147	4	13	10^12	AD847	50	300	300k
LF151H	4	16	10^12	AD844	60	200	50/10M/2p
AD711～AD713	4	20	3×10^12||5.5p	AD8033（4）	80	70	1000G||2.3p
TL3X071X	4.5	10	150M	AD828	85	450	300k
TLV2780X	8	4.2	10^12||19p	OPA380	90	80	10^13||3p
OPA132	8	20	10^13||2p	THS3110	100	1 300	41M
OP275	9	22	300k	LM6181	100	1 400	10M

运放型号	单位带宽/MHz	转换速率/（V/μs）	输入阻抗/Ω	运放型号	单位带宽/MHz	转换速率/（V/μs）	输入阻抗/Ω
BA15218X	10	3	3k	AD8051（2）	110	145	300k
NE5532	10	9	300k	FAN4230	120	300	300k
NE5534	10	13	100k	AD848	125	300	70k
OPA606	12	30	10^13‖1p	MAX4012	200	600	70k
AD744	13	75	3×10^12‖5.5p	ADA4891	240	210	5G‖3.2p
NJ2121	14	4	10k	OPA4650	360	240	15k
LM833	15	7	10k	OPA642	400	380	11k
LM318	15	70	3M	AD8099	510	1 350	4k
BA15532X	20	8	3k	AD849	520	300	25k
OPA2604	20	25	10^12‖8p	NJM2710	1000	260	4k
OPA604	20	25	10^12‖8p	THS4508	3000	6 400	50k

2．集成运算放大器的电源供给方式

集成运放有两个电源接线端$+U_{CC}$和$-U_{EE}$，但有不同的电源供给方式。对于不同的电源供给方式，对输入信号的要求是不同的。

1）对称双电源供电方式

运算放大器多采用这种方式供电。相对于公共端（地）的正电源（$+E$）与负电源（$-E$）分别接于运放的$+U_{CC}$和$-U_{EE}$引脚上。在这种方式下，可把信号源直接接到运放的输入脚上，而输出电压的振幅可达正负对称电源电压。

2）单电源供电方式

单电源供电是将运放的$-U_{EE}$引脚连接到地上。此时为了保证运放内部单元电路具有合适的静态工作点，在运放输入端一定要加入一直流电位，如图2-1-24所示。此时运放的输出是在某一直流电位基础上随输入信号变化。对于图2-1-24交流放大器，静态时，运算放大器的输出电压近似为$U_{CC}/2$，为了隔离掉输出中的直流成分而接入电容C_3。

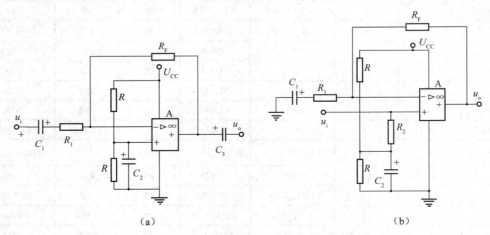

（a）　　　　　　　　　　　　　　　　（b）

图2-1-24　运算放大器单电源供电电路

3．集成运算放大器的调零问题

由于集成运放的输入失调电压和输入失调电流的影响，当运放组成的线性电路输入信号为零时，输出往往不等于零。为了提高电路的运算精度，要求对失调电压和失调电流造成的误差进行补偿，这就是运放的调零。常用的调零方法有内部调零和外部调零，而对于没有内部调零端子的集成运放，要采用外部调零方法。图2-1-25给出了常用调零电路。图2-1-25（a）所示的是内部调零电路，图2-1-25（b）是外部调零电路。

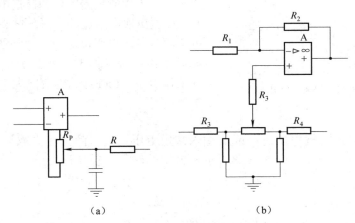

（a） （b）

图2-1-25　集成运放的常用调零电路

（a）内部调零电路　（b）外部调零电路

4．集成运放的自激振荡问题

运放是一个高放大倍数的多级放大器，在接成深度负反馈条件下，很容易产生自激振荡。为使放大器能稳定工作，就需外加一定的频率补偿网络，以消除自激振荡。图2-1-26是相位补偿的使用电路。

另外，对地端一定要分别加入一电解电容（10 μF）和一高频滤波电容（0.01～0.1 μF），如图2-1-26所示。

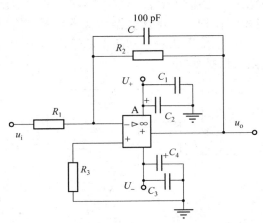

图2-1-26　运放的自激消除电路

5．集成运算放大器的保护问题

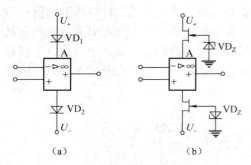

图2-1-27　集成运放电源保护电路

（a）电源反接保护　（b）电源电压突变保护

集成运放的安全保护有三个方面：电源保护、输入保护和输出保护。

1）电源保护

电源的常见故障是电源极性接反和电压跳变。电源反接保护和电源电压突变保护电路如图2-1-27所示。对于性能较差的电源，在电源接通和断开瞬间，往往出现电压过冲。图2-1-27（b）中采用FET电流源和稳压管钳位保护，稳压管的稳压值大于集成运放的正常工作电压而小于集成运放的最大允许工作电压。FET管的电流应大于集成运放的正常工作电流。

2）输入保护

集成运放的输入差模电压过高或者输入共模电压过高（超出该集成运放的极限参数范围），集成运放也会损坏。图2-1-28所示是典型的输入保护电路。

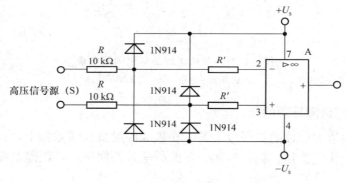

图2-1-28　集成运放输入保护电路

3）输出保护

当集成运放过载或输出端短路时，若没有保护电路，该运放就会损坏。但有些集成运放内部设置了限流保护或短路保护，使用这些器件就不需再加输出保护。对于内部没有限流或短路保护的集成运放，可以采用图2-1-29所示的输出保护电路。在图2-1-29电路中，当输出保护时，电阻R起限流保护作用。

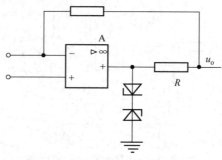

图2-1-29　集成运放输出保护电路

6．集成运算放大器uA741

uA741M，uA741I，uA741C（单运放）是高
增益运算放大器，用于军事、工业和商业应用。
这类单片硅集成电路器件提供输出短路保护和闭
锁自由运作。这些类型还具有广泛的共同模式，
差模信号范围和低失调电压调零能力与使用适当
的电位。有双列直插8脚或圆筒8脚封装。工作电
压±22 V，差分电压±30 V，输入电压±18 V，允许
功耗500 mW。其引脚与OP07（超低失调精密运放）

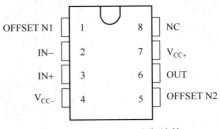

图2-1-30　uA741引脚结构

完全一样，可以代换的其他运放有uA709、LM301、LM308、LF356、OP07、OP37、
max427等。uA741通用放大器，性能不是很好，但满足一般需求，其引脚结构如图2-1-30
所示，内部结构如图2-1-31所示。

uA741引脚功能说明：1脚和5脚为偏置平衡（调零端），2脚为反向输入端，3脚为
正向输入端，4脚接地，6脚为输出，7脚接电源正级，8脚为空。

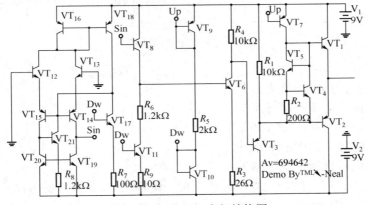

图2-1-31　uA741内部结构图

7．集成运算放大器OP07

OP07芯片是一种低噪声、非斩波稳零的双极性运算放大器集成电路。由于OP07具
有非常低的输入失调电压（对于OP07A，最大为25 μV），所以OP07在很多应用场合不
需要额外的调零措施。OP07同时具有输入偏置电流低（OP07A为±2 nA）和开环增益高
（对于OP07A为300 V/mV）的特点，这种低失调、高开环增益的特性使得OP07特别适
用于高增益的测量设备和放大传感器的微弱信号等方面。其引脚结构如图2-1-32所示，
内部结构如图2-1-33所示。

图2-1-32　OP07引脚结构

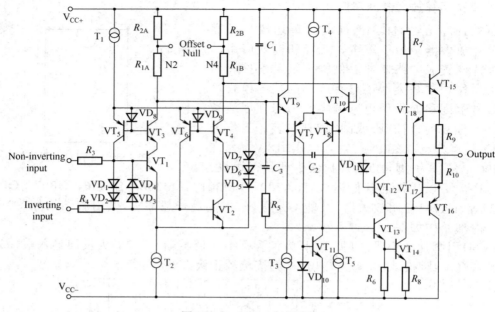

图2-1-33 OP07内部结构

其特点如下。

（1）超低偏移：150 μV最大。

（2）低输入偏置电流：1.8 nA。

（3）低失调电压漂移：0.5 μV/℃。

（4）超稳定时间：2 μV/month最大。

（5）高电源电压范围：±3～±22 V。

OP07芯片引脚说明：1脚和8脚为偏置平衡（调零端），2脚为反向输入端，3脚为正向输入端，4脚接地，5脚为空，6脚为输出，7脚接电源正级。

1.2 红外电路设计

红外遥控具有不影响周边环境、不干扰其他电器设备的特点。电路设计、调试简单，只要按给定电路连接无误，一般不需任何调试即可投入工作；编解码容易，可进行多路遥控，因而得到广泛的应用。本项目通过设计简单的红外发射和接收来模拟遥控器的设计，通过本电路的设计让学生掌握遥控器的原理，以便能够设计简单的红外电路。

1.2.1 红外发射电路组成及工作原理

图2-1-34所示是红外发射电路原理图。本电路由红外发光二极管VD_1、限流电阻R_1组成，红外发光二极管实际上是一只特殊的发光二极管，由于其内部材料不同于普通发光二极管，因而在其两端施加一定电压时，它发出的是红外线而不是可见光。目前大量使用的红外发光二极管发出的红外线波长为940 nm左右，外形与普通发光二极管相同。只是颜色不同。红外发光二极管一般有黑色、深蓝、透明三种颜色。红外发光二极管压降约1.4 V，工作电流一般小于

20 mA。为了适应不同的工作电压，回路中常常串有限流电阻，如图2-1-34中R_1即为红外发光二极管的限流电阻。为了让学生能够直观地看到实验现象，本电路中红外发射的输入信号由信号发生器提供频率不大于10 Hz、幅度为2.5 V左右的方波信号。

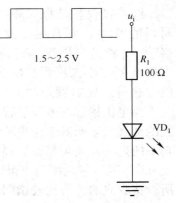

图2-1-34　红外发射电路原理

1.2.2　红外接收电路组成及工作原理

　　用红外发光二极管发射红外线去控制受控装置时，受控装置中均有相应的红外光-电转换元件，如红外接收二极管、光电三极管等。实际应用中已有红外发射和接收配对的二极管，红外接收电路原理图如图2-1-35所示。

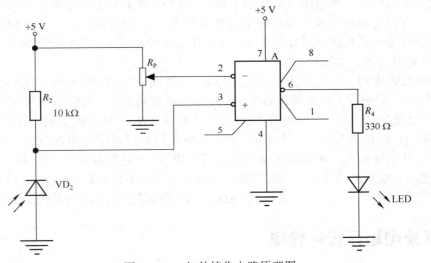

图2-1-35　红外接收电路原理图

　　红外接收电路的核心器件就是红外接收器件，目前红外线接收器件有红外接收头和红外接收管，如图2-1-36所示。

　　红外接收头是一体化集成电路，其内部集成了红外接收二极管、放大器、限幅器、带通滤波器、积分电路、比较电路等。红外接收头的工作原理为：其内置接收管将红外发射管发射出来的光信号转换为微弱的电信号，此信号经由IC内部放大器进行放大，然后通过自动增益控制、带通滤波、解调器、波形整形后还原出发射端的信号波形。注意：输出的高低电平和发射端是反相的，这样是为了提高接收的灵敏度。接收头将红外接收管与放大电路集成在一体，体积小，密封性好，灵敏度高，并且价格低廉，市场售价只有几元钱。且它仅有三条管脚，分别是电源正极、电源负极以及信号输出端，其工作电压在5V左右，只要给它接上电源即是一个完整的红外接收放大器，灵敏度和抗干扰性都非常好，可以说是一个接收红外信号的理想装置，因而得到广泛应用。

图2-1-36　红外接收头与
红外接收管实物

红外接收管是将红外线光信号变成电信号的半导体器件。它的核心部件是一个特殊材料的PN结，和普通二极管相比，在结构上有大改变。红外接收管分两种，一种是二极管，一种是三极管。在实际应用中要给红外接收二极管加反向偏压，它才能正常工作，亦即红外接收二极管在电路中应用时是反向运用，这样才能获得较高的灵敏度。红外接收二极管一般有圆形和方形两种。

当电压越过红外发射管的正向阈值电压（0.8 V左右）时电流开始流动，而且是一很陡直的曲线，表明其工作电流要求十分敏感。因此要求工作电流准确、稳定，否则影响辐射功率的发挥及其可靠性。辐射功率随环境温度的升高（包括其本身的发热所产生的环境温度升高）其辐射功率会下降。由于红外发光二极管的发射功率一般都较小（100 mW左右），所以接收到的信号比较微弱，因此就要增加高增益放大电路。

为了提高学生的动手能力，本项目没有采用红外接收头，而是利用红外接收管和运放来搭建红外接收电路。本电路由运算放大器A、红外接收管VD_2、普通发光二极管LED、电阻R_2和R_4、可调电阻R_p组成。电路中电阻R_4为发光二级管LED的分压限流电阻，R_2、R_p、红外接收管组成分压电路。运算放大器A在此作为比较器使用，通过比较同相端（+）和反相端（−）的电压来决定输出值。

本红外接收电路工作原理为：当图2-1-34中红外发射管VD_1发射出红外光，红外接收管VD_2收到红外光后导通，因其导通后电阻很小，可以忽略不计，则使运算放大器同相端（引脚3）电位迅速拉低为0，而反相端（引脚2）电位大于0，即$U_3<U_2$，运放工作在非线性状态下，输出端（引脚6）输出低电平0，发光二极管LED熄灭；同理，当VD_2未接收到红外光而截止，其阻值很大，运算放大器同相端（引脚3）电位为高电平，使得$U_3>U_2$，运放输出端（引脚6）输出高电平1，发光二极管LED点亮。基于此原理在图2-1-34红外发射电路中持续地输入脉冲信号u_i，发光二极管LED便会随着输入信号的频率变化而闪烁。

1.3 红外电路元器件检测

基本电子元器件的识别和检测非常重要。因为基本元器件是构成电路的基础，只有掌握好这部分知识，才可以很好地分析其他电路。

1.3.1 电路元器件清单

本电路所需元器件清单如表2-1-10所示。

表2-1-10 红外电路元器件清单

课 题 名 称	元 器 件	数 量	备 注
红外发射-接收模拟电路	红外发射管	1	
	红外接收管	1	
	发光二极管	1	
	运放uA741	1	
	20 kΩ可调电位器	1	
	100 Ω电阻	1	
	10 kΩ电阻	1	
	330 Ω电阻	1	

1.3.2　元器件的识别

1.3.2.1　二极管的识别

1. 红外发光二极管识别及其特性

本电路涉及三种二极管，即红外发光二极管、红外接收二极管、普通发光二极管，如图2-1-37所示，其中1为红外发射管，2为红外接收管，3为普通发光二极管。

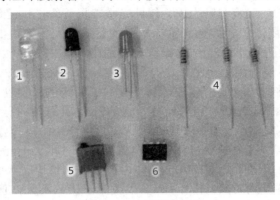

图2-1-37　元器件实物

1）波普特性

红外线发光二极管由红外辐射效率高的材料（常用砷化镓GaAs）制成PN结，外加正向偏压向PN结注入电流激发红外光。光谱功率分布为中心波长830～950 nm，半峰带宽40 nm左右。其最大的优点是可以完全无红暴（采用940～950 nm波长红外管）或仅有微弱红暴（红暴为有可见红光）而延长使用寿命。

2）电特性

直径3 mm、5 mm的为小功率红外线发射管，而8 mm、10 mm的为中功率及大功率发射管。小功率发射管正向电压1.1～1.5 V，电流20 mA。中功率发射管正向电压1.4～1.65 V，电流50～100 mA。大功率发射管正向电压1.5～1.9 V，电流200～350 mA。

3）方向特性

红外线发光二极管的发射强度因发射方向而异。当方向角度为零时，其发射强度定义为100%。当方向角度增大时，其放射强度相对减少。发射强度如由光轴取其方向角度一半时，其值即为峰值的一半，此角度称为方向半值角。此角度越小表示元件之指向性越灵敏。一般使用的红外线发光二极管均附有透镜，使其指向性更灵敏。

4）距离特性

红外线发光二极管的辐射强度依光轴上的距离而变，亦随受光元件的不同而变，基本上辐射强度与发射距离成反比，与入射光量成正比。

发射红外线去控制相应的受控装置时，其控制的距离与发射功率成正比。为了增加红外线的控制距离，红外发光二极管工作于脉冲状态，因为脉冲光的有效传送距离与脉冲的峰值电流成正比，只需尽量提高峰值电流，就能增加红外光的发射距离。提高峰值电流的方法是减小脉冲占空比，即压缩脉冲的宽度。一般其使用频率在300 kHz以下。

2．红外接收二极管

红外接收二极管又叫红外光电二极管，也可称红外光敏二极管，它广泛用于各种家用电器的遥控接收器中。红外接收二极管能很好地接收红外发光二极管发射的波长为940 nm的红外光信号，而对于其他波长的光线则不能接收，因而保证了接收的准确性和灵敏度。红外接收二极管外形如图2-1-37中2所示，最常用的型号为RPM-301B。

红外光敏二极管与普通二极管在结构上是相似的。在红外光敏二极管管壳上有一个能透入光线的玻璃透镜，入射光通过透镜正好照射在管芯上。红外光敏二极管管芯是一个具有光敏特性的PN结，它被封装在管壳内。红外光敏二极管管芯的光敏面是通过扩散工艺在N型单晶硅上形成的一层薄膜。红外光敏二极管的管芯以及管芯上的PN结面积做得较大，而管芯上的电极面积做得较小，PN结的结深比普通半导体二极管做得浅，这些结构上的特点都是为了提高光电转换的能力。另外，与普通半导体二极管一样，在硅片上生长了一层SiO$_2$保护层，它把PN结的边缘保护起来，从而提高了管子的稳定性，减少了暗电流。

红外光敏二极管与普通光敏二极管一样，它的PN结具有单向导电性，因此，红外光敏二极管工作时应加上反向电压，如图2-1-35所示。当无光照时，电路中也有很小的反向饱和漏电流，一般为$1 \times 10^{-8} \sim 1 \times 10^{-9}$ A（称为暗电流），此时相当于红外光敏二极管截止；当有光照射时，PN结附近受光子的轰击，半导体内被束缚的价电子吸收光子能量而被击发产生电子-空穴对，这些载流子的数目，对于多数载流子影响不大，但对P区和N区来说，则会使少数载流子的浓度大大提高，在反向电压作用下，反向饱和漏电流大大增加，形成光电流，该光电流随入射光强度的变化而相应变化。光电流通过负载时，在电阻两端将得到随入射光变化的电压信号。红外光敏二极管就是这样完成电功能转换的。

3．发光二极管

发光二极管是由含镓（Ga）、砷（As）、磷（P）、氮（N）、硅（Si）等的化合物制成的二极管，它与普通二极管一样，由一个PN结组成，也具有单向导电性，当电子与空穴复合时能辐射出可见光，因而可以用来制成发光二极管。在电路及仪器中作为指示灯，或者组成文字或数字显示。砷化镓二极管发红光，磷化镓二极管发绿光，碳化硅二极管发黄光，氮化镓二极管发蓝光。发光二极管的反向击穿电压大于5 V。它的正向伏安特性曲线很陡，使用时必须串联限流电阻以控制通过二极管的电流。

发光二极管的两只引脚中较长的一只为正极，应接电源正极。有的发光二极管两只引脚一样长，但管壳上有一凸起的小舌，靠近小舌的引脚是正极。

与白炽灯泡和氖灯相比，发光二极管的特点是：工作电压很低（有的仅一点几伏）；工作电流很小（有的仅零点几毫安即可发光）；抗冲击和抗震性能好，可靠性高，寿命长；通过调制流过的电流强弱可以方便地调制发光的强弱。由于有这些特点，发光二极管在一些光电控制设备中用作光源，在许多电子设备中用作信号显示器。把它的管心做成条状，用七条条状的发光管组成七段式半导体数码管，每个数码管可显示0~9这十个阿拉伯数字以及A、B、C、D、E、F等部分字母（必须区分大小写）。

1.3.2.2　电阻

1．固定电阻

电阻是一个限流元件，接在电路中之后，电阻的阻值是固定的。一般是两个引脚，它可限制通过它所连支路的电流大小。阻值不能改变的称为固定电阻器。阻值可变的称为电位器或可变电阻。理想的电阻是线性的，即通过电阻的瞬时电流与外加瞬时电压成正比。用于分压的可变电阻是，在裸露的电阻体上，紧压着一至两个可移金属触点，触点位置确定电阻体任一端与触点间的阻值。

图2-1-37中4所示是本项目中所用到的3个固定电阻，分别为100 Ω，330 Ω，10 kΩ，利用前面的色环电阻读的读取知识，可知：

（1）棕 黑 黑 黑 棕，电阻记数值为100×10^0 Ω，为100 Ω电阻；

（2）橙 橙 黑 黑，电阻记数值为330×10^0 Ω，为330 Ω电阻；

（3）棕 黑 黑 红，电阻记数值为100×10^2 Ω，为10 kΩ电阻。

因为制作工艺的问题，有的厂家制造出来的色环电阻的色环色彩不是很清晰，可用万用表直接测量其阻值。

2．可变电阻

可变电阻一般用于需要调节电路电流或需要改变电路阻值的场合。可变电阻可以改变信号发生器的特性，使灯光变暗，起动电动机或控制它的转速。根据用途的不同，可变电阻的电阻材料可以是金属丝、金属片、碳膜或导电液。对于一般大小的电流，常用金属型的可变电阻。在电流很小的情况下，则使用碳膜型的。当电流很大时，电解型最适用，这种可变电阻的电极都浸在导电液中。电势计是可变电阻的特殊形式，它使未知电压或未知电势相平衡，从而测出未知电压或未知电势差的大小。更为常用的电势器只不过是一个有两个固定接头的电阻，第三个接头连到一个可调的电刷上。电位器的另一个用途是在音响设备中用作音响控制。

可变电阻与普通电阻在外形上有很大的区别，它具有下列一些特征，根据这些特征可以在线路板中识别可变电阻。

（1）可变电阻的体积比一般电阻的体积大，同时电路中可变电阻较少，在线路板中能快速地找到它。

（2）可变电阻共有三只引脚，这三只引脚有区别，一只是动片引脚，另两只是定片引脚，一般两只定片引脚之间可以互换使用，而定片与动片引脚之间不能互换使用。

（3）可变电阻上有一个调整口，用一字螺丝刀伸入此调整口中，转动螺丝刀可以改变动片的位置，从而进行阻值的调整。

（4）在可变电阻上可以看出它的标称阻值，这一标称阻值是指两只定片引脚之间的阻值，也是某一只定片引脚与动片引脚之间的最大阻值。

（5）立式可变电阻主要用于小信号电路中，它的三只引脚垂直向下，垂直安装在线路板上，阻值调节口在水平方向。

（6）卧式可变电阻也用于小信号电路中，它的三只引脚与电阻平面成90°，垂直向下，平卧地安装在线路板上，阻值调节口朝上。

（7）小型塑料外壳的可变电阻体积更小，呈圆形结构，它的三只引脚向下，阻值调节口朝上。

（8）用于功率较大场合下的可变电阻（线绕式结构），体积很大，动片可以左右滑动，以进行阻值调节。

本电路中用到1个可调电阻，如图2-1-37中5所示，在其顶部标有w203，即为20 kΩ。

1.3.2.3 运算放大器

本电路采用uA741，是一款通用的单运放，是8引脚的集成芯片，实物如图2-1-37中6所示，引脚结构如图2-1-30所示。

在红外发射和接收电路中，运放是作为电压比较器（不加负反馈）使用，可以用常见的LM324、LM358、TL081\2\3\4、OP07、OP27来代替。LM339、LM393是专业的电压比较器，切换速度快，延迟时间小，可用在专门的电压比较场合。

1.3.3 元器件的检测

1. 红外发光二极管的检测

高亮度发光二极管、红外发光二极管、光电三极管外形是一样的，非常容易搞混，因此需要通过简易测试将它们区分出来。用指针式万用表（"R×1K"挡）黑表笔接阳极、红表笔接阴极（应采用带夹子的表笔）测得正向电阻在20～40 kΩ，黑表笔接阴极、红表笔接阳极测得反向电阻大于500 kΩ者是红外发光二极管。透明树脂封装的可用目测法：有圆形浅盘的极是负极。正向电阻在200 kΩ以上（或指针微动），反向电阻接近∞者是普通发光二极管。若黑表笔接短脚，红表笔接长脚，遮住光线时电阻大于200 kΩ，有光照射时阻值随光线强弱而变化（光线强时，电阻小），这是光电三极管。

红外发光二极管的好坏，可以按照测试普通硅二极管正反向电阻的办法进行测试。测量红外发光二极管正向电阻将万用表置于"R×10K"挡，黑表笔接红外发光二极管正极，红表笔接负极，测量红外发光二极管的正、反向电阻。正常时，正向电阻值为15～40 kΩ（阻值越小越好），反向电阻大于500 kΩ。若测得正、反向电阻值均接近零，则说明该红外发光二极管内部被击穿损坏；若测得正、反向电阻值均为无穷大，则说明该红外发光二极管开路损坏；若测得反向电阻值远远小于500 kΩ，则说明该红外发光二极管漏电损坏。

2. 红外二极管的检测

红外线二极管的极性不能搞错，通常较长的引脚为正极，另一脚为负极。如果从引脚长度上无法辨识（比如已剪短引脚的），可以通过测量其正反向电阻确定之。测得正向电阻较小时，黑表笔所接的引脚即为正极。

通过测量红外线二极管的正反向电阻，还可以在很大程度上推测其性能的优劣。以500型万用表"R×1 K"挡为例，如果测得正向电阻值大于20 kΩ，就存在老化的嫌疑；如果接近于零，则应报废。如果反向电阻只有数千欧姆，甚至接近于零，则管子必坏无疑；它的反向电阻越大，表明其漏电流越小，质量越佳。测量红外二极管在发射器电路上的工作电压和工作电流，可以简便地判定其工作性能如何。测量管子两端的工作电压时，静态下（即没有按键按下时）通常为零，而动态下（即按下某一按键时）将跳变为一个较小的电压值，因遥控系统的编码方式、驱动电路的结构以及工作电源电压的不同，该电压值通常在0.07～0.4 V，而且表笔还应微微颤抖。当使用数字式万用表测量时，其测量值将普遍高于指针式万用表测得的数值，通常在0.1～0.8 V。如果出现静态时表针颤抖而动态时不抖、静态下和动态下都颤抖、静态下和动态下均不颤抖以及动态电压与静态电压无明显差别等现象，可判定红外二极管工作异常，倘若驱动放大电路正常，则多为红外二极管损坏。

红外线二极管应保持清洁、完好状态，尤其是其前端的球面形发射部分既不能存在污染物，更不能受到摩擦损伤，否则，从管芯发出的红外光将产生反射及散射现象，直接影响到红外光的传播，轻者可能降低遥控的灵敏度，缩减控制距离，重者可能产生失灵，甚至遥控失效。

3. 发光二极管的检测

1）用万用表检测

利用具有"R×10K"挡的指针式万用表可以大致判断发光二极管的好坏。正常时，二极管正向电阻阻值为几十至200 kΩ，反向电阻的值为∞。如果正向电阻值为0或为∞，反向电阻值很小或为0，则易损坏。这种检测方法，不能实地看到发光管的发光情况，因为"R×10 K"挡不能向发光二极管提供较大正向电流。

如果有两块指针万用表（最好同型号），可以较好地检查发光二极管的发光情况。用一根导线将其中一块万用表的"+"接线柱与另一块表的"−"接线柱连接。黑表笔（−）接被测发光管的正极（P区），余下的红表笔（+）接被测发光管的负极（N区）。两块万用表均置"R×10"挡。正常情况下，接通后就能发光。若亮度很低，甚至不发光，可将两块万用表均拨至"R×1"挡，若仍很暗，甚至不发光，则说明该发光二极管性能不良或损坏。应注意，不能一开始测量就将两块万用表置于"R×1"挡，以免电流过大，损坏发光二极管。

2）外接电源测量

用3 V稳压源或两节串联的干电池及万用表（指针式或数字式皆可）可以较准确测量发光二极管的光电特性。如果测得U_F在1.4～3V，且发光亮度正常，可以说明发光正常。如果测得U_F=0或U_F≈3 V，且不发光，说明发光管已坏。

4. 电阻的检测

1）固定电阻的检测

在实验中，色环电阻的阻值虽然能以色环标志来确定，但在使用时最好还是用万用表测试一下其实际阻值及其性能。

注意：测试时，特别是在测几十千欧以上阻值的电阻时，手不要触及表笔和电阻的导电部分；被检测的电阻从电路中焊下来，至少要焊开一个头，以免电路中的其他元件对测试产生影响，造成测量误差。

2）电位器的检测

检查电位器时，首先要转动旋柄，看看旋柄转动是否平滑，开关是否灵活，开关通断时"喀哒"声是否清脆，并听一听电位器内部接触点和电阻体摩擦的声音，如有"沙沙"声，说明质量不好。用万用表测试时，先根据被测电位器阻值的大小，选择好万用表的合适电阻挡位，然后可按下述方法进行检测。

（1）用万用表的电阻挡测"1""2"两端，其读数应为电位器的标称阻值，如万用表的指针不动或阻值相差很多，则表明该电位器已损坏。

（2）检测电位器的活动臂与电阻片的接触是否良好。用万用表的电阻挡测"1""2"（或"2""3"）两端，将电位器的转轴按逆时针方向旋至接近"关"的位置，这时电阻值越小越好。再顺时针慢慢旋转轴柄，电阻值应逐渐增大，表头中的指针应平稳移动。当轴柄旋至极端位置"3"时，阻值应接近电位器的标称值。如万用表的指针在电位器的轴柄转动过程中有跳动现象，说明活动触点有接触不良的故障。

5．集成芯片检测

集成电路的封装形式和引脚顺序、集成电路的封装材料及外形有多种，最常用的封装有塑料、陶瓷及金属三种。封装外形可分为圆形金属外壳封装（晶体管式封装）、陶瓷扁平或塑料外壳封装、双列直插式陶瓷或塑料封装、单列直插式封装等。

集成电路的引脚数分别有3、5、7、8、10、12、14、16等多种，正确识别引脚排列顺序是很重要的，否则集成电路无法正确安装、调试与维修，以至于不能正常工作，甚至造成损坏。集成电路的封装外形不同，其引脚排列顺序也不一样。

识别双列直插式IC的引脚时，可将其水平放置，引脚向下，即其型号、商标向上，定位标记在左边（若无定位标记，看芯片上的标识，按正常看书的方式拿），从左下角第一只引脚数起，按逆时针方向，依次为1脚、2脚、2脚……

集成电路的检测一般分为非在路集成电路的检测和在路集成电路的检测。

1）非在路集成电路的检测

非在路集成电路是指与实际电路完全脱开的集成电路，即集成电路本身。为减少不应有的损失，集成电路在往印制电路板上焊接前应先进行测试，证明其性能良好，然后再进行焊接。这一点尤其重要。

检测非在路集成电路的好坏的准确方法是：按制造厂商给定的测试电路和条件，逐项进行检测。而在一般性电子制作或维修过程中，较为常用的准确方法是：先在印制电路板的对应位置焊接上一个集成电路插座，在断电情况下将被测集成电路插上。通电后，若电路工作正常，说明该集成电路的性能是好的；反之，若电路工作不正常，说明该集成电路的性能不良或者已损坏。此方法的优点是准确、实用，但焊接的工作量大，往往受到客观条件的限制。

检测非在路集成电路的好坏比较简单的方法是：用万用表电阻挡测量集成电路各脚对地的正、负电阻值。具体方法如下：将万用表拨在"R×1K""R×100"挡或"R×10"挡上，先让红表笔接集成电路的接地引脚，然后将黑表笔从第一只引脚开始，依次测出各脚相对应的阻值（正阻值）；再让黑笔表接集成电路的同一接地脚，用红表笔按以上方法与顺序，测出另一电阻值（负阻值）。将测得的两组正、负阻值和标准值比较，从中发现问题。

2）在路集成电路的检测

（1）根据引脚在路阻值的变化判断IC的好坏。用万用表电阻挡测量集成电路各脚对地的正、负电阻值，然后与标准值进行比较，从中发现问题。

（2）根据引脚电压变化判断IC的好坏。用万用表的直流电压挡依次检测在路集成电路各脚的对地电压，在集成电路供电电压符合规定的情况下，如有不符合标准电压值的引出脚，再查其外围元件，若无损坏或失效，则可认为是集成电路的问题。

（3）根据引脚波形变化判断IC的好坏。用示波器观测引脚的波形，并与标准波形进行比较，从中发现问题。

最后，还可以用同型号的集成电路进行替换试验，这是见效最快的方法，但拆焊较麻烦。

1.4 电路调试

1.4.1 电路调试的意义

实践表明，一个电子装置，即使按照设计的电路参数进行安装，往往也难于达到预期的效果。这是因为人在设计时，不可能周全地考虑各种复杂的客观因素（如元件值的误差、器件参数的分散性、分布参数的影响等），必须通过安装后的测试和调整来发现和纠正设计方案的不足，然后采取措施加以改进，使装置达到预定的技术指标。因此，调试电子电路的技能对从事电子技术的人员来说，是不应缺少的。

1.4.2　电子电路调试的一般步骤

传统中医看病讲究"望、闻、问、切"，其实调试电路也是如此。第一"望"，要观察电路板的焊接如何；第二"闻"，通电后听电路板是否有异常响动，不该叫的叫了，该叫的不叫；第三"问"，如果是自己第一次调，不是自己设计的，要问电压是多少，别人是否调过，有什么问题；第四"切"，检查芯片是否插牢，有些不易观察的焊点是否焊好。通常调试前做好这几步就可发现不少问题。

根据电子电路的复杂程度，调试可分步进行。

对于较简单系统，调试步骤是：电源调试——单板调试——联调。

对于复杂的系统，调试步骤是：电源调试——单板调试——分机调试——主机调试——联调。

由此可明确三点：

（1）不论简单系统还是复杂系统，调试都是从电源开始入手的；

（2）调试方法都是先局部（单元电路）后整体，先静态后动态；

（3）一般要经过测量—调整—再测量—再调整的反复过程。

对于复杂的电子系统，调试也是个"系统集成"的过程。

在单元电路调试完成的基础上，可进行系统联调。例如数据采集系统和控制系统，一般由模拟电路、数字电路和微处理器电路构成，调试时常把这三部分电路分开调试，分别达到设计指标后，再加进接口电路进行总调。联调是对总电路的性能指标进行测试和调整，若不符合设计要求，应仔细分析原因，找出相应的单元进行调整。不排除要调整多个单元的参数或多次调整，甚至要修正方案。

1.4.2.1　电子电路的调试具体步骤

（1）通电观察：通电后不要急于测量电气指标，而要先观察电路有无异常现象，例如有无冒烟现象、有无异常气味、手摸集成电路外封装是否发烫等。如果出现异常现象，应立即关断电源，待排除故障后再通电。

（2）静态调试：静态调试一般是指在不加输入信号，或只加固定的电平信号的条件下所进行的直流测试，可用万用表测出电路中各点的电位，通过和理论估算值比较，结合电路原理的分析，判断电路直流工作状态是否正常，以及时发现电路中已损坏或处于临界工作状态的元器件。通过更换元器件或调整电路参数，使电路直流工作状态符合设计要求。

（3）动态调试：动态调试是在静态调试的基础上进行的，在电路的输入端加入合适的信号，按信号的流向，顺序检测各测试点的输出信号，若发现不正常现象，应分析其原因，并排除故障，再进行调试，直到满足要求。测试过程中不能凭感觉和印象，要始终借助仪器观察。使用示波器时，最好把示波器的信号输入方式置于"DC"挡，通过直流耦合方式，可同时观察被测信号的交、直流成分。通过调试，最后检查功能块和整机的各种指标（如信号的幅值、波形形状、相位关系、增益、输入阻抗和输出阻抗等）是否满足设计要求，如必要，再进一步对电路参数提出进行合理的修正。

1.4.2.2 电子电路调试的若干问题

（1）根据待调系统的工作原理拟定调试步骤和测量方法，确定测试点，并在图纸上和测试板上标出位置，画出调试数据记录表格等。

（2）搭设调试工作台，工作台配备所需的调试仪器，仪器的摆设应操作方便，便于观察。学生往往不注意这个问题，在制作或调试时工作台很乱，工具、书本、衣物等与仪器混放在一起，这样会影响调试。特别提示：在制作和调试时，一定要把工作台收拾干净、整洁。

（3）对于硬件电路，应视被调系统选择测量仪表，测量仪表的精度应优于被测系统；对于软件调试，则应配备微机和开发装置。

（4）电子电路的调试顺序一般按信号流向进行，将前面调试过的电路输出信号作为后级的输入信号，为最后统调创造条件。

（5）对于用可编程逻辑器件实现的数字电路，应先完成可编程逻辑器件源文件的输入、调试与下载，并将可编程逻辑器件和模拟电路连接成系统，再进行总体调试和结果测试。

（6）在调试过程中，要认直观察和分析实验现象，做好记录，保证实验数据的完整可靠。

下面介绍一般的调试方法和注意事项。

1.4.2.3 调试前的工作

电路安装完毕，通常不宜急于通电，先要认真检查一下。检查内容包括以下方面。

（1）连线是否正确。检查电路连线是否正确，包括错线（连线端正确，另端错误）、少线（安装时完全漏掉的线）和多线（连线的两端在电路图上都是不存在的）。查线的方法通常有两种。

① 按照电路图检查安装的线路。这种方法的特点是，根据电路图连线，按一定顺序逐一检查安装好的线路，由此可比较容易地查出错线和少线。

② 按照实际线路来对照原理电路进行查线。这是一种以元器件为中心进行查线的方法。把每个元器件引脚的连线一次查清，检查每个去处在电路图上是否存在，这种方法不但可以查出错线和少线，还容易查出多线。为了防止出错，对于已查过的线通常应在电路图上做出标记. 最好用指针式万用表"R×1"挡，或数字式万用表电阻挡的蜂鸣器来测量，而且直接测量元、器件引脚，这样可以同时发现接触不良的地方。

（2）元、器件安装情况。检查元、器件引脚之间有无短路，连接处有无接触不良，二极管、三极管、集成器件和电解电容极性等是否连接有误。

（3）电源供电（包括极性）、信号源连线是否正确。

（4）电源端对地（⊥）是否存在短路。在通电前，断开一根电源线，用万用表检查电源端对地（⊥）是否存在短路。

电路经过上述检查并确认无误后，就可转入调试。

1.4.2.4　调试方法

调试包括测试和调整两个方面。所谓电子电路的调试，是以达到电路设计指标为目的而进行的一系列的测量—判断—调整—再测量的反复过程。

为了使调试顺利进行，设计的电路图上应当标明各点的电位值、相应的波形图以及其他主要数据。

调试方法通常采用先分调后联调（总调）。

众所周知，任何复杂电路都是由一些基本单元电路组成的，因此，调试时可以循着信号的流向，逐级调整各单元电路，使其参数基本符合设计指标。

这种调试方法的核心是，把组成电路的各功能块（或基本单元电路）先调试好，并在此基础上逐步扩大调试范围，最后完成整机调试。采用先分调，后联调的优点是，能及时发现问题和解决问题。新设计的电路一般采用此方法。对于包括模拟电路、数字电路和微机系统的电子装置更应采用这种方法进行调试。因为只有把三部分分开调试，分别达到设计指标，并经过信号及电平转换电路后才能实现整机联调。否则，由于各电路要求的输入、输出电压和波形不匹配，盲目进行联调，就可能造成大量的器件损坏。

除了上述方法外，对于已定型的产品和需要相互配合才能运行的产品也可采用一次性调试。

1.4.2.5　调试中注意事项

调试结果是否正确，很大程度受测量正确与否和测量精度的影响。为了保证调试的效果，必须减小测量误差，提高测量精度。为此，需注意以下几点。

（1）正确使用测量仪器的接地端。凡是使用地端接机壳的电子仪器进行测量，仪器的接地端应和放大器的接地端连接在一起，否则仪器机壳引入的干扰不仅会使放大器的工作状态发生变化，而且将使测量结果出现误差。根据这一原则，调试发射极偏置电路时，若需测量 U_{CEO}，不应把仪器的两端直接接在集电极和发射极上，而应分别对地测出 U_C、U_E，然后将两者相减得 U_{CEO}。若使用干电池供电的万用表进行测量，由于电表的两个输入端是浮动的，所以允许直接跨接到测量点之间。

（2）测量电压所用仪器的输入阻抗必须远大于被测处的等效阻抗。若测量仪器输入阻抗小，则在测量时会引起分流，给测量结果带来很大误差。

（3）测量仪器的带宽必须大于被测电路的带宽。例如：MF-20型万用表的工作频率为 $20\sim20\,000$ Hz。如果放大器的 $f_H=100$ kHz，就不能用MF-20来测试放大器的幅频特性，否则，测试结果就不能反映放大器的真实情况。

（4）要正确选择测量点。用同一台测量仪器进行测量时，测量点不同，仪器内阻引进的误差大小将不同。例如，对于图2-1-38所示电路，测 VT_1 集电极电压 U_{c1} 时，若选择 VT_2 发射极为测量点，测得 U_{e2}，根据 $U_{c1}=U_{e2}+U_{Re2}$ 求得的结果，可能比直接测 VT_1 集电极得到的 U_{c1} 的误差要小得多。所以出现这种情况，是因为 R_{e2} 较小，仪器内阻引进的测量误差小。

（5）测量方法要方便可行。需要测量某电路的电流时，一般尽可能测电压而不测电流，因为测电压不必改动被测电路，测量方便。若需知道某支路的电流值，可以通过测取该支路上电阻两端的电压，经过换算而得到。

123

（6）调试过程中，不但要认直观察和测量，还要善于记录。记录的内容包括实验条件，观察的现象，测量的数据、波形和相位关系等。只有有了大量的可靠的实验记录并与理论结果加以比较，才能发现电路设计上的问题，完善设计方案。

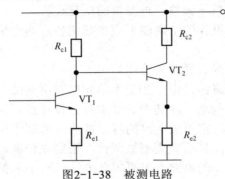

图2-1-38　被测电路

1.4.2.6　调试时出现故障

要认真查找故障原因，切不可一遇故障解决不了就拆掉线路重新安装。因为重新安装的线路仍可能存在各种问题；如果是原理上的问题，即使重新安装也解决不了问题。应当把查找故障、分析故障原因看作一次好的学习机会，通过它来不断提高自己分析问题和解决问题的能力。

1. 故障现象和产生故障的原因

1）常见的故障现象

（1）放大电路没有输入信号，而有输出波形。

（2）放大电路有输入信号，但没有输出波形，或者波形异常。

（3）串联稳压电源无电压输出，或输出电压过高且不能调整，或输出稳压性能变坏、输出电压不稳定等。

（4）振荡电路不产生振荡。

（5）计数器输出波形不稳，或不能正确计数。

（6）收音机中出现"嗡嗡"交流声和"啪啪"的汽船声等。

以上是最常见的一些故障现象，还有很多奇怪的现象，这里不一一列举。

2）产生故障的原因

故障产生的原因很多，情况也很复杂，有的是一种原因引起的简单故障，有的是多种原因相互作用引起的复杂故障。因此，引起故障的原因很难简单分类。这里只能进行些粗略的分析。

（1）对于定型产品使用一段时间后自现故障，故障原因可能是元器件损坏，连线发生短路或断路（如焊点虚焊，接插件接触不良，可变电阻器、电位器、半可变电阻等接触不良，接触面表面镀层氧化等），或使用条件发生变化（如电网电压波动、过冷或过热的工作环境等）影响电子设备的正常运行。

（2）对于新设计安装的电路来说，故障原因可能是：实际电路与设计的原理图不符，元器件使用不当造成损坏；设计的电路本身就存在某些严重缺点，不满足技术要求；连线发生短路或断路等。

（3）仪器使用不正确引起的故障，如示波器使用不正确而造成的波形异常或无波形，接地问题处理不当而引入干扰等。

（4）各种干扰引起的故障。

2．检查故障的一般方法

示波器使用不正确而造成的波形异常或无波形，共地问题处理不当而引入查找故障的顺序可以从输入到输出，也可以从输出到输入。查找故障的一般有以下方法。

1）直接观察法

直接观察法是指不用任何仪器，利用人的视、听、嗅、触等手段来发现问题，寻找和分析故障。

直接观察包括不通电检查和通电现察。

检查仪器的选用和使用是否正确，电源电压的等级和极性是否符合要求，电解电容的极性、二极管和三极管的引脚、集成电路的引脚有无错接、漏接、互碰等情况，布线是否合理，印刷电路板有无断线，电阻、电容有无烧焦和炸裂等。

通电观察元器件有无发烫、冒烟，变压器有无焦味，电子管、示波管灯丝是否亮，有无高压打火等。

此法简单，也很有效，可作初步检查时用，但对比较隐蔽的故障无能为力。

2）用万用表检查静态工作点

电子电路的供电系统，半导体三极管、集成块的直流工作状态（包括元、器件引脚，电源电压）、线路中的电阻值等都可用万用表测定。当测得值与正常值相差较大时，经过分析可找到故障。

3）信号寻迹法

对于各种复杂的电路，可在输入端接入一个一定幅值、适当频率的信号（例如，对于多级放大器，可在其输入端接入 $f=1\,000\,\text{Hz}$ 的正弦信号），用示波器由前级到后级（或者相反），逐级观察波形及幅值的变化情况，如哪一级异常，则故障就在该级。这是深入检查电路的方法。

4）对比法

怀疑某一电路存在问题时，可将此电路的参数和工作状态与相同的正常电路的参数（或理论分析的电流、电压、波形等）进行一一对比，从中找出电路中的不正常情况，进而分析故障原因，判断故障点。

5）部件替换法

有时故障比较隐蔽，不能一眼看出，如这时手头有与故障仪器同型号的仪器时，可以用仪器中的部件、元器件、插件板等替换有故障仪器中的相应部件，以便于缩小故障范围，进一步查找故障。

6）旁路法

当有寄生振荡现象时，可以利用适当容量的电容，选择适当的检查点，将电容临时跨接在检查点与参考接地点之间，如果振荡消失，就表明振荡是产生在此附近或前级电路中。否则就在后面，再移动检查点寻找之。

应该指出的是，旁路电容要适当，不宜过大，只要能较好地消除有害信号即可。

7）短路法

就是采取临时性短接一部分电路来寻找故障的方法。例如图2-1-39所示放大电路，用万用表测量VT$_2$的集电极对地无电压，如果怀疑L_1断路，则可以将L_1两端短路，如果此时有正常的U_{C2}值，则说明故障发生在L_1上。

短路法对检查断路的故障最有效。但要注意对电源（电路）是不能采用短路法的。

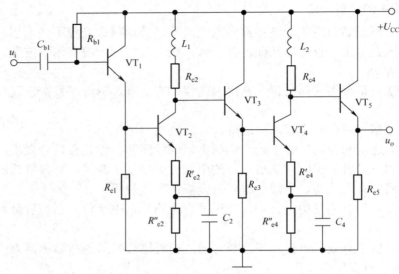

图2-1-39　用于分析短路法的放大电路

8）断路法

断路法用于检查短路故障最有效。断路法也是一种使故障怀疑点逐步缩小范围的方法。例如，某稳压电源因接入一带有故障的电容，使输出电流过大，这时可采取依次断开电路的某一支路的办法来检查故障。如果断开该支路后，电流恢复正常，则故障就发生在此支路。

实际调试时，寻找故障原因的方法多种多样，以上仅列举了几种常用的方法。这些方法的使用可根据设备条件、故障情况灵活掌握，对于简单的故障用一种方法即可查找出故障点，但对于较复杂的故障则需采取多种方法互相补充、互相配合才能找出故障点。在一般情况下，寻找故障的常规做法如下。

（1）先用直接观察法，排除明显的故障。

（2）再用万用表（或示波器）检查静态工作点。

（3）信号寻迹法是对各种电路普遍适用而且简单直观的方法，在动态调试中广为应用。

应当指出，对于反馈环内的故障诊断是比较困难的，在这个回路中，只要有一个元器件（或功能块）出故障，则往往整个回路中处处都存在故障现象。寻找故障的方法是先把反馈回路断开，使系统成为一个开环系统，然后再接入一适当的输入信号，利用信号寻迹法逐一寻找发生故障的元器件（或功能块）。例如，图2-1-40是一个带有反馈的方波和锯齿波电压产生器电路，A_1的输出信号u_{o1}作为A_2的输入信号，A_2的输出信号u_{o2}作为A_1的输入信号，也就是说，不论A_1组成的过零比较器或A_2组成的积分器发生故障，都将导致u_{o1}、u_{o2}无输出波形。寻找故障的方法是，断开反馈回路中的一点（例如B_1点或B_2点），假设断开B_2点，并从B_2与R_7连线端输入一适当幅值的锯齿波，用示波器观测u_{o1}输出波形应为方波，u_{o2}输出波形应为锯齿波，如果u_{o1}（或u_{o2}）没有波形或波形异常，则故障就发生在A_1组成的过零比较器（或A_2组成的积分器）电路上。

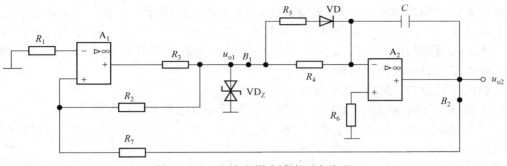

图2-1-40 方波和锯齿波电压产生器

1.4.3 红外电路的调试

1.4.3.1 电路制作步骤

（1）各小组按照要求领取所需元器件，分工检测元器件的性能。

（2）依据图2-1-34和2-1-35所示电路原理图，各小组讨论如何布局，最后确定一个最佳方案在万能板上搭建好红外发射、接收电路。

（3）检查电路无误后，从信号发生器送入交变信号（1.5～2.5 V、1 Hz）u_i；

（4）调节可调电阻R_3的阻值，观察发光二极管VD_1是否出现闪烁现象，如果出现说明有发射和接收，如果没有检查电路。

（5）记录结果，并撰写技术文档。

1.4.3.2 不通电测试

搭建好红外发射、接收电路后，不要急于通电，先认真检查接线是否正确，包括错线、少线、多线。多线一般是因为接线时看错引脚或者改线时忘记去掉原来的旧线造成的，在实验中经常发生，而查线时又不易发现，调试时往往会给人造成错觉，以为问题是由元器件造成的。为了避免做出错误判断，通常采用两种查线方法：一种是按照设计的电路图检查安装的线路，把电路图上的连线按一定顺序在安装好的线路中逐一对应检查，这种方法比较容易找出出错线和少线；另一种是按实际线路来对照电路原理图，按照两个元件引脚连线的去向查清，查找每个去处在电路图上是否存在，这种方法不但能查出错线和少线，还能检查出是否多线。检查没有问题后再用万用表测试电源和地之间是否短接，若用模拟万用表，则用电阻挡测试地和电源之间的阻值来判断，无穷大说明没有短接，若电阻值为零则短接了；若用数字万用表，则可以使用测二极管的性能挡，若短路万用表会发出蜂鸣声和二极管点亮指示，没有则不会发出声音，二极管也不会点亮。

1.4.3.3 通电测试

如果经过第一步测试，电源和地之间没有短接，再用直流稳压电源给电路提供+5 V的电压。但此时信号源暂时不接入，电源接通之后，不要急于测量数据和观察结果，首先要观察有无异常现象，包括有无冒烟，是否闻到异常气味，手摸元器件是否发烫，电源是否有短路现象等。如果出现异常现象，应立即关断电源，待排除故障后方可重新通电。

本项目使用直流稳压电源是SUING（数英）SK3325供电，它是一款具有三通道（CH1、CH2、CH3）的程控直流电源，电压范围为0～32 V，电流范围为0～3 A。选择其任一通道，通过矩阵按键来设置电压、电流。

例如选择通道CH1来设置5 V供电。

（1）先按下矩阵键盘的"CH1"按钮，则在液晶屏上显示CH1的设置提示。

（2）设置耐压值。按下"O.V.P"键，再按数字"6"，然后按"ENTER"键，则电压的耐压值设置为6 V。

（3）设置使用电压值。按下"VOLTAGE"键，再按数字"5"，然后按"ENTER"键，则电压设置为5 V。

（4）设置电流值。按下"CURRENT"键，再依次按数字"0""."."5"，然后按"ENTER"键，则电流设置为0.5 A。

这样5 V的供电电压被设置好了。将电路中"+5 V"端接通道CH1的"+"极，地接"–"极，完成电路的供电。

128

通电完成后，首先测试电路的总电压是不是正常，再测量各元器件引脚的电源电压是否正常，有芯片的电路一定要测量芯片的电源和地之间是否形成需要的电势差，这样才可以保证元器件正常工作。

1.4.3.4 接入信号源调试

本电路的电源有两种，一种是交流电源u_i，一种是直流电源+5 V。+5 V电源由直流稳压电源提供，u_i信号则由信号发生器提供，作为本电路的输入信号源。本项目的信号发生器采用YB1610H数字合成函数波形发生器，它可以提供正弦波、方波、三角波等基本波形。设置步骤如下。

（1）按面板上的"波形"键，选择波形为正弦信号或方波信号，再按"确定"键确定。

（2）按面板上的"频率"键，通过调整对应的"量程"，调整频率为1 Hz（建议小于10 Hz，这样现象会比较明显），再按"确定"键确定。

（3）按面板上的"幅度"键，通过调整对应的"量程"，调整电压峰—峰值为1.5～2.5 V范围内的一确定值，再按"确定"键确定。若限流电阻采用大于100 Ω的电阻，将相应地调高电压峰值。

这样输入信号u_i便设置完成，信号线接在"电压输出（TTL OUTPUT）"端，红笔连接在图2-1-34所示的红外发射电路的u_i端，黑笔连接在地端。这样完成了输入信号的连接。

1.4.3.5 电路整体调试

输入信号连接好后，观察现象。一般情况，上电后，只看到发光二极管VD_1不闪烁，会一直亮着，则需要调整可调电阻R_3，调整它使发光二极管VD_1处于临界状态为佳（先亮着，稍微调一下可调电阻R_3就灭了，再调一下可调电阻R_3使发光二极管VD_1亮的状态）。若可调电阻R_3已经调整好，仍未观察到发光二极管VD_1闪烁，则要再次检查电路是否有少接或错接的地方，再就是看发射电路的输入信号u_i是否连接对，可以透过手机摄像头看发射管是否有闪烁（该管为红外发射管，肉眼看不到红外线，但是用手机摄像功能或摄像头观看可以看到光）。经过反复检测，如果线路没有问题，还要测试器件是否有损坏的（有些器件焊接前测试正常，在焊接中，由于焊接技术等的原因，会使其损坏），排除硬件问题，一般可以观察到发光二极管VD_1闪烁现象。

1.4.3.6　红外电路调试注意事项

（1）发光二极管导通电流不能太大（小于200 mA），所以在发光二极管电路中串联电阻$R_0 = (u_{CC} - u_f)/I_f$（u_f正向导通电压1～2 V，I_f导通电流2～10 mA）。

（2）红外发光二极管一般配对使用，如红外发射管SE303配接PH302，发射管的导通电流为30～50 mA，功率为1～2.5 mW，接收管电流为5～10 mA，发射、接收距离一般为50 m左右，但实际存在干扰，一般要求近距离对接。

（3）在通电前必须检查电路无误才可。

（4）信号发生器输出的电压U_{p-p}值1.5～2.5 V，建议频率不超过10 Hz，在TTL OUTPUT端输出。

实 验 与 思 考 题

1. 如何用万用表测量电解电容的极性？
2. 用稳压电源或干电池测发光二极管的极性。与发光二极管相串联的电阻应如何选取？
3. 如何用万用表判别普通二极管、稳压二极管、变容二极管的极性？
4. 如何利用万用表判断电容的质量？
5. 阐述调试电路的一般步骤。

第2章 定时电路的设计

人类最早使用的定时工具是沙漏或水漏，但在钟表诞生发展成熟之后，人们开始尝试使用这种全新的计时工具来改进定时器，以达到准确控制时间的目的。定时器确实是一项了不起的发明，使相当多需要人控制时间的工作变得简单了许多。人们甚至将定时器用在了军事方面，制成了定时炸弹、定时雷管。现在的不少家用电器都安装了定时器来控制开关或工作时间。通过本项目设计的练习，让学生掌握集成电路555定时器的基本工作原理以及其构成的单稳态触发器的工作原理与应用电路的设计方法，并能独立完成简单定时电路的设计。

2.1 555定时器的内部结构及性能特点

555定时器内部结构如图2-2-1虚线框所示。其中三极管VT起开关控制的作用，A_1为反相比较器，A_2为同相比较器，比较器的基准电压由电源电压$+U_{CC}$及内部电阻的分压比决定。RS触发器具有复位控制功能，可控制VT的导通和截止。

555定时器的电压范围较宽，在3～18 V范围内均能正常工作，其输出电压的低电平$U_{oL}\approx0$，高电平$U_{oH}\approx+U_{CC}$，可与其他数字集成电路（CMOS、TTL等）兼容，而且其输出电流可达到100 mA，能直接驱动继电器。555的输入阻抗极高，输入电流仅为0.1 μA，用作定时器时，定时时间长而且稳定。555的静态电流较小，一般为800 μA左右。

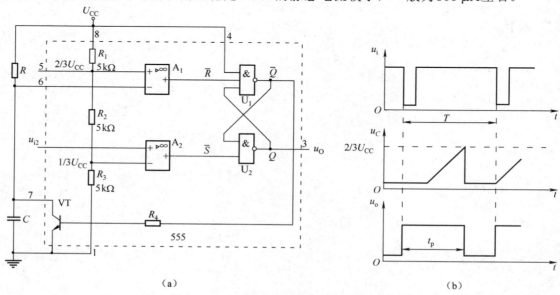

图2-2-1 555定时器内部结构及工作波形
(a) 单稳态触发器 (b) 单稳态触发器工作波形

2.2　555定时器的应用及其原理

2.2.1　*RS*触发器工作原理与应用

触发器是一个具有记忆功能的二进制信息存储器件，是构成多种时序电路的最基本逻辑单元。触发器具有"0"和"1"两个稳定状态，在一定的外界信号作用下，可以从一个稳定状态翻转到另一个稳定状态。*RS*触发器由两个与非门交叉耦合构成。*RS*触发器具有"置0"、"置1"和"保持"三种功能。

基本*RS*触发器由两个与非门G_1和G_2交叉耦合构成，如图2-2-2所示。Q、$\overline{Q}$是两个输出端，在正常情况下，两个输出端保持稳定的状态且始终相反。

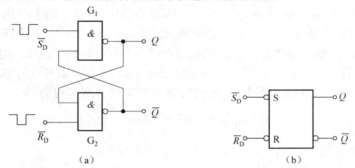

图2-2-2　由与非门组成的基本*RS*触发器

（a）逻辑图　（b）逻辑符号图

当$\overline{S}_D$=1时，Q=0；反之，当$\overline{S}_D$=0时，Q=1，所以称为双稳态触发器。触发器的状态以$\overline{R}_D$端为标志，当$\overline{R}_D$=1时称为触发器处于1态，也称为置位状态；$\overline{R}_D$=0时则称为触发器处于0态，即复位状态。$\overline{R}_D$、$\overline{S}_D$是信号输入端，平时固定接高电平1，当加负脉冲后，由1变为0。

下面分析基本*RS*触发器的逻辑功能。

当$\overline{R}_D = \overline{S}_D$=1时，触发器保持原态不变。如果原输出状态$Q$=0，则$G_2$输出$\overline{Q}$=1，这样$G_1$的两个输入端均为1，所以输出$Q$=0，即触发器保持原来的0态。同样，当原状态$Q$=1时，触发器也将保持1态不变。这种由过去的状态决定现在状态的功能就是触发器的记忆功能。这也是时序逻辑电路与组合逻辑电路的本质区别。

当$\overline{R}_D$=1，$\overline{S}_D$=0时，因G_1有一个输入端为0，故输出Q=1，这样G_2的两个输入端均为1，所以输出$\overline{Q}$=0，即触发器处于1状态，也称为置位状态，故$\overline{R}_D$端被称为置位端或置1端。

当$\overline{R}_D = \overline{S}_D$=0时，显然$Q = \overline{Q}$=1，此状态不是触发器定义状态。当负脉冲除去后，触发器的状态为不定状态，因此，此种情况在使用中应该禁止出现。

其逻辑关系可用表2-2-1所示。

表2-2-1　由与非门组成的基本*RS*触发器真值表

$\overline{R}_D$	$\overline{S}_D$	输出 Q_n	说明
0	0	不定	禁止
0	1	0	复位
1	0	1	置位
1	1	Q_{n-1}	保持

表2-2-1中，$\overline{R}_D$、$\overline{S}_D$ 分别表示输入信号，其作用前后触发器的输出状态中，Q_n 称为现态，Q_{n-1} 称为次态。

基本RS触发器置0或置1是利用 $\overline{R}_D$、$\overline{S}_D$ 端的负脉冲实现的。图2-2-2（b）所示逻辑符号中 $\overline{R}_D$ 端和 $\overline{S}_D$ 端的小圆圈表示用负脉冲对触发器置0或置1。

RS触发器一般用来抵抗开关的抖动。为了消除开关的接触抖动，可在机械开关与被驱动电路间接入一个基本RS触发器。

2.2.2　555定时器工作原理与应用

由555定时器组成的单稳态触发器如图2-2-1（a）所示。电路工作原理是，接通电源，设VT截止，$+U_{CC}$ 通过R向C充电，当 U_C 的电压上升到 $2/3\ U_{CC}$ 时反相比较器 A_1 翻转，输出低电平，R=0，RS触发器复位，输出端 u_o 为"0"，则三极管VT导通，C经VT迅速放电，输出端为零保持不变；如果负跳变触发脉冲 u_i 由2端输入，当 u_i 下降到 $1/3\ U_{CC}$ 时同相比较器 A_2 翻转，输出低电平，S=0，RS触发器置位，输出端 u_o 为"1"，则三极管VT截止，电源 $+U_{CC}$ 经R再次向C充电，以后重复上述过程。工作波形如图2-2-1（b）所示，其中 u_i 为输入触发脉冲，u_C 为电容C两端的电压，u_o 为输出脉冲，t_p 为延时脉冲的宽度（或延时时间），分析表明：

$$t_p = RC\ln 3 \approx 1.1RC \qquad (2-2-1)$$

触发脉冲的周期T应大于 t_p 才能保证每个负脉冲起作用。

555定时器的功能如表2-2-2所示。

表2-2-2　555定时器的功能表

输　入			输　出	
阈值输入（6）	触发输出（2）	复位（4）	输出（3）	放电管 VT
X	X	0	0	导通
$<2/3U_{CC}$	$<1/3\ U_{CC}$	1	1	截止
$>2/3U_{CC}$	$>1/3\ U_{CC}$	1	0	导通
$<2/3U_{CC}$	$>1/3\ U_{CC}$	1	不变	不变

2.3　时钟脉冲发生器设计

555定时器组成的调谐振荡器可以用作各种时钟脉冲发生器，图2-2-3所示电路为占空比可调的时钟脉冲发生器。本电路组成比较简单，发光二极管LED作为指示灯，R_3 是发光二极管LED的分压限流电阻，C_1 为滤波电容，C为定时电容，R_1、R_2、R_P 为定时电路的限流电阻，二极管 VD_1、VD_2 在此作为电子开关，接入两只二极管 VD_1、VD_2 后，将电容C的充放电回路分开，放电回路为 VD_2、R_B（R_2 与 R_P 下半部分）、内部三极管VT及电容C，放电时间

$$t_1 \approx 0.7R_B C \qquad (2-2-2)$$

充电回路为 R_A（R_1 与 R_P 上半部分）、VD_1、C，充电时间

$$t_2 \approx 0.7 R_A C \qquad (2-2-3)$$

输出脉冲的频率

$$f_0 = \frac{1.43}{(R_A + R_B)\ C} \qquad (2-2-4)$$

调节电位器 R_P 可改变输出脉冲的占空比，但频率不变。如果 $R_A=R_B$，则可获得对称方波。

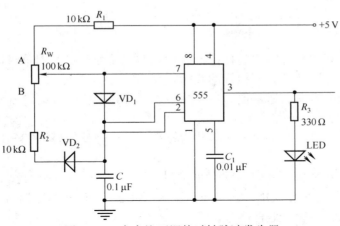

图2-2-3　占空比可调的时钟脉冲发生器

2.4　定时电路元器件检测

2.4.1　电路元器件清单

定时电路所需元器件清单如表2-2-3所示。

表2-2-3　时钟脉冲发生器元器件清单

课 题 名 称	元 件 名 称	数　　量	备　　注
时钟脉冲发生器	NE555	1	
	发光二极管（红）	1	
	IN4007	2	
	103 电容	1	
	104 电容	1	
	10 kΩ 电阻	2	
	330 Ω 电阻	1	
	100 kΩ 可调电阻	1	

注：二极管IN4007灰色圆环为负极；电容单位1 F=10^6 μF，1 μF=10^6 pF，103电容容量=$10×10^3$ pF=0.01 μF。

2.4.2　元器件的识别

占空比可调的时钟脉冲发生器电路元器件实物如图2-2-4所示。

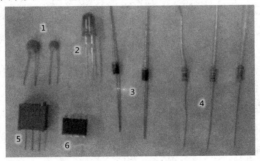

图2-2-4　占空比可调的时钟脉冲发生器电路元器件实物

2.4.2.1 二极管的识别

二极管一般一端都会有特殊的标记，有标记的一端为二极管的负极，如图2-2-4中3所示为二极管，其灰色圆环端为二极管的负极。

国产二极管的型号命名通常根据国家标准GB/T 249—1989规定，由五部分组成。

第一部分：2表示二极管。

第二部分：用汉语拼音字母表示器件的材料，A—N型锗材料，B—P型锗材料，C—N型硅材料，D—P型硅材料。

第三部分：用汉语拼音字母表示器件的类型，P—普通管，V—微波管，W—稳压管，C—参量管，Z—整流管，L—整流堆，S—隧道管，N—阻尼管，U—光电器件，K—开关管。

第四部分：用数字表示器件序号。

第五部分：用汉语拼音表示规格的区别代号，A、B、C、D、E表示耐压档次，A是耐压25 V，B是耐压50 V，C是耐压100 V。

2.4.2.2 电容的识别

在各种电子设备中，调谐、耦合、滤波、去耦、隔断直流电、旁路交流电等，都需要用到电容。电容在电路中一般用"C"加数字表示（如C_{13}表示编号为13的电容）。电容是由两片金属膜紧靠，中间用绝缘材料隔开而组成的元件。电容的特性主要是隔直流通交流。电容容量的大小就是表示能贮存电能的大小，电容对交流信号的阻碍作用称为容抗，它与交流信号的频率和电容量有关。容抗$X_C=1/（2\pi fC）$（f表示交流信号的频率，C表示电容容量）。常用电容的种类有电解电容、瓷片电容、贴片电容、独石电容、钽电容和涤纶电容等。

在本篇第1章中介绍了电容的标注法。电容的容量值标注方法有：字母数字混合标法、不标单位的直接表示法、电容容量的数码表示法、电容的色码表示法、电容量的误差。可依照这些方法来识别所需电容。

本电路中用到了两个瓷片电容，如图2-2-4中1所示，采用三位数表示电容，$104=10×10^4$ pF $= 0.1\ \mu F$，$103=10×10^3$ pF $=0.01\ \mu F$。

在此强调，电容容量误差的表示法有两种。

一种是将电容量的绝对误差范围直接标注在电容上，即直接表示法，如2.2±0.2 pF。另一种方法是直接将字母或百分比误差标注在电容上。字母表示的百分比误差是：D表示±0.5%，F表示±0.1%，G表示±2%，J表示±5%，K表示±10%，M表示±20%，N表示±30%，P表示±50%。如电容上标有334 K则表示0.33μF，误差为±10%；如电容上标103 P表示这个电容的容量变化范围为0.01～0.02μF，P不能误认为是单位pF。

2.4.2.3 电阻的识别

本电路用到3个电阻（固定电阻和可变电阻），一个可变电阻，一个10 kΩ电阻、一个330 Ω电阻，其识别方法用本篇第1章中电阻识别方法相同。

橙橙黑黑，330Ω电阻。

棕黑黑红，10kΩ电阻。

上面标w104可变电阻为100 kΩ。

因为制作工艺的问题，有的厂家制造的电阻的色环色彩不是很清晰，如果不能通过色环辨别，也可用万用表直接测量其阻值。

　　用万用表检测电阻的性能时，要选用合适的电阻挡，通过测量电阻的阻值即可分辨其性能的好坏。

2.4.2.4　555定时器的识别

　　555定时器是一种模拟和数字功能相结合的中规模集成器件。一般用双极型（TTL）工艺制作的称为555，用互补金属氧化物（CMOS）工艺制作的称为7555。除单定时器外，还有对应的双定时器556/7556。555定时器的电源电压范围宽，可在4.5～16 V工作，7555可在3～18 V工作，输出驱动电流约为200 mA，因而其输出可与TTL、CMOS或者模拟电路电平兼容。555定时器成本低，性能可靠，只需要外接几个电阻、电容，就可以实现多谐振荡器、单稳态触发器及施密特触发器等脉冲产生与变换电路。它也常作为定时器广泛应用于仪器仪表、家用电器、电子测量及自动控制等方面。555定时器实物如图2-2-4中6所示。

　　它的引脚结构如图2-2-5所示，其各个引脚功能如下。

　　（1）1脚：外接电源负端或接地，一般情况下接地。

　　（2）2脚：低触发端。

　　（3）3脚：输出端。

　　（4）4脚：直接清零端。当此端接低电平，则时基电路不工作，此时不论低触发端、高触发端处于何电平，时基电路输出皆为"0"，该端不用时应接高电平。

　　（5）5脚：控制电压端。若此端外接电压，则可改变内部两个比较器的基准电压，当该端不用时，应将其串入一只0.01 μF电容接地，以防引入干扰。

　　（6）6脚：高触发端。

　　（7）7脚：放电端。该端与放电管集电极相连，用做定时器时电容的放电。

　　（8）8脚：外接电源，双极型时基电路外接电源的范围是4.5～16 V，CMOS型时基电路外接电源的范围为3～18 V。一般用5 V。

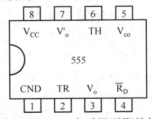

图2-2-5　555定时器引脚结构

　　在1脚接地，5脚未外接电压，两个比较器A_1、A_2基准电压分别为$2/3V_{CC}$、$1/3V_{CC}$的情况下，555定时器电路的功能表如表2-2-4所示。

表2-2-4　555定时器的功能表

清 零 端	高触发端 TH	低触发端 TR	Q	放电管 VT	功　能
0	×	×	0	导通	直接清零
1	0	1	×	保持上一状态	保持上一状态
1	1	0	1	截止	置1
1	0	0	1	截止	置1
1	1	1	0	导通	清零

2.4.3 元器件的检测

2.4.3.1 二极管的检测

将万用表打到蜂鸣二极管挡，红表笔接二极管的正极，黑笔接二极管的负极，此时测量的是二极管的正向导通阻值，也就是二极管的正向压降值。不同的二极管根据它内部材料不同所测得的正向压降值也不同。

注意：用数字式万用表检测二极管时，红表笔接二极管的正极，黑表笔接二极管的负极，此时测试得阻值才是二极管的正向导通阻值，这与指针式万用表的表笔接法刚好相反。

二极管的故障主要表现在开路、短路和稳压不稳定。在这三种故障中，前一种故障表现出电源电压升高，后两种故障表现为电源电压变低到零伏或输出不稳定。

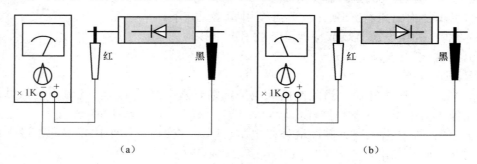

（a）   （b）

图2-2-6　万用表检测二极管

（a）测量二极管的正向导通阻值示意图　（b）测量二极管的反向导通阻值示意图

性能检测：正向压降值读数在300～800为正常，若显示为0说明二极管短路或击穿，若显示为1说明二极管开路。将表笔调换再测，读数应为1即无穷大，若不是1说明二极管损坏。正向压降值在200左右时，为稳压二极管；快恢复二极管的两读数都在200左右正常。通常所用稳压管的稳压值一般都大于1.5 V，而指针表的"R×1K"挡以下的电阻挡是用表内的1.5 V电池供电，这样，用"R×1K"挡以下的电阻挡测量稳压管就如同测二极管一样，具有完全的单向导电性。但指针表的"R×10K"挡是用9V或15V电池供电，在用"R×10K"挡测稳压值小于9 V或15 V的稳压管时，反向阻值就不会是∞，而是有一定阻值，但这个阻值还是要大大高于稳压管的正向阻值的。因此，可以初步估测出稳压管的好坏。

但是，好的稳压管还要有个准确的稳压值，业余条件下怎么估测出这个稳压值呢？方法是：先将一块表置于"R×10K"挡，其黑、红表笔分别接在稳压管的阴极和阳极，这时就模拟出稳压管的实际工作状态，再用另一块表置于电压挡"V×10"或"V×50"（根据稳压值）上，将红、黑表笔分别搭接到刚才那块表的黑、红表笔上，这时测出的电压值就基本上是这个稳压管的稳压值。说"基本上"，是因为第一块表对稳压管的偏置电流相对正常使用时的偏置电流稍小些，所以测出的稳压值会稍偏大一点。这个方法只可估测稳压值小于指针表高压电池电压的稳压管。如果稳压管的稳压值太高，就只能用外加电源的方法来测量了。（这样看来，在选用指针表时，选用高压电池电压为15 V的要比9V的更适用些）

2.4.3.2　电容的检测

电容的检测方法主要有两种：一是采用万用表检测法，这种方法操作简单，检测结果基本上能够说明问题；二是采用代替检查法，这种方法的检测结果可靠，但操作比较麻烦，此方法一般多用于在路检测。修理过程中，一般是先用第一种方法，再用第二种方法加以确定。

1．万用表检测法

1）用电容挡直接检测

某些数字万用表具有测量电容的功能，其量程分为"2000p""20n""200n""2μ"和"20μ"五挡。测量时可将已放电的电容两引脚直接插入表板上的"C_x"插孔，选取适当的量程后就可读取显示数据，如图2-2-7所示。"2 000p"挡，宜于测量小于2 000 pF的电容；"20n"挡，宜于测量2 000pF～20nF的电容；"200n"挡，宜于测量20nF～200nF的电容；"2μ"挡，宜于测量200nF～2μF的电容；"20μ"挡，宜于测量2μF～20μF的电容。

经验证明，有些型号的数字万用表（例如DT890 B＋）在测量50 pF以下的小容量电容时误差较大，测量20 pF以下电容几乎没有参考价值。此时可采用串联法测量小值电容。方法是：先找一只220 pF左右的电容，用数字万用表测出其实际容量C_1，然后把待测小电容与之并联测出其总容量C_2，则两者之差（C_1-C_2）即是待测小电容的容量。用此法测量1～20 pF的小容量电容很准确。

137

图2-2-7　万用表检测电容

2）用电阻挡检测

实践证明，利用数字万用表也可观察电容的充电过程，这实际上是以离散的数字量反映充电电压的变化情况。设数字万用表的测量速率为n次/s，则在观察电容的充电过程中，每秒钟即可看到n个彼此独立且依次增大的读数。根据数字万用表的这一显示特点，可以检测电容的好坏和估测电容量的大小。下面介绍的是使用数字万用表电阻挡检测电容的方法，对于未设置电容挡的仪表很有实用价值。此方法适用于测量0.1 μF到几千微法的大容量电容。

Ⅰ．测量操作方法

如图2-2-8所示，将数字万用表拨至合适的电阻挡，红表笔和黑表笔分别接触被测电容器C_x的两极，这时显示值将从"000"开始逐渐增加，直至显示溢出符号"1"。若始终显示"000"，说明电容器内部短路；若始终显示溢出，则可能是电容器内部极间开路，也可能是所选择的电阻挡不合适。检查电解电容器时需要注意，红表笔（带正电）接电容器正极，黑表笔接电容器负极。

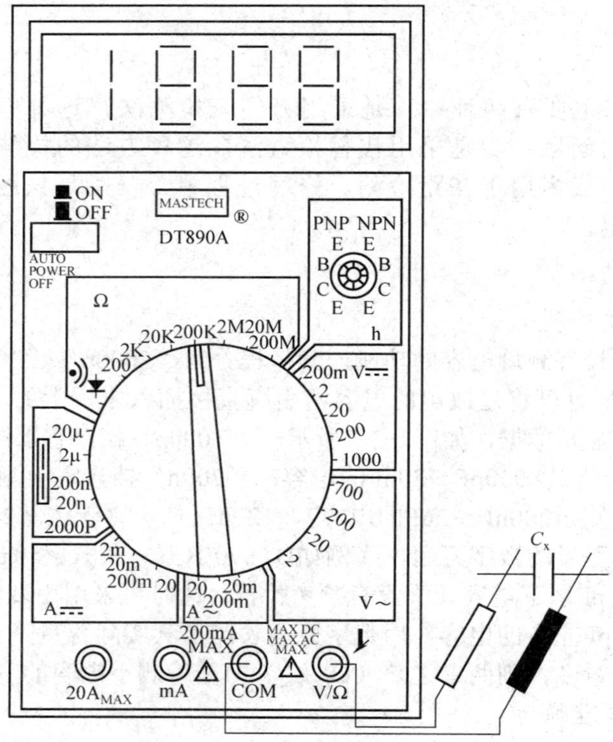

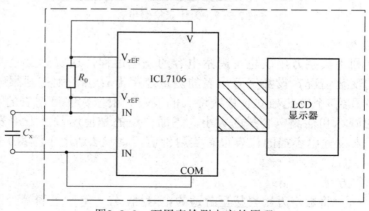

图2-2-8　用万用表电阻挡检测电容接线图

Ⅱ．测量原理

用电阻挡测量电容器的测量原理如图2-2-9所示。测量时，正电源经过标准电阻R_0向被测电容C_x充电，刚开始充电的瞬间，因为$u_C=0$，所以显示"000"。随着u_C逐渐升高，显示值随之增大。当$u_C=2u_R$时，仪表开始显示溢出符号"1"。充电时间t为显示值从"000"变化到溢出所需要的时间，该段时间间隔可用石英表测出。

图2-2-9　万用表检测电容的原理

3）用电压挡检测

用数字万用表直流电压挡检测电容，实际上是一种间接测量法，此法可测量220 pF～1

μF的小容量电容，并且能精确测出电容漏电流的大小。

Ⅰ．测量方法及原理

测量电路如图2-2-10所示，E为外接的1.5 V干电池。将数字万用表拨到直流"2V"挡，红表笔接被测电容C_x的一个电极，黑表笔接电池负极。"2V"挡的输入电阻$R_{IN}=10$ MΩ。接通电源后，电池E经过R_{IN}向C_x充电，开始建立电压u_C。u_C与充电时间t的关系式为

$$u_C(t) = E[1 - \exp(-\frac{t}{R_{IN}C_x})] \qquad (2-2-5)$$

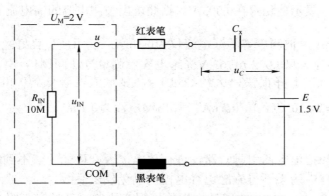

图2-2-10　用万用表电压档测电容的接线图

在这里，由于R_{IN}两端的电压就是万用表输入电压u_{IN}，所以R_{IN}实际上还具有取样电阻的作用。很显然，$u_{IN}(t) = E - u_C(t) = E\exp(-\frac{t}{R_{IN}C_x})$。

图2-2-11为输入电压$u_{IN}(t)$与被测电容上的充电电压$u_C(t)$的变化曲线。由图2-2-9可见，$u_{IN}(t)$与$u_C(t)$的变化过程正好相反。$u_{IN}(t)$的变化曲线随时间的增加而降低，而$u_C(t)$则随时间的增加而升高。万用表所显示的虽然是$u_{IN}(t)$的变化过程，但却间接地反映了被测电容C_x的充电过程。测试时，如果C_x开路（无容量），显示值就总是"000"；如果C_x内部短路，显示值就总是电池电压E，均不随时间改变。

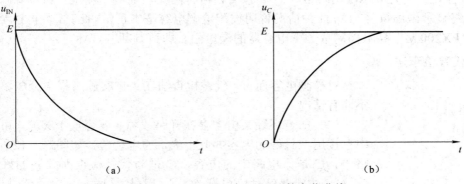

图2-2-11　$u_{IN}(t)$与$u_C(t)$的变化曲线

（a）$u_{IN}(t)$变化曲线　（b）$u_C(t)$变化曲线

图2-2-11表明，刚接通电路时，t=0，uIN（o）=E，数字万用表最初显示值即为电

池电压，尔后随着uC（t）的升高，uIN（t）逐渐降低，直到uIN=0 V，Cx充电过程结束，此时uC（t）=E。

使用数字万用表电压档检测电容，不但能检查220 pF～1 μF的小容量电容，还能同时测出电容漏电流的大小。设被测量电容的漏电流为I_D，仪表最后显示的稳定值为U_D（单位是V），则$I_D=U_D/R_{in}$。

Ⅱ．实例

例1：被测电容为一只1 μF/160 V的固定电容，使用DT830型数字万用表的直流"2V"挡（R_{IN}=10 MΩ）测试。按图2-2-10连接好电路。最初，仪表显示1.543 V，然后显示值慢慢减小，大约经过2 min，显示值稳定在0.003 V。据此求出被测电容的漏电流 $I_D = \dfrac{U_D}{R_{IN}} = \dfrac{0.003}{10 \times 10^6}$

$=3\times10^{-10}$（A）=0.3 nA，被测电容的漏电流仅为0.3 nA，说明质量良好。

例2：被测电容为一只0.022 μF/63 V涤纶电容，测量方法同例1。由于该电容的容量较小，测量时，u_{IN}（t）下降很快，大约经过3 s，显示值就降低到0.002 V。将此值代入

$I_D = \dfrac{U_D}{R_{IN}} = \dfrac{0.002}{10 \times 10^6} = 2\times10^{-10}$（A）=0.2 nA，算出漏电流为0.2 nA。

Ⅲ．注意事项

（1）测量之前应把电容两引脚短路，进行放电，否则可能观察不到读数的变化过程。

（2）在测量过程中两手不得碰触电容电极，以免仪表跳数。

（3）测量过程中，u_{IN}（t）的值是呈指数规律变化的，开始时下降很快，随着时间的延长，下降速度会越来越慢。当被测电容C_x的容量小于几千皮法时，由于u_{IN}（t）一开始下降太快，而仪表的测量速率较低，来不及反映最初的电压值，因而仪表最初的显示值要低于电池电压E。

（4）当被测电容C_x大于1 μF时，为了缩短测量时间，可采用电阻挡进行测量。但当被测电容的容量小于200 pF时，由于读数的变化很短暂，所以很难观察得到充电过程。

4）用蜂鸣器挡检测

利用数字万用表的蜂鸣器挡，可以快速检查电解电容的质量好坏。将数字万用表拨至蜂鸣器挡，用两支表笔分别与被测电容C_x的两个引脚接触，应能听到一阵短促的蜂鸣声，随即声音停止，同时显示溢出符号"1"。接着，再将两支表笔对调测量一次，蜂鸣器应再发声，最终显示溢出符号"1"，此种情况说明被测电解电容基本正常。此时，可再拨至"PX20 M"或"PX200 M"高阻挡测量一下电容器的漏电阻，即可判断其好坏。

2．代替检查法

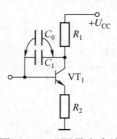

图2-2-12　测量电容连接电路图

对检测电容而言，代替检查法在具体实施过程中分成下列两种不同有情况。

（1）如若怀疑某电容存在开路故障（或容量不够），可在电路中直接用一只好的电容并联上去，通电检验，如图2-2-12所示。电路中，C_1是原电路中的电容，C_0是为代替检查而并联的好电容，$C_1=C_0$。由于是怀疑C_1已开路，所以直接并联一只电容C_0是可以的，这样的代替检查操作过程比较方便。代替后通电检查，若故障现象消失，则说明是C_1开路了；否则可排除C_1出现开路故障的嫌疑性。

（2）若怀疑电路中的电容是短路或漏电，则不能采用直接并联电容的方法，而要断开所怀疑电容的一只引脚（或拆下该电容）后再用代替检查法，因为电容短路或漏电后，该电容两只引脚之间不再是绝缘的，使所并上的电容不能起正常作用，就不能反映代替检查的正确结果。

2.4.3.3　电阻的检测

电阻的检测如本篇第1章红外电路的检测，用万用表检测电阻值是不是标称值以及是不是损坏。对可变电位器的检测，要用万用表分别测三只引脚两两之间的阻值，再旋转可调手柄几圈，再重新测三只引脚之间的电阻值，没有太大的误差则表明电位器为好的。

2.4.3.4　555定时器的检测

首先要正确识别引脚排列顺序。本电路采用双列直插式的NE555定时器，先将其水平放置，引脚向下，即其型号、商标向上，定位标记在左边（若无定位标记，看芯片上的标识，按正常看书的方式拿），从左下角第一只引脚数起，按逆时针方向，依次为1脚、2脚、2脚……

检测其好坏的方法是：用万用表电阻挡测量集成电路各脚对地的正、负电阻值。具体方法如下：将万用表拨在"R×lK""R×100"挡或"R×10"挡上，先让红表笔接集成电路的接地引脚，然后将黑表笔从第一只引脚开始，依次测出各脚相对应的阻值（正阻值）；再让黑笔表接集成电路的同一接地脚，用红表笔按以上方法与顺序，测出另一电阻值（负阻值）。将测得的两组正、负阻值和标准值比较，从中发现问题。

2.5　电路调试

2.5.1　电路制作步骤

（1）各小组先按电路要求领取所需元器件，分工检测元器件的性能。

（2）依据图2-2-3所示电路原理图，各小组讨论如何布局，最后确定一最佳方案在万能板上搭建好图2-2-3所示电路。

（3）检查电路无误后，从直流稳压电源送入5 V的电压。

（4）将555定时器3脚的信号送入示波器，观察示波器的波形，出现方波后，调节可调电阻R_P观察波形的变化。

（5）记录结果，并撰写技术文档。

2.5.2　不通电测试

在搭建好图2-2-3电路后，用万用表测试电源和地之间是否短接。若用模拟万用表，则用电阻挡测试地和电源之间的阻值来判断，无穷大说明没有短接，若电阻值为零则短接了；若用数字万用表，则可以使用测二极管的性能挡，若短路万用表会发出蜂鸣声和二极管点亮指示，没有短路则不会发出声音，二极管也不会点亮。

2.5.3 通电测试

如果电源和地之间没有短接，再用直流稳压电源给电路提供+5 V的电压。本项目使用的直流稳压电源是SUING（数英）SK3325，它是一款具有三通道（CH1、CH2、CH3）的程控直流电源，电压范围为0～32 V，电流范围为0～3 A。选择其任一通道，通过矩阵按键设置来设置。

例如选择一通道CH1来设置5 V供电。

（1）先按下矩阵键盘的"CH1"键，在液晶屏上显示CH1的设置提示。

（2）设置耐压值：按下"O.V.P"键，再按数字"6"，然后按"ENTER"键，则电压的耐压值设置为6 V。

（3）设置使用电压值：按下"VOLTAGE"键，再按数字"5"，然后按"ENTER"键，则电压设置为5 V。

（4）设置电流值：按下"CURRENT"键，再依次按数字"0""."""5"，然后按"ENTER"键，则电流设置为0.5 A。

这样5 V的供电被设置好了。将电路中+5 V端接一通道CH1的"+"极，地接"−"极，至此完成电路的供电。

2.5.4 输出信号的连接

图2-2-3所示电路输出信号的频率很快，需要通过示波器来观看其波形。本项目使用的示波器为模拟示波器YB4340，它是一款双通道的模拟示波器。选择其中的任一通道，如CH1，将信号线连接到CH1接线端，先进行示波器性能的测试，看示波器是否正常，可以通过示波器自身的测试端子测试，也可以从信号发生器发送标准信号来测试。测试好后，将示波器的红笔连接在图2-2-3所示的555的3脚，黑笔连接地。这样完成了输出信号的连接。

2.5.5 电路整体调试

连接好电路后，观看输出波形，如果输出矩形波信号，说明电路没有错误，调节图2-2-3中的电位器R_P，可以观察到波形的脉宽发生变化，即实现了占空比的调整。如果没有波形的输出，则要检查硬件电路。用万用表测试555定时器供电是否正常。通过测量1脚和8脚的电势差是否为5 V，为5 V表明电源供电正常；否则，电源供电不正常，可能是电源的地或者正极端有未接或接触不良导致。

如果供电正常，还是观测不到波形，则需检测二极管VD_1、VD_2是否极性接错，或者接触不良。通过硬件的一步步排除，最终可以通过示波器观测到矩形波，调整电位器R_P，可以观测到脉宽的变化，从而完成电路的测试。

2.5.6 调试注意事项

（1）注意VD_1和VD_2极性及其连接。

（2）充电电容的容量不能太小，否则示波器观测的现象不明显。

2.6　电路拓展设计

2.6.1　低频率脉冲的输出

为了不借助示波器就能够直观地观测到555定时器的定时现象，同时与第1章红外电路级联，需对图2-2-3电路进行处理。从图2-2-3可知，式（2-2-4）中 $R_A+R_B=10\ \mathrm{k\Omega}+100\ \mathrm{k\Omega}+10\ \mathrm{k\Omega}$，$C=0.1\ \mathrm{\mu F}$，则 $f_0 = \dfrac{1.43}{(10+100+10)\times 10^3 \times 0.1\times 10^{-6}} = \dfrac{1.43}{0.012} \approx 119.2\ \mathrm{Hz}$，该频率远大于人眼的视觉暂留频率45.8 Hz，且闪烁频率跟亮度成正比，发光二极管的亮度都不高，因而要看到明显的现象，建议频率小于10 Hz。该电路定时周期 $T=RC$，因而有两种方案可选择。

方案一：在图2-2-3电路中的定时电容C旁并联一个10 μF的电容（如图2-2-13所示）即可将输出脉冲的频率降到1 Hz左右，这样可以通过发光二极管的状态来直观地看到变化情况。

方案二：在图2-2-3电路中串联一个大电阻（如2 MΩ电阻），也可以将定时频率降到10 Hz以下，这样也可以直观地看到变化情况。

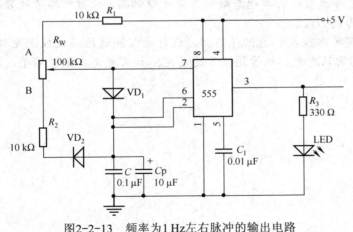

图2-2-13　频率为1 Hz左右脉冲的输出电路

2.6.2　触摸延时开关

在电路中增加触摸金属片（或导线），可以将电路扩展为触摸延时开关，如图2-2-14所示，M为触摸金属片（或导线），无触发脉冲输入时，555定时器的输出 u_o 为低电平"0"，发光二极管LED不亮。当用手触摸金属片M时，相当于2脚输入一负脉冲，输出 u_o 变为高电平"1"，发光二极管LED亮，555定时器内部的放电管VT截止，电源 U_{CC} 通过 R_1 向 C_P 充电，直到 $u_C=2/3\ U_{CC}$ 为止。发光二极管亮的时间

$$t_w = 1.1\,RC = 1.1\ \mathrm{s}$$

图2-2-14所示的触摸延时开关电路可以用于触摸报警、触摸报时、触摸控制等。

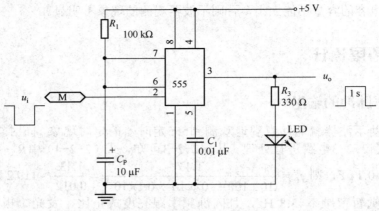

图2-2-14　触摸延时开关电路

实验与思考题

1. 利用555定时器组成的单稳态触发器设计一个触摸控制灯（发光二极管）电路。手触摸金属片时灯亮时间为10 s。

2. 利用555定时器组成的单稳态触发器设计分频器，设时钟脉冲的频率为1 kHz，要求输出脉冲的频率为10 Hz。

3. 利用555定时器组成的多谐振荡器，设计运放测试器。设被测运放为uA741。如果uA741是好的，则两只发光二极管轮流导通发光；如果发光二极管不亮，说明uA741已坏。

第3章 译码电路的设计

译码器属于组合逻辑电路。它的逻辑功能是将二进制代码按其编码时的原意译成对应的输出高、低电平信号，又叫解码器。在数字电子技术中，它具有非常重要的地位，应用也很广泛。它除了常为其他集成电路产生片选信号之外，还可以作为数据分配器、函数发生器用，而且在组合逻辑电路中可替代繁多的逻辑门，简化设计电路。本章通过模拟汽车尾灯的显示，让学生熟悉各种常用中规模时序逻辑电路功能和使用方法，学会中规模数字电路分析方法、设计方法、组装和测试方法。

3.1 显示电路设计要求

本译码电路是模拟汽车尾灯，假设汽车尾部左右两侧各有3个指示灯：①汽车正常运行时指示灯全灭；②右转弯时，右侧3个指示灯按右循环顺序点亮；③左转弯时，左侧3个指示灯按左循环顺序点亮；④临时刹车或其他紧急情况时所有指示灯同时闪烁。

3.2 设计方案

汽车转弯时，3个指示灯循环点亮，这可以用三进制计数器控制译码电路顺序输出低电平来实现；亦可以用单片机的口线控制，通过程序来控制左右灯的显示，这将在扩展中实现，本项目先实现基本部分。通过将6个与非门的一个输入脚连成一体总控制6个指示灯，根据需要送不同的信号来实现正常直行和急转弯；通过译码器来单独控制每个指示灯的点亮。控制电路原理框图如图2-3-1所示。由此得出在每种运行状态下各指示灯与各给定条件的关系，即逻辑功能表如表2-3-1所示（表中0表示灯灭状态，1表示灯亮状态）。

图2-3-1 尾灯控制电路原理框图

表2-3-1 汽车尾灯控制逻辑功能表

汽车运行状态	控制线					6个指示灯					
	A	G	A_2	A_1	A_0	D_6	D_5	D_4	D_3	D_2	D_1
正常运行	1	0	×	×	×	0	0	0	0	0	0
临时刹车	CP	0	×	×	×	CP	CP	CP	CP	CP	CP

续表

汽车运行状态	控制线					6个指示灯					
	A	G	A_2	A_1	A_0	D_6	D_5	D_4	D_3	D_2	D_1
右转弯	1	1	1	0	0	0	0	1	0	0	0
			1	0	1	0	1	0	0	0	0
			1	1	0	1	0	0	0	0	0
左转弯	1	1	0	1	1	0	0	0	1	0	0
			0	0	1	0	0	0	0	1	0
			0	0	0	0	0	0	0	0	0

3.3　基本元件

通过分析设计要求可知，6个指示灯需要用至少具有6路输出的译码器，因而选用3—8线译码器74LS138；要有对6个指示灯总体控制的能力，选用两输入的与非门，用其中的一个输入脚作为总控制开关，因而用了两片74LS00（四2输入与非门）来实现。

3.3.1　译码器

译码器是一类多输入多输出的组合逻辑电路器件，它可以分为变量译码和显示译码两类。变量译码器一般是一种较少输入变为较多输出的器件，常见的有$n—2^n$线译码和8421BCD码译码两类；显示译码器用来将二进制数转换成对应的七段码，一般可分为驱动LED和驱动LCD两类。

1. 变量译码器

变量译码器是一个将n个输入变为2^n个输出的多输出端的组合逻辑电路。其模型可用图2-3-2来表示，其中输入变化的所有组合中，每个输出为1的情况仅一次，由于最小项在真值表中仅有一次为1，所以输出端为输入变量的最小项的组合。故译码器又可以称为最小项发生器电路。

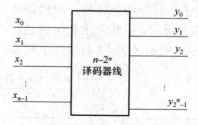

图2-3-2　译码器组合

74LS138是3—8线译码器，74LS154是4—16线译码器。这些译码器的特点是对应一组二进制代码，只有一个输出与之对应进入低电平，其他输出全为高电平。74LS138逻辑电路及引脚如图2-3-3所示。

74LS138的功能表如表2-3-2所示。值得指出的是，该译码器有3个输入使能控制端G_1、$\overline{G}_{2A}$、$\overline{G}_{2B}$，只是$G_1=1$，$\overline{G}_{2A}=\overline{G}_{2B}=0$同时满足时才允许译码，3个条件中有一个不满足就禁止译码。设置多个使能端的目的在于灵活应用、组成各种电路。

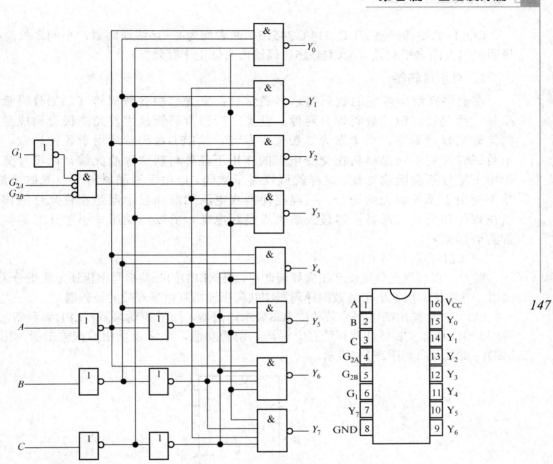

图2-3-3 3线-8线译码器逻辑图与引脚图

表2-3-2 74LS138的功能表

输入						输出							
G_1	$\overline{G}_{2A}$	$\overline{G}_{2B}$	C	B	A	$\overline{Y}_0$	$\overline{Y}_1$	$\overline{Y}_2$	$\overline{Y}_3$	$\overline{Y}_4$	$\overline{Y}_5$	$\overline{Y}_6$	$\overline{Y}_7$
×	1	1	×	×	×	1	1	1	1	1	1	1	1
0	×	×	×	×	×	1	1	1	1	1	1	1	1
1	0	0	0	0	0	0	1	1	1	1	1	1	1
1	0	0	0	0	1	1	0	1	1	1	1	1	1
1	0	0	0	1	0	1	1	0	1	1	1	1	1
1	0	0	0	1	1	1	1	1	0	1	1	1	1
1	0	0	1	0	0	1	1	1	1	0	1	1	1
1	0	0	1	0	1	1	1	1	1	1	0	1	1
1	0	0	1	1	0	1	1	1	1	1	1	0	1
1	0	0	1	1	1	1	1	1	1	1	1	1	0

由74LS138功能表可以写出（在各使能有效的前提下）输出与输入的逻辑表达式：

$$\overline{Y}_0 = \overline{\overline{A}\,\overline{B}\,\overline{C}}\,, \quad \overline{Y}_1 = \overline{\overline{A}\,\overline{B}\,C}\,, \quad \cdots\cdots$$

COMS通用译码器有CC4514/CC4515，两者均为4—16线译码器，不同之处是CC4514译码输出为高电平有效，而CC4515译码输出为低电平有效。

2．显示译码器

在数字系统中常见的数码显示器通常有：发光二极管数码管（LED数码管）和液晶显示数码管（LCD数码管）两种。发光二极管数码管是用发光二极管构成显示数码的笔划来显示数字，由于发光二极管会发光，故LED数码管适用于各种场合。液晶显示数码管是利用液晶材料在交变电压的作用下晶体材料会吸收光线，而没有交变电场作用下笔划不会吸收光线，这样就可以显示数码，但由于液晶材料须有光时才能使用，故不能用于无外界光的场合，（现在便携式电脑的液晶显示器是在背光灯的作用下可以在夜间使用）液晶显示器最大的优点是耗电低，所以广泛用于小型计算器等小型设备的数码显示。

1）LED驱动译码电路

发光二极管点亮只须使其正向导通即可，根据LED的公共极是阳极还是阴极分为两类译码器：共阳极输出低电平有效的译码器和共阴极输出高电平有效的译码器。

CD4511是输出高电平有效的CMOS显示译码器，用于驱动共阴极LED显示器，其输入为8421BCD码。CD4511具有锁存、译码、消隐功能，通常以反相器作输出级，用以驱动LED。其引脚图如图2-3-4所示。

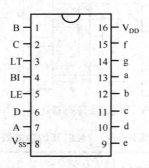

图2-3-4　CD4511引脚图

CD4511引脚功能介绍如下。

BI：4脚是消隐输入控制端，当$BI=0$时，不管其他输入端状态如何，七段数码管均处于熄灭（消隐）状态，不显示数字。

LT：3脚是测试输入端，当$BI=1$，$LT=0$时，译码输出全为1，不管输入DCBA状态如何，七段均发亮，显示"8"。它主要用来检测数码管是否损坏。

LE：锁定控制端，当$LE=0$时，允许译码输出。当$LE=1$时译码器是锁定保持状态，译码器输出被保持在$LE=0$时的数值。

D、C、B、A：8421BCD码输入端。

a、b、c、d、e、f、g：译码输出端，输出为高电平1有效。

CD4511的内部有上拉电阻，在输入端与数码管码段端接上限流电阻就可工作。

CD4511的工作真值表如表2-3-3所示。其具有如下功能。

（1）锁存功能。译码器的锁存电路由传输门和反相器组成。传输门的导通或截止由控制端LE的电平状态决定。当LE为低电平时，TG_2截止；当LE为高电平时，TG_1截止，TG_2

导通，此时有锁存作用。

（2）译码。CD4511译码用两级或非门，为了简化线路，先用二输入端与非门对输入数据B、C进行组合，得出$\overline{BC}$、$\overline{\bar{B}C}$、$\overline{B\bar{C}}$、$\overline{\bar{B}\bar{C}}$四项，然后将输入的数据$A$、$D$一起用或非门译码。

（3）消隐。BI为消隐功能端，该端施加某一电平后，迫使B端输出为低电平，字形消隐。消隐输出J的电平为

$$J=\overline{\overline{\overline{BCD}\cdot\overline{BI}}}=（C+B）D+BI \qquad (2-3-2)$$

如不考虑消隐BI项，便得J=（B+C）D

据上式，当输入BCD代码为1010～1111时，J端都为高电平，从而使显示器中的字形消隐。

表2-3-3 CD4511的真值表

输入							输出							
LE	BI	LT	D	C	B	A	a	b	c	d	e	f	g	字
×	×	×	×	×	×	×	1	1	1	1	1	1	1	8
×	0	×	×	×	×	×	0	0	0	0	0	0	0	暗
0	1	1	0	0	0	0	1	1	1	1	1	1	0	0
0	1	1	0	0	0	1	0	1	1	0	0	0	0	1
0	1	1	0	0	1	0	1	1	0	1	1	0	1	2
0	1	1	0	0	1	1	1	1	1	1	0	0	1	3
0	1	1	0	1	0	0	0	1	1	0	0	1	1	4
0	1	1	0	1	0	1	1	0	1	1	0	1	1	5
0	1	1	0	1	1	0	0	0	1	1	1	1	1	6
0	1	1	0	1	1	1	1	1	1	0	0	0	0	7
0	1	1	1	0	0	0	1	1	1	1	1	1	1	8
0	1	1	1	0	0	1	1	1	1	0	0	1	1	9
0	1	1	A～F				0	0	0	0	0	0	0	暗
1	1	1	×				输出及显示取决于锁存前数据							

2）LCD译码驱动器

LCD译码驱动器电路与LED的译码驱动电路不同，其输出不是高电平或低电平，而是脉冲电压，当输出有效时，其输出为交变的脉冲电压，否则为高电平或低电平。

3.3.2 基本逻辑门电路

由于数字电路中最基本的器件为电子开关，它只有两个状态：一是开关开，二是开关关。数字系统电路中的电子开关电路就是逻辑门电路。

逻辑门电路又叫逻辑电路。逻辑门电路的特点是只有一个输出端，而输入端可以只有

一个，也可以有多个，且常常是输入端多于1个。逻辑门电路的输入端和输出端只有两种状态：一是输出高电平状态，此时用1表示；二是输出低电平状态，此时用0表示。

1. 基本门电路种类

1）按逻辑功能划分

按逻辑功能划分，基本的逻辑门电路主要有下列几种：

（1）或门电路；

（2）与门电路；

（3）非门电路；

（4）或非门电路；

（5）与非门电路。

2）按门电路元器件划分

按照构成门电路的电子元器件种类来划分，门电路有下列几种：

（1）二极管门电路；

（2）TTL门电路；

（3）MOS门电路。

2. 三种基本的逻辑关系

1）与逻辑（AND）

决定某一事件的所有条件都满足时，结果才会发生，这种条件和结果之间的关系称为与逻辑关系。

2）或逻辑（OR）

在决定某一事件的各个条件中，只要有一个或一个以上的条件具备，结果就会发生，这种条件与结果之间的关系称为或逻辑关系。

3）非逻辑（NOT）

当决定某一事件的条件不成立时，结果就会发生，条件成立时结果反而不会发生，这种条件和结果之间的关系称为非逻辑关系（相反）。

3. 逻辑变量

逻辑变量是用来表示条件或事件的变量。常用大写英文字母表示，如A、B、C、D……有0和1两种取值。1表示条件具备或事件发生，0表示条件不具备或事件不发生。

4. 门电路

（1）门电路是数字电路的基本组成单元，它有一个或多个输入端和一个输出端，输入和输出为低电平和高电平，又称为逻辑门电路。

（2）门电路分为基本门电路和复合门电路。

① 基本逻辑门电路，有与门电路、或门电路、非门电路。

② 复合逻辑门电路。

5. 三种基本逻辑门电路

三种基本逻辑门电路如图2-3-5所示。

第 2 篇 基础设计篇

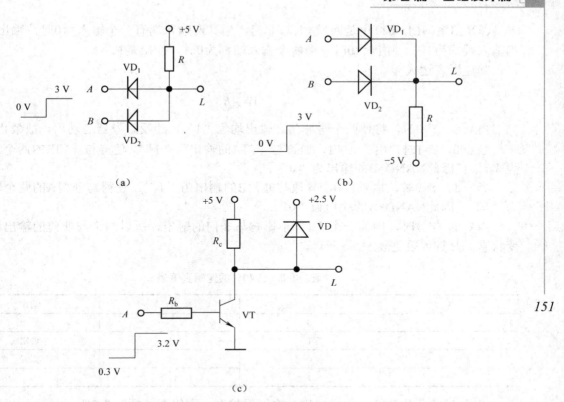

图2-3-5 三种基本逻辑门电路

（a）与门 （b）或门 （c）非门

6. 集成逻辑门74LS00

00为四组2输入端与非门（正逻辑），共有5400/7400、54H00/74H00、54S00/74S00、54LS00/74LS00四种线路结构形式，其主要电特性的典型值如表2-3-4所示。

表2-3-4 7400四种线路结构主要电特性的典型值

型号	t（PLH）	t（PHL）	P（D）
5400/7400	11 ns	7 ns	40 mW
54H00/74H00	5.9 ns	6.2 ns	90 mW
54S00/74S00	3 ns	3 ns	75 mW
54LS00/74LS00	9 ns	10 ns	9 mW

74LS00的逻辑图如图2-3-6所示。

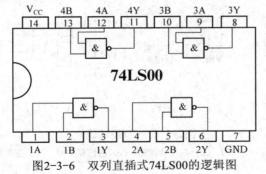

图2-3-6 双列直插式74LS00的逻辑图

　　COMS系列CD4011也是四2输入与非门，当其两输入端有一个输入为0时，输出为1。当输入端均为1时，输出为0时。当两个输入端都为0时，输出是1。

　　其逻辑表达式为

$$Y=\overline{AB}$$

　　当$X=0$，$Y=0$时，将使两个与非门之输出均为"1"，违反触发器之功用，故禁止使用。

　　当$X=0$，$Y=1$时，由于$\overline{X}=1$，导致与非门A的输出为"1"，使得与非门B的两个输入均为"1"，因此NAND-B的输出为"0"。

　　当$X=1$，$Y=0$时，由于$Y=0$，导致与非门B的输出为"1"，使得与非门A的两个输入均为"1"，因此NAND-A的输出为"0"。

　　当$X=1$，$Y=1$时，因为一个"1"不影响与非门的输出，所以两个与非门的输出均不改变状态。其真值表见表2-3-5所示。

表2-3-5　CD4011的逻辑真值表

X	Y	Q	动作
0	0	?	禁止
0	1	1	设定
1	0	1	重置
1	1	不变	无

　　CD4011的芯片功能、引脚结构、内部保护网、逻辑图如图2-3-7所示。

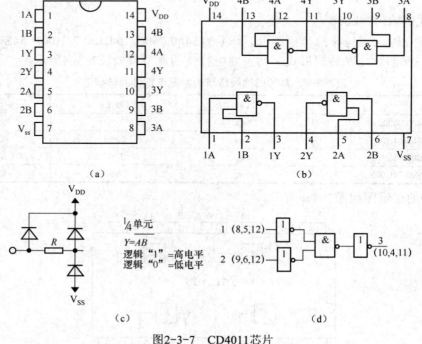

图2-3-7　CD4011芯片
（a）引脚图　（b）芯片功能图　（c）内部保护网　（d）逻辑图

7. 集成逻辑门74LS04

非门又称反相器，是逻辑电路的基本单元，非门有一个输入端和一个输出端。逻辑符号中输出端的圆圈代表反相的意思。当其输入端为高电平（逻辑1）时输出端为低电平（逻辑0），当其输入端为低电平时输出端为高电平。也就是说，输入端和输出端的电平状态总是反相的。非门是基本的逻辑门，因此在TTL和CMOS集成电路中都是可以使用的。标准的集成电路有74×04和CD4049。74×04 TTL芯片有14个引脚，CD4049 CMOS芯片有16个引脚，两种芯片都各有2个引脚用于电源供电、基准电压，12个引脚用于6个反相器的输入和输出（4049有2个引脚悬空）。

在数字电路中最具代表性的CMOS非门集成电路是CD4069。74LS04是由6个非门集成的一个TTL芯片，它由14个引脚，它的引脚结构图如图2-3-8所示。

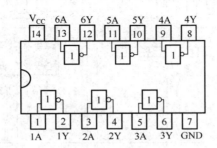

图2-3-8   74LS04引脚图

其逻辑表达式为 $Y = \overline{A}$，逻辑真值表如表2-3-6所示。

表2-3-6   74LS04的逻辑真值表

输入	输出
A	Y
1	0
0	1

注："1"为高电平，"0"为低电平。

3.4 电路设计及工作原理

3.4.1 汽车尾灯电路

汽车尾灯电路如图2-3-9所示。译码电路由一片74LS138和两片74LS00及其外围电路组成，显示驱动电路由6个普通发光二极管和一片74LS04组成。

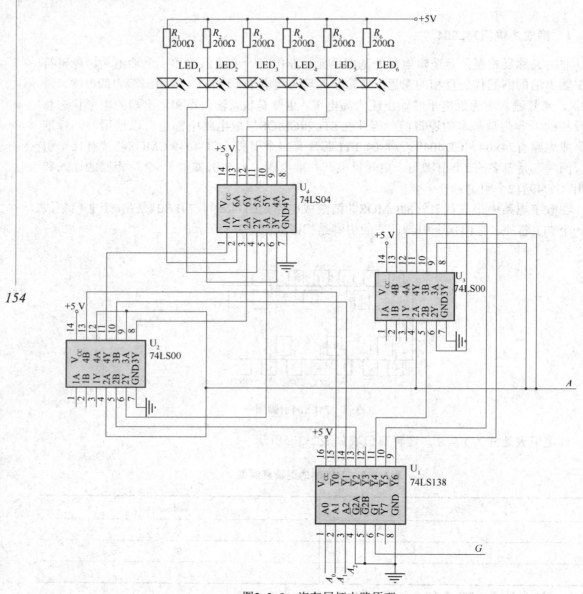

图2-3-9　汽车尾灯电路原理

3.4.2　工作原理

汽车尾灯电路如图2-3-9所示。其显示驱动电路由6个发光二极管和6个反相器构成；译码器电路由3—8线译码器和6个与非门构成。当使能信号$A=G=1$时，$A_2A_1A_0$状态为010，001，000时，74LS138对应输出端$\overline{Y_2}$，$\overline{Y_1}$，$\overline{Y_0}$依次为0有效，即反相器$G_3 \sim G_1$的输出端也依次为0，故指示灯$LED_3 \rightarrow LED_2 \rightarrow LED_1$按顺序点亮，示意汽车左转弯。当使能信号$A=G=1$时，$A_2A_1A_0$状态为100，101，110时，74LS138对应输出端$\overline{Y_4}$，$\overline{Y_5}$，$\overline{Y_6}$依次为0有效，即反相器$G_4 \sim G_6$的输出端也依次为0，故指示灯$LED_4 \rightarrow LED_5 \rightarrow LED_6$按顺序点亮，示意汽车右转弯。当$G=0$，$A=1$时，74LS138的输出端全为1，$G_6 \sim G_1$的输出端也全为1，指示灯全灭，示意汽车正常直

行。当$G=0$，$A=CP$（脉冲信号）时，指示灯随CP的频率变化而闪烁，示意汽车紧急刹车。测试功能表如表2-3-7所示。

表2-3-7　汽车尾灯电路测试功能表

输入信号					输出现象						指示现象
A	G	A_2	A_1	A_0	LED_1	LED_2	LED_3	LED_4	LED_5	LED_6	
1	1	0	1	0	灭	灭	亮	灭	灭	灭	$LED_3{\to}LED_2{\to}LED_1$顺序点亮 示意汽车左转弯
			0	1	灭	亮	灭	灭	灭	灭	
			0	0	亮	灭	灭	灭	灭	灭	
1	1	1	0	0	灭	灭	灭	亮	灭	灭	$LED_4{\to}LED_5{\to}LED_6$顺序点亮 示意汽车右转弯
			0	1	灭	灭	灭	灭	亮	灭	
			1	0	灭	灭	灭	灭	灭	亮	
1	0	—	—	—	全灭						汽车直行
CP	0	—	—	—	随脉冲信号闪烁						汽车急刹车

说明："1"代表高电平，"0"代表低电平，"CP"代表脉冲信号。

3.5　译码电路元器件的识别与检测

3.5.1　电路元器件清单

译码电路所需元器件实物如图2-3-10所示，清单如表2-3-8所示。

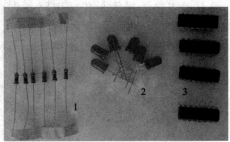

图2-3-10　汽车尾灯电路元器件实物图

表2-3-8　汽车尾灯电路元器件清单

课题名称	元器件名称	数量	备注
汽车尾灯电路	74LS138	1	
	74LS00	2	
	74LS04	1	
	发光二极管	6	
	200 Ω电阻	6	
	小按键	3	调试用
	带锁开关	1	调试用

3.5.2　元器件的识别与检测

1. 电阻的识别与检测

本电路用到6个200 Ω的普通电阻，如图2-3-10中1所示，作为发光二极管的分压限流电阻，通过色环法即可读出其阻值。

200 Ω电阻色环为红、黑、黑、黑、棕，电阻记数值为200 ×10⁰ Ω，最后一位为误差位。

2．二极管的识别与检测

本电路中采用6个发光二极管来模拟汽车的尾灯显示。二极管制作的材料不同，供电电压也不相同：红、黄一般是1.8～2.2 V，蓝、绿一般是3.0～3.6 V。电流小功率的都尽量控制在20 mA内，指示用的LED用10 mA以下比较好，一般用到5 mA就比较亮了。

在焊接前要检测其好坏。用万用表或信号发生器均可检测。用信号发生器检测时，光调整使输出幅度合适的电压。将红、黑夹子夹在发光二极管的两端，能发出正常的亮度则表明二极管的性能良好。

3．集成芯片的识别与检测

首先要正确识别引脚排列顺序。本电路采用双列直插式的集成块。将其水平放置，引脚向下，即其型号、商标向上，定位标记在左边（若无定位标记，看芯片上的标识，按正常看书的方式拿），从左下角第一只引脚数起，按逆时针方向，依次为1脚，2脚，2脚……

本电路设计用到3种集成芯片，集成与非门74LS00、集成非门74LS04、译码器74LS138。74LS00和74LS04是14引脚的芯片，74LS138是16引脚的芯片，其实物如图2-3-10中3所示。通过读取芯片上的标识即可识别各个芯片，再结合其引脚结构图来确定各引脚的功能。

检测其好坏的方法是：用万用表电阻挡测量集成电路各脚对地的正、负电阻值。具体方法如下：将万用表拨在"R×1K""R×100"或"R×10"挡上，先让红表笔接集成电路的接地引脚，然后将黑表笔从第一只引脚开始，依次测出各脚相对应的阻值（正阻值）；再让黑笔表接集成电路的同一接地脚，用红表笔按以上方法与顺序，测出另一组电阻值（负阻值）。将测得的两组正、负阻值和标准值比较，从中发现问题。

3.6 电路调试

3.6.1 电路制作步骤

（1）各小组按电路要求领取相应元器件，分工检测元器件的性能。

（2）依据图2-3-9所示电路原理，各小组讨论如何布局，最后确定一个最佳方案在面包板上搭建好图2-3-9所示电路。

（3）检查电路无误后，从直流稳压电源送入5 V的电压供电。

（4）按照测试功能表2-3-7送入测试信号，观察测试结果。

（5）记录结果，并撰写技术文档。

3.6.2 不通电测试

在搭建好电路后，首先用万用表测试电源和地之间是否短接。用模拟万用表时，则用电阻挡测试地和电源之间的阻值来判断，无穷大说明没有短接，电阻值为零则短接了；用数字万用表时，则用测二极管的性能挡，短路时万用表会发出蜂鸣声和二极管点亮指示，未短路则不会发出声音，二极管也不会点亮。

3.6.3　通电测试

如果电源和地之间没有短接，再用直流稳压电源给电路提供 +5 V 的电压。本项目使用的直流稳压电源是 SUING（数英）SK3325，它是一款具有三个通道（CH1、CH2、CH3）的程控直流电源，电压范围为 0～32 V，电流范围为 0～3 A。选择其任意通道，通过矩阵按键设置来设置。

例如选择一通道 CH1 来设置 5 V 供电。

（1）先按下矩阵键盘的"CH1"键，则在液晶屏上显示 CH1 的设置提示。

（2）设置耐压值：按下"O.V.P"键，再按数字"6"，然后按"ENTER"键，则电压的耐压值设置为 6 V。

（3）设置使用电压值：按下"VOLTAGE"键，再按数字"5"，然后按"ENTER"键，则电压设置为 5 V。

（4）设置电流值：按下"CURRENT"键，再依次按数字"0""."."5"，然后按"ENTER"键，则电流设置为 0.5 A。

这样 5 V 的供电就设置好了。将电路中 +5 V 端接一通道 CH1 的"+"极，地接"－"极，至此完成电路的供电。

3.6.4　输入信号的连接

本电路采用 YB1610H 数字合成函数波形发生器，它可以提供正弦波、方波、三角波等基本波形。本电路的汽车急转弯状态的 A 端输入信号由示波器提供脉冲信号，设置步骤如下。

（1）按面板上的"波形"键，选择波形为方波信号，再按"确定"键确定。

（2）按面板上的"频率"键，通过调整对应的"量程"，调整频率为 1～10 Hz 范围的任一频率，（这是为了能很好地观看到现象而设定的）再按"确定"键确定。

（3）按面板上的"幅度"键，通过调整对应的"量程"，调整电压峰—峰值为 5 V，再按"确定"键确定。

至此输入信号 A 的 CP 信号便设置完成，信号线接在"电压输出端（TTL OUTPUT）"端，红笔连接在图 2-3-9 所示的 A，黑笔连接地，这样便完成了输入信号的连接。

3.6.5　电路整体调试

连接好电路后，用万用表的电压"10V"挡测试电路的电压供电是否正常。若不正常，检查电路的连接；若一切正常便按电路测试功能表（表 2-3-7）输入信号。

1.　实现左转弯

首先将 A 接入 +5 V 电源（一般不连接即悬空状态也为高电平），G 引脚拨到 +5 V 端子，再按下开关"SW3"和"SW1"，此时 LED_3 亮，其他灯均灭；同理，按下开关"SW3"和

"SW2"，此时LED$_2$亮，其他灯均灭；按下开关"SW3""SW2"和"SW1"，此时LED$_1$亮，其他灯均灭。

2．实现右转弯

首先将A接入+5 V电源（一般不连接即悬空状态也为高电平），G引脚拨到+5 V端子，再按下开关"SW2"和"SW1"，此时LED$_4$亮，其他灯均灭；同理，按下开关"SW2"，此时LED$_5$亮，其他灯均灭；按下开关"SW1"，此时LED$_6$亮，其他灯均灭。

3．实现直行

首先将A接入+5 V电源（一般不连接即悬空状态也为高电平），G引脚拨到GND端子，所有的灯全灭。

4．实现急转弯或刹车

首先将A接入信号发生器的红笔，G引脚拨到GND端子，所有的灯将随着信号发生器发送的脉冲信号闪烁。

3.6.6　调试注意事项

（1）注意电路的焊接，避免虚焊。

（2）将电路中所有芯片的共地端子和电源端子分别连在一起。

（3）焊接时，指示灯顺序对应位置不能出错。

3.7　电路拓展设计

1．按键控制输入信号

控制信号G可以用一个带锁的按键来控制，汽车直行和紧急状态时接地，其他状态接高电平。3个输入端用3个小按键控制，如图2-3-11所示。

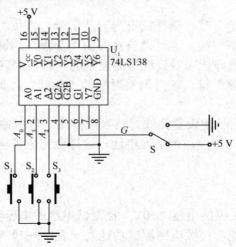

图2-3-11　输入端按键控制电路图

2．单片机控制输入信号

接入单片机小系统，用P1.4、P1.3、P1.2、P1.1、P1.0分别控制A、G、A$_2$、A$_1$、A$_0$的

输入，通过编写软件程序来实现。通过程序设定4种运行状态，按照不同的状态给P1口不同的值，实现控制目的，其电路原理如图2-3-12所示。

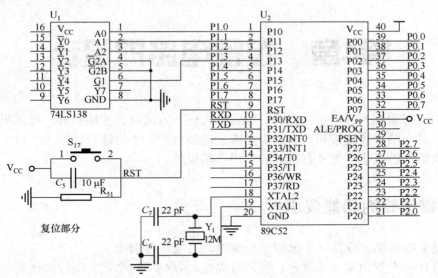

图2-3-12 单片机控制输入端电路

159

实 验 与 思 考 题

1. 用74LS76作计数器来实现自动控制尾灯电路的译码。
2. 利用所学的计数器，设计一个30 s计时电路。

第4章 按键电路的设计

系统中，有需要人机交互功能的，最常见的输入方式就是采用按键。最常见的按键电路大致有一对一的直接连接和动态扫描矩阵式连接两种。本电路设计采用一对一的直接连接，通过模拟抢答器让学生掌握按键的使用及其原理。

4.1 按键电路的功能要求

本按键电路是通过设计一个抢答器来实现，其功能要求如下。

（1）设计一个智力竞赛抢答器，可同时提供8名选手或8个代表队参加比赛，他们的编号分别是0、1、2、3、4、5、6、7，各用一个抢答按钮，按钮与队的编号相对应，分别是 S_0、S_1、S_2、S_3、S_4、S_5、S_6、S_7。

（2）给节目主持人设置一个控制开关，用来控制系统的清零（编号显示数码管灭灯）和抢答的开始。

（3）抢答器具有数据锁存和显示的功能。抢答开始后，若有选手按动抢答按钮，编号立即锁存，并在LED数码管上显示出选手的编号。此外，要封锁输入电路，禁止其他选手抢答。优先抢答选手的编号一直保持到主持人将系统清零为止。

4.2 抢答器的设计框图

抢答器的设计框图如图2-4-1所示，当选手按动抢答按钮时，能显示选手的编号，同时能封存输入电路，禁止其他选手抢答。

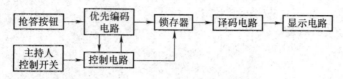

图2-4-1 抢答器总体框图

其工作过程是：接通电源时，节目主持人将开关置于"清零"位置，抢答器处于禁止工作状态，编号显示器灭灯，当节目主持人宣布抢答题目后，说一声"抢答开始"，同时将控制开关拨到"开始"位置，抢答器处于工作状态，当有选手按动抢答按钮时，抢答器要完成以下两项工作：①优先编码器电路立即分辨出抢答者的编号，并由锁存器进行锁存，然后由译码器显示电路显示编号；②控制电路要对输入编码电路进行封锁，避免其他选手再次进行抢答。当选手将问题回答完毕时，主持人操作控制开关，使系统恢复到禁止工作状态，以便进行下一轮抢答。

4.3　基本元件

4.3.1　显示器

显示器的种类很多，在此仅介绍常用的LED数码管、液晶LCD和点阵屏。

4.3.1.1　LED数码管显示器

LED数码管是一类价格便宜、使用简单，通过对其不同的引脚输入电流，使其发亮，从而显示出数字，能够显示时间、日期、温度等所有可用数字表示参数的器件。在电器特别是家电领域应用极为广泛，如显示屏、空调、热水器、冰箱等。

LED数码管实际上是由7个发光二极管组成8字形构成的，加上小数点就是8个发光二极管。这些段分别由字母a，b，c，d，e，f，g，h来表示。当数码管特定的段加上电压后就会发亮，以形成人眼看到的字样。如：显示一个"2"字，应当是a亮b亮g亮e亮d亮f不亮c不亮h不亮。LED数码管有一般亮和超亮等不同之分，也有0.5 in、1 in等不同的尺寸。小尺寸数码管的显示笔画常用一个发光二极管，而大尺寸的数码管由两个或多个发光二极管组成，一般情况下，单个发光二极管的管压降为1.8 V左右，电流不超过30 mA。发光二极管的阳极连接在一起接到电源正极的称为共阳极数码管，发光二极管的阴极连接在一起接到地线GND的称为共阴极数码管，其外形和等效电路如图2-4-2所示。常用LED数码管显示的数字和字符是0、1、2、3、4、5、6、7、8、9、A、B、C、D、E、F。

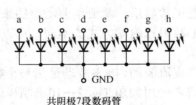

共阴极7段数码管

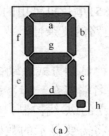

（a）

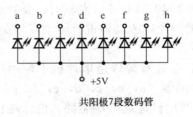

共阳极7段数码管

（b）

图2-4-2　发光二极管显示器外形及等效电路

（a）发光二极管显示器外形　（b）等效电路

1．结构原理

LED数码管引线已在内部连接完成，只需引出它们的各个笔划、公共电极。LED数码管常用段数为7，有的另加一个小数点，还有一种是类似于3位"+1"型。位数有半位，1，2，3，4，5，6，8，10位等，了解LED的这些特性，对编程是很重要的，因为不同类型的数码管，除了它们的硬件电路有差异外，编程方法也是不同的。图2-4-2（b）是共阴和共阳极数码管的内部电路，它们的发光原理是一样的，只是电源极性不同而已。颜色有红、绿、蓝、黄等几种。选用时要注意产品尺寸、颜色、功耗、亮度、波长等。

2．分类

（1）按段数多少分为7段数码管和8段数码管，8段数码管比7段数码管多一个发光二极管单元（多一个小数点显示）。

（2）按能显示多少个"8"可分为1位、2位、4位等数码管，如图2-4-3所示。

（3）按发光二极管单元连接方式分为共阳极数码管和共阴极数码管。

图2-4-3　几种位数的数码管

3．驱动原理

LED数码管要正常显示，就要用驱动电路来驱动数码管的各个段码，从而显示出需要的数字。根据LED数码管驱动方式的不同，可以将其分为静态显示和动态显示两类。

1）静态显示

静态驱动也称直流驱动。静态驱动是指每个数码管的每一个段码都由一个单片机的I/O端口进行驱动，或者使用如BCD码2—10进制译码器译码（如74LS48、74LS47等）进行驱动。静态驱动的优点是编程简单，显示亮度高；缺点是占用I/O端口多，如驱动5个数码管静态显示则需要5×8=40个I/O端口来驱动。要知道一个89S51单片机可用的I/O端口才32个，实际应用时必须增加译码驱动器进行驱动，增加了硬件电路的复杂性。

2）动态显示

LED数码管动态显示接口是单片机中应用广泛的一种显示方式。动态驱动是将所有数码管的8个显示笔画"a，b，c，d，e，f，g，h"的同名端连在一起，另外为每个数码管的公共极COM增加位选通控制电路，位选通由各自独立的I/O线控制，当单片机输出字形码时，单片机对位选通COM端电路的控制，所以只要将需要显示的数码管的选通控制打开，该位就显示出字形，没有选通的数码管就不会亮。通过分时轮流控制各个数码管的COM端，就使各个数码管轮流受控显示，这就是动态驱动。在轮流显示过程中，每位数码管的点亮时间为1～2 ms，由于人的视觉暂留现象及发光二极管的余辉效应，尽管实际上各位数码管并非同时点亮，但只要扫描的速度足够快，给人的印象就是一组稳定的显示数据，不会有闪烁感。动态显示的效果和静态显示是一样的，能够节省大量的I/O端口，而且功耗更低。

4. 国产LED数码管命名规则

国产LED数码管的型号命名由四部分组成，各部分含义如表2-4-1所示。

表2-4-1 国产LED数码管的型号命名及含义

第一部分：主称		第二部分：字符高度	第三部分：发光颜色		第四部分：公共极性	
字母	含义	用数字表示数码管的字符高度，单位mm	字母	含义	数字	含义
BS	半导体发光数码管		R	红	1	共阳
			G	绿	2	共阴
			OR	橙红		

例1：BS 12.7 R-1字符高度为12.7 mm的红色共阳极LED数码管

　　BS——半导体发光数码管。

　　12.7——12.7 mm。

　　　R——红色。

　　　1——共阳。

例2：SMS3651BR10（BW）8字（米字）数码管

（1）SM——公司名称缩写。

（2）类型：S——8字数码管，M——米字管。

（3）8字高度：0.36in，约为9.1 mm（1 in=25.4 mm）。

（4）8字位数：一般为1～6个。

（5）模具号：外形相同为同一个模具号；不同外形依次以2，3，4排下去。

（6）极性：A、B为相同线路，A——共阴，B——共阳；C、D为相同线路，C——共阴，D——共阳；依序排列下去。

（7）发光颜色：R——红，SR——超亮红，G——黄绿，Y——黄，B——蓝，PG——翠绿，W——白。

如果为双色产品，颜色编排顺序原则：按波长从大到小排列，即红橙黄绿青蓝紫的顺序。红：620～640nm。橙：600～610 nm。黄：590 nm左右。黄绿：570 nm左右。绿：515 nm左右。蓝：465 nm左右。

（8）PIN针长度10～10.28 mm（常规）。一般长度有7～7.5 mm、7.5～8 mm、8.3～9 mm、11～12.8 mm、12～15 mm、13～20 mm、14～25 mm、15～30 mm。

PIN针长度可以根据客户要求订做，但一般情况下都是尽量接近现有的几种，可以提供与客户要求相近的长度供参考。

（9）表面墨色：默认为黑色；黑色（B），灰色（G）。

（10）胶体颜色：默认为白色；白色（W），红色（R）。

例3：以SW4105B1R-AA为例说明LED数码管命名规则（图2-4-4）。

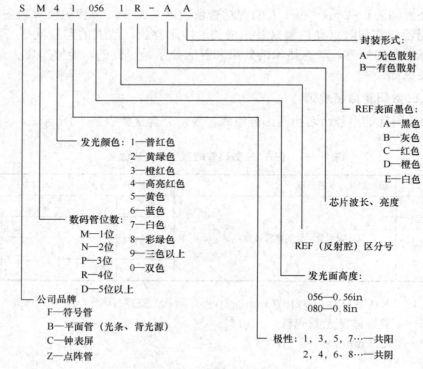

图2-4-4 LED数码管命名规则说明

5. 参数

8字高度：8字上沿与下沿的距离。比外形高度小。通常用英寸表示。范围一般为0.25～20 in。

长×宽×高：长——数码管正放时，水平方向的长度；宽——数码管正放时，垂直方向的长度；高——数码管的厚度。

时钟点：4位数码管中，第二位8与第三位8字中间的二个点。一般用于显示时钟的秒。

6. 使用条件

电流：静态时，推荐使用10～15 mA；动态时，16/1动态扫描时，平均电流为4～5 mA，峰值电流50～60 mA。

电压：查引脚排布图，看一下每段的芯片数量是多少。当为红色时，使用1.9 V乘以每段芯片串联的个数；当为绿色时，使用2.1 V乘以每段芯片串联的个数。

恒流驱动与非恒流驱动对数码管的影响如下。

1）显示效果

由于发光二极管基本上属于电流敏感器件，其正向压降的分散性很大，并且还与温度有关，为了保证数码管具有良好的亮度均匀性，就需要使其具有恒定的工作电流，且不能受温度及其他因素的影响。另外，当温度变化时驱动芯片还要能够自动调节输出电流的大小以实现色差平衡温度补偿。

2）安全性

即使是短时间的电流过载也可能对发光管造成永久性的损坏，采用恒流驱动电路后可防止由于电流故障所引起的数码管的大面积损坏。

另外，所采用的超大规模集成电路还具有级联延时开关特性，可防止反向尖峰电压对发光二极管的损害。

超大规模集成电路还具有热保护功能，当任何一片的温度超过一定值时可自动关断，并且可在控制室内看到故障显示。

7. 检测方法

1）区分共阴、共阳极数码管的方法

首先，找一个直流稳压电源（电压范围为3~5 V）和1个1 kΩ（或几百欧）的电阻，电源正极端（用V_{CC}表示）串接该电阻后与负极端（用GND表示）接在被测数码管的任意2个引脚上，组合有很多种，但总会有一组组合使数码管的某个LED点亮（数码管的每个段均用一个LED组成），找到一个LED点亮就够了；然后保持GND端不动，V_{CC}（串电阻后的端子）端逐个碰数码管剩下的引脚，如果有多个LED（一般是8个），那该数码管就是共阴极数码管。相反保持V_{CC}端不动，GND端逐个碰数码管剩下的引脚，如果有多个LED（一般是8个）被点亮，那该被测数码管就是共阳极数码管。也可以直接用数字万用表来测量（即把数字万用表视作一个直流稳压电源），数字万用表的红表笔代表电源的正极V_{CC}，黑表笔代表电源的负极GND，测量方法如上直流稳压电源的测试方法。

2）性能检测方法

Ⅰ. 用二极管挡检测

将数字万用表置于二极管挡时，其开路电压为+2.8 V。用此挡测量LED数码管各引脚之间是否导通，可以识别该数码管是共阴极型还是共阳极型，并可判别各引脚所对应的笔段有无损坏。

ⅰ. 检测已知引脚排列的LED数码管

将数字万用表置于二极管挡，黑表笔与数码管的h（LED的共阴极）相接，然后用红表笔依次去碰数码管的其他引脚，碰到哪个引脚，哪个笔画就应发光。若碰到某个引脚，所对应的笔画不发光，则说明该笔画已经损坏。

ⅱ. 检测引脚排列不明的LED数码管

有些LED数码管不注明型号，也不提供引脚排列图。遇到这种情况，可用数字万用表方便地检测出数码管的结构类型、引脚排列以及全笔画发光性能。

下面举一实例，说明测试方法。被测器件是一只彩色电视机用来显示频道的LED数码管，体积为20 mm×10 mm×5 mm，字形尺寸为8 mm×4.5 mm，发光颜色为红色，采用双列直插式，共10个引脚。

（1）检测公共极：将数字万用表置于二极管挡，红表笔接在1脚，然后用黑表笔去触其他各引脚，只有当接触到9脚时，数码管的a段发光，而接触其余引脚不发光。由此可知，被测管为共阴极结构类型，9脚是公共阴极，1脚则是数码管的a段。

（2）判别引脚排列：仍使用二极管挡，将黑表笔固定接在9脚，用红表笔依次碰2、3、4、5、8、10、7脚时，数码管的f、g、e、d、c、b、h笔画先后分别发光，据此绘出该数码管的内部结构和引脚排列（面对段码的一面），如图2-4-5所示。

（3）检测全笔画发光性能：将数字万用表置于二极管挡，把黑表笔固定接在数码管的公共阴极上（9脚），并把数码管的a～h码段端全部短接在一起。然后将红表笔接触a～h码段接端，此时，所有笔画均应发光，显示出"8"字。

在做上述测试时，应注意以下几点。

（1）检测中，若被测数码管为共阳极类型，则只有将红、黑表笔对调才能测出上述结果。特别是在判别结构类型时，操作时要灵活掌握，反复试验，直到找出公共电极（h）为止。

（2）大多数LED数码管的小数点是在内部与公共电极连通的。但是，有少数产品的小数点是在数码管内部独立存在的，测试时要注意正确区分。

Ⅱ．用"h$_{FE}$"挡检测

利用数字万用表的"h$_{FE}$"挡，能检查LED数码管的发光情况。若使用NPN插孔，则是C孔带正电，E孔带负电。例如，在检查LTS547R型共阴极LED数码管时，从E孔插入一根单股细导线，导线引出端接"−"级（3脚与8脚在内部连通，可任选一个作为"−"极）；再从C孔引出一根导线依次接触各笔画电极，可分别显示所对应的笔画。若按图2-4-6所示电路，4、5、1、6、7脚短路后再与C孔引出线接通，则能显示数字"2"。把a～g段全部接C孔引线，就显示全亮笔段，显示数字"8"。

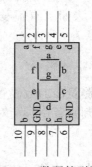

图2-4-5　数码管引脚图

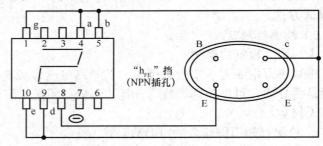

图2-4-6　数码管检测

检测时，若某笔画发光黯淡，说明器件已经老化，发光效率变低。如果显示的笔画残缺不全，说明数码管已经局部损坏。注意，检查共阳极LED数码管时应改变电源电压的极性。

如果被测LED数码管的型号不明，又无引脚排列图，则可用数字万用表的"h$_{FE}$"挡进行如下测试：

（1）判定数码管的结构类型（共阴极或共阳极）；

（2）识别引脚列；

（3）检查全笔段发光情况。

具体操作时，可预先把NPN插孔的C孔引出一根导线，并将导线接在假定的公共电极（可任设一引脚）上，再从E孔引出一根导线，用此导线依次去碰被测管的其他引脚。根据笔画发光或不发光的情况进行判别验证。测试时，若笔画引脚或公共引脚判断正确，则相应的笔画就能发光。当笔段电极接反或公共电极判断错误时，该笔段就不能发光。

数字万用表"h$_{FE}$"挡所提供的正向工作电流约20 mA，做上述检查时不会损坏被测器件。

需注意的是，"h$_{FE}$"挡或二极管挡不适用于检查大型LED数码管。由于大型LED数码管是将多只发光二极管的单个字形笔段按串、并联方式构成的，因此需要的驱动电压高（17 V左右），驱动电流大（50 mA左右）。检测这种管子时，可采用20 V直流稳压电源，配上滑线变阻器作为限流电阻兼调节亮度，来检查其发光情况。

8．使用注意事项

（1）需要使用恒定的工作电流。

采用恒流驱动电路后可防止短时间的电流过载对发光管造成的永久性损坏，以此避免电流故障所引起的7段数码管的大面积损坏。

超大规模集成电路还具有热保护功能，当任何一片的温度超过一定值时可自动关断，并且可在控制室内看到故障显示。

（2）不要用手触摸数码管表面，不要用手去弄引脚。

（3）在焊接数码管时，焊接温度260 ℃，焊接时间5 s。

（4）表面有保护膜的产品，可以在使用前撕下来。

9．应用实例

7段发光二极管数码显示器BS201/202（共阴极）和BS211/212（共阳极）的外形及等效电路如图2-4-2所示。其中，BS201和BS211每段的最大驱动电流为10 mA，BS202和BS212每段的最大驱动电流为15 mA。驱动共阴极显示器的译码器输出为高电平有效，如74LS48、74LS49、CC4511；而驱动共阳极显示器的译码器输出为低电平有效，如74LS46、74LS47等。

4.3.1.2　液晶显示器（LCD）

液晶是一种既具有液体流动性又具有晶体光学特性的有机化合物，在外加电场的作用和入射光线的照射下可以改变液晶的排列状态、透明度和显示的颜色，利用这一特性可做成数码显示器。液晶本身是不发光的，在图像信号电压的作用下，液晶板上不同部位的透光性不同。每一瞬间（一帧）的图像相当于一幅电影胶片，在光照的条件下才能看到图像。因此，在液晶板的背部要设有一个矫形平面光源。

液晶显示器的剖面图如图2-4-7所示，液晶显示器是由两块玻璃板构成，厚约1 mm，其充满包含液晶材料的5 μm厚的单元格组成，每个单元格均匀间隔开来。因为液晶材料本身并不发光，所以在显示屏两边都设有作为光源的灯管，而在液晶显示屏背面有一块背光板（或称匀光板）和反光膜，背光板是由荧光物质组成的可以发射光线，其作用主要是提供均匀的背部光源。背光板发出的光线在穿过第一层偏振过滤层之后进入包含成千上万水晶液滴的液晶层。液晶层中的水晶液滴都被包含在细小的单元格中，一个或多个单元格构成屏幕上的一个像素。在玻璃板与液晶材料之间是透明的电极，电极分为行和列，在行与列的交叉点上，通过改变电压而改变液晶的透光状态，液晶材料的作用类似于一个个小的光阀。在液晶材料周边是控制电路部分和驱动电路部分。当LCD中的电极产生电场时，液晶分子就会产生扭曲，从而将穿越其中的光线进行有规则的折射，然后经过第二层过滤层的过滤在屏幕上显示出来。其液晶显示器组件结构如图2-4-8所示。

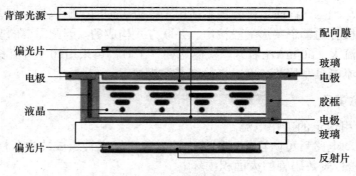

图2-4-7　液晶显示器的剖面

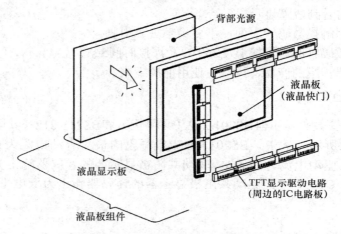

图2-4-8　液晶显示器组件结构

1. 液晶显示器工作原理

液晶于1888年由奥地利植物学者Reinitzer发现，是一种介于固态和液态之间的物质，是具有规则性分子排列的有机化合物。液晶是一种具有晶体性质又具有液体性质的物质，故取名为液态晶体，简称液晶。通过研究发现，液晶有4个相态，分别为晶态、液态、液晶态、气态，且4个相态可以相互转化，称为"相变"。相变时，液晶的分子排列发生变化，从一种有规律的排列转向另一种排列。引起这一变化的原因是外部电场或外部磁场的变化。同时液晶分子的排列变化必然会导致其光学性质（如折射率、透光率等）的变化。利用这一性质做出了液晶显示器，它利用外加电场作用于液晶板改变其透光性能的特性控制光通过的多少来显示图像。

液晶显示器的原理如图2-4-9所示。在液晶层的前面设置由R、G、B栅条组成的滤光器，在液晶材料周边是控制电路和驱动电路的作用下，液晶分子产生扭曲，使光穿过R、G、B栅条，由于每个像素单元的尺寸很小，若加在各个像素上的电压不同，各液晶扭曲不同，透光性也不一样，基于空间混色效应，从远处看就是R、G、B混合的颜色，人就可以从液晶屏上看到彩色光。这样液晶层设在光源和栅条之间实际上很像一个快门，每秒钟快门的变化与画面同步。如果液晶层前面不设彩色栅条，就会显示单色（如黑白）图像。

2. 液晶显示器的结构

如图2-4-10所示是液晶显示器的局部解剖视图。液晶层封装在两块玻璃基板之间，上部有一个公共电极（对向电极），每个像素单元有一个像素电极，当像素电极上加有控制电压时，该像素中的液晶体便在电场力的作用下工作,每个像素单元中设有一个为像素单元提供控制电压的场效应管，由于它呈薄膜状且紧贴在下面的基板上，因而被称为薄膜晶体管（Thin Film Transistor，TFT）。每个像素单元薄膜晶体管栅极的控制信号是由横向设置的X轴提供的，X轴提供的是扫描信号，Y轴为薄膜晶体管提供数据信号，数据信号是视频信号经处理后形成的。

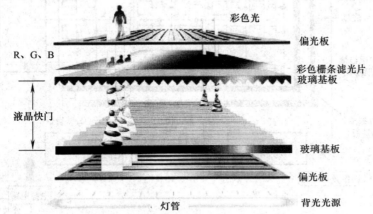

图2-4-9　彩色液晶器的显示原理

169

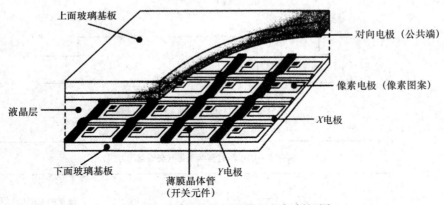

图2-4-10　液晶显示器的局部解剖视图

　　图像数据信号的电压加到场效应管的源极，扫描脉冲加到栅极，当栅极上有正极性脉冲时，场效应管导通，源极的图像数据电压便通过场效应管加到与漏极相连的像素电极上，于是，像素电极与公共电极之间的液晶体便会受到Y轴图像电压的控制。如果栅极无脉冲，则场效应管便是截止的，像素电极上无电压。所以场效应管实际上是一个电子开关。

　　整个液晶显示器的驱动电路如图2-4-11（a）所示，经图像信号处理电路形成的图像数据电压作为Y方向的驱动信号，同时图像信号处理电路为同步及控制电路提供水平和垂直同步信号，形成X方向的驱动信号，驱动X方向的晶体管栅极。

　　当垂直和水平脉冲信号同时加到某一场效应管时，该像素单元的晶体管便会导通，如图2-4-11（b）所示，Y信号的脉冲幅度越高，图像越暗；Y信号的幅度越低，图像越亮；当Y轴无电压时，TFT截止，液晶体100%透光成白光。

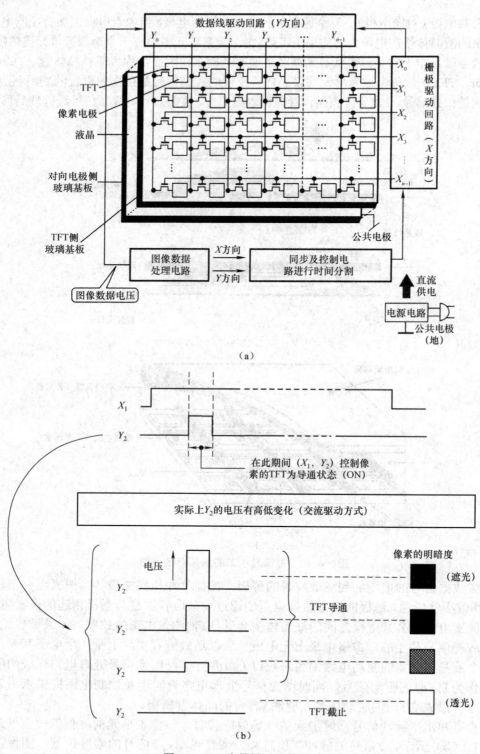

图2-4-11　液晶显示器的驱动

（a）液晶显示器的驱动电路　（b）脉冲信号与液晶透光率

　　驱动液晶显示器的显示译码器是专用芯片，如BCD-7段译码/液晶显示驱动器CC4055，其内部已经设置了异或门电路。

4.3.2　译码器

1.　发光二极管显示器的译码/驱动器（74LS47/74LS48）

　　74LS47、74LS48为BCD-7段译码/驱动器，其功能是将BCD码转化成数码块中的数字，通过它解码，可以直接把数字转换为数码管的显示数字，从而简化了程序，节约了单片机的I/O开销，因此是一个非常好的芯片。其中74LS47可用来驱动共阳极的发光二极管显示器，而74LS48则用来驱动共阴极的发光二极管显示器。74LS47为集电极开路输出，使用时要外接电阻；而74LS48的内部有升压电阻，因此无须外接电阻（可以直接与显示器相连接）。译码为编码的逆过程。它将编码时赋予代码的含义"翻译"过来。实现译码的逻辑电路称为译码器。译码器输出与输入代码有唯一的对应关系。74LS48的功能表如表2-4-2所示，其中，$A_3A_2A_1A_0$为8412BCD码输入，$a \sim g$为7段译码输出。

171

表2-4-2　74LS48功能表

功能或数字	输入						输出								显示字形
	$\overline{LT}$	$\overline{RBI}$	A_3	A_2	A_1	A_0	$\overline{BI}/RBO$	a	b	c	d	e	f	g	
灭灯	×	×	×	×	×	×	0（输入）	0	0	0	0	0	0	0	灭灯
试灯	0	×	×	×	×	×	1	1	1	1	1	1	1	1	8
动态灭零	1	0	0	0	0	0	0	0	0	0	0	0	0	0	灭灯
0	1	1	0	0	0	0	1	1	1	1	1	1	1	0	0
1	1	×	0	0	0	1	1	0	1	1	0	0	0	0	1
2	1	×	0	0	1	0	1	1	1	0	1	1	0	1	2
3	1	×	0	0	1	1	1	1	1	1	1	0	0	1	3
4	1	×	0	1	0	0	1	0	1	1	0	0	1	1	4
5	1	×	0	1	0	1	1	1	0	1	1	0	1	1	5
6	1	×	0	1	1	0	1	0	0	1	1	1	1	1	6
7	1	×	0	1	1	1	1	1	1	1	0	0	0	0	7
8	1	×	1	0	0	0	1	1	1	1	1	1	1	1	8
9	1	×	1	0	0	1	1	1	1	1	0	0	1	1	9
10	1	×	1	0	1	0	1	0	0	0	1	1	0	1	无效
11	1	×	1	0	1	1	1	0	0	1	1	0	0	1	无效
12	1	×	1	1	0	0	1	0	1	0	0	0	1	1	无效
13	1	×	1	1	0	1	1	1	0	0	1	0	1	1	无效
14	1	×	1	1	1	0	1	0	0	0	1	1	1	1	无效
15	1	×	1	1	1	1	1	0	0	0	0	0	0	0	全暗

　　注：$\overline{BI}/RBO$比较特殊，有时用作输入，有时用作输出。

　　74LS47/74LS48的引脚结构如图2-4-12所示，其各使能端功能简介如下。

（1）$\overline{LT}$ 灯测试输入使能端，是为了检查数码管各段是否能正常发光而设置的。当 $\overline{LT}=0$ 时，译码器各段均为高电平，显示器各段全亮，因此，$\overline{LT}=0$ 可用来检查74LS48和显示器的好坏。

图2-4-12 L 74LS47/74LS48引脚结构

（a）74LS47的逻辑符号与引脚结构 （b）74LS48的引脚结构

（2）$\overline{RBI}$ 动态灭零输入使能端，是为使不希望显示的0熄灭而设定的。在 $\overline{LT}=1$ 的前提下，当 $\overline{RBI}=0$ 且输入 $A_3A_2A_1A_0=0000$ 时，译码器各段输出全为低电平，显示器各段全灭，而当输入数据为非零数码时，译码器和显示器正常译码显示。利用此功能可以实现对无意义位的零进行消隐。

（3）$\overline{BI}$ 静态灭零输入使能端，是为控制多位数码显示的灭灯所设置的。只要 $\overline{BI}=0$，不论输入 $A_3A_2A_1A_0$ 为何种电平，译码器各段输出全为低电平，显示器灭灯（此时 $\overline{BI}/\overline{RBO}$ 为输入使能）。

（4）RBO动态灭零输出端，在不使用 $\overline{BI}$ 功能时，为 $\overline{BI}/\overline{RBO}$ 为输出使能（其功能是只有在译码器实现动态灭零时RBO=0，其他时候RBO=1）。该端主要用于多个译码器级联时，实现对无意义位的零进行消隐。实现整数位的零消隐是将高位的RBO接到相邻低位的 $\overline{RBI}$，实现小数位的零消隐是将低位的RBO接到相邻高位的 $\overline{RBI}$。

2．BCD-7段译码/液晶驱动器（CC4055）

CMOS集成电路CC4055是驱动液晶显示器的专用译码器。其输入电平可与TTL、CMOS电平兼容。CC4055为单位数字BCD-7段译码/驱动器电路，在单片机上具有电平移动功能。此特性允许BCD输入信号变化范围（$V_{DD} \sim V_{SS}$）与7段输出信号（$V_{DD} \sim V_{EE}$）相同或不同。7段输出由 f_{DI} 输入端控制，可使所选择的段输出为高电平；反之，为低电平，当 f_{DI} 输入一方波时，所选择的段输出也为一方波，且其相位与 f_{DI} 输入相差180°。那些没被选择的段输出为与输入同相的方波，用于液晶显示的 f_{DO}，方波重复频率通常在30 Hz（正好高于闪烁率）至200 Hz（正好低于液晶显示频率响应的上限）的范围内。提供了电平位移高幅值 f_{DO} 输出，可用来驱动液晶显示的公共电极，所有输入组合的译码提供了0～9及L、P、H、A及空白显示。CC4055功能表如表2-4-3所示。

表2-4-3 CC4055功能表

输　入				输出（$f_{DI}=0$）							显示
A_3	A_2	A_1	A_0	Y_a	Y_b	Y_c	Y_d	Y_e	Y_f	Y_g	
0	0	0	0	1	1	1	1	1	1	0	0
0	0	0	1	0	1	1	0	0	0	0	1
0	0	1	0	1	1	0	1	1	0	1	2

续表

输入				输出（$f_{DI}=0$）							
A_3	A_2	A_1	A_0	Y_a	Y_b	Y_c	Y_d	Y_e	Y_f	Y_g	显示
0	0	1	1	1	1	1	1	0	0	1	3
0	1	0	0	0	1	1	0	1	1	1	4
0	1	0	1	1	0	1	1	0	1	1	5
0	1	1	0	0	1	1	1	1	1	1	6
0	1	1	1	1	1	1	0	0	0	0	7
1	0	0	0	1	1	1	1	1	1	1	8
1	0	0	1	1	1	1	1	0	1	1	9
1	0	1	0	0	0	0	1	1	1	0	0
1	0	1	1	0	1	1	0	1	1	1	
1	1	0	0	1	1	0	0	1	1	1	P
1	1	0	1	1	1	1	0	1	1	1	A
1	1	1	0	0	0	0	0	0	0	1	—
1	1	1	1	0	0	0	0	0	0	0	

注：当$f_{DI}=1$时，输出状态为该表的反码。

CC4055提供了16引线多层陶瓷双列直插（D）、熔封陶瓷双列直插（J）、塑料双列直插（P）和陶瓷片状载体（C）4种封装形式。

CC4055的逻辑符号与引脚排列如图2-4-13所示，其各使能端功能简介如下。

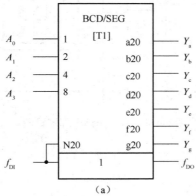

（a）

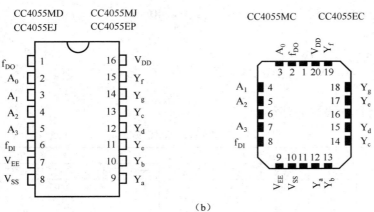

（b）

图2-4-13　CC4055逻辑符号图和引脚排列图

（a）CC4055逻辑符号　（b）CC4055引脚排列

$A_0 \sim A_3$，十进制码输入端；f_{DI}，取反控制输入端；f_{DO}，取反控制输出端；V_{DD}，正电源；V_{EE}，驱动信号地；V_{SS}，数字信号地；$Y_a \sim Y_f$，译码输出端。其逻辑图如图2-4-14所示。

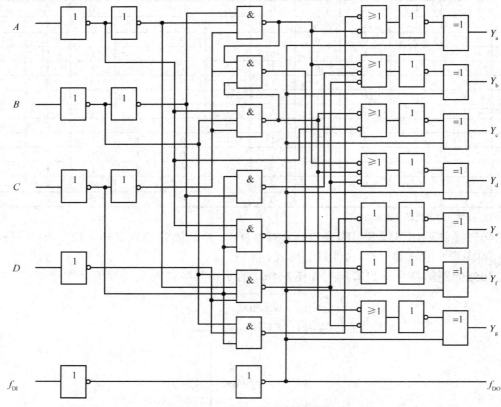

图2-4-14　CC4055内部逻辑图

CC4055工作条件如下。

　　　电源电压范围：3～5 V。

　　　输入电压范围：0 V～V_{DD}。

　　　工作温度范围：M类，55～125 ℃；E类，40～85 ℃。

极限值如下。

　　　电源电压：–0.5～18 V。

　　　输入电压：–0.5 V～V_{DD}+0.5 V。

　　　储存温度：–65～150 ℃。

CC4055静态特性如表2-4-4所示。

表2-4-4　CC4055静态特性

参　　数	测　试　条　件					规　范　值					单位
	V_{EE}/V	V_{SS}/V	U_O/V	U_I/V	V_{DD}/V	–55 ℃	–40 ℃	25 ℃	85 ℃	125 ℃	
U_{OL}输出低电平电压（最大）	0	0	–5/0		5.0			0.05			V
	0	0		10/0	10.0						
	0	0		15/0	15.0						
U_{OH}输出高电平电压（最小）	0	0	–5/0		5.0			4.95			V
	0	0		10/0	10.0			9.95			
	0	0		15/0	15.0			14.95			

续表

参　数	测 试 条 件					规 范 值					单位
	V_{EE}/V	V_{SS}/V	U_O/V	U_I/V	V_{DD}/V	−55 ℃	−40 ℃	25 ℃	85 ℃	125 ℃	
U_{IL}输入低电平电压（最大）	0 0 0	0 0 0	0.5/1.5 1.0/9.0 1.5/13.5	−5.0	 10.0 15.0			1.5 3.0 4.0			V
U_{IH}输入高电平电压（最小）	−5 0 0	0 0 0	1.5/0.5 9.5/1.0 13.5/1.5	−5.0	 10.0 15.0			3.5 7.0 11.0			V
I_{OH}输出高电平电流（最小）	−5 0 0	0 0 0	4.5 9.5 13.5	−5.0	 10.0 15.0	−0.6 −0.6 −1.9	−0.55 0.55 −1.8	−0.45 −0.45 −1.5	−0.35 −0.35 −1.2	−0.3 −0.3 −1.1	mA
I_{OL}输出低电平电流（最小）	−5 0 0	0 0 0	−0.4 0.5 1.5	5/0 10/0 15/0	5.0 10.0 15.0	1.6 1.6 4.2	1.5 1.5 4.0	1.3 1.3 3.4	1.1 1.1 2.8	0.9 0.9 2.4	mA
I_I输入电流	0	0	−15/0		15.0		±0.1		±1.0		μA
I_{DD}电源电流（最大）	−5 0 0	0 0 0	−5/0		5.0 10.0 15.0	5.0 10.0 20.0	5.0 10.0 20.0	5.0 10.0 20.0	150.0 300.0 600.0		μA

175

4.3.3　编码器

赋予若干位二进制码以待定含义称为编码，能实现编码功能的逻辑电路称为编码器。优先编码器则允许同时在几个输入端有输入信号，编码器按输入信号排定的优先顺序，只对同时输入的几个信号中优先权最高的一个进行编码。

在优先编码电路中，允许同时输入两个以上编码信号。不过在设计优先编码器时，已经将所有的输入信号按优先顺序排队。在同时存在两个或者两个以上输入信号时，优先编码器只按照优先级高的输入信号编码，优先级低的信号则不起作用。74LS148优先编码器是8线输入3线输出的二进制编码器（简称8—3线二进制编码器），其作用是将输入$\overline{I}_0 \sim \overline{I}_7$这8个二进制码输出。其功能表如表2-4-5所示。由表看出74LS148的输入为低电平有效。优先级别从$\overline{I}_7$至$\overline{I}_0$递降。另外，它有输入使能$\overline{ST}$，输出使能$\overline{Y}_S$和$\overline{Y}_{EX}$。

表2-4-5　优先编码器74LS148功能表

输　入									输　出				
$\overline{ST}$	$\overline{I}_0$	$\overline{I}_1$	$\overline{I}_2$	$\overline{I}_3$	$\overline{I}_4$	$\overline{I}_5$	$\overline{I}_6$	$\overline{I}_7$	$\overline{Y}_2$	$\overline{Y}_1$	$\overline{Y}_0$	$\overline{Y}_{EX}$	$\overline{Y}_S$
1	×	×	×	×	×	×	×	×	1	1	1	1	1
0	1	1	1	1	1	1	1	1	1	1	1	1	0
0	0	1	1	1	1	1	1	1	1	1	1	0	1
0	×	0	1	1	1	1	1	1	1	1	0	0	1
0	×	×	0	1	1	1	1	1	1	0	1	0	1
0	×	×	×	0	1	1	1	1	1	0	0	0	1
0	×	×	×	×	0	1	1	1	0	1	1	0	1
0	×	×	×	×	×	0	1	1	0	1	0	0	1
0	×	×	×	×	×	×	0	1	0	0	1	0	1
0	×	×	×	×	×	×	×	0	0	0	0	0	1

74LS148优先编码器为16脚的集成芯片，除电源脚V_{CC}（16）和GND（8）外，其余输入、输出脚的作用和脚号如图2-4-15中所标。

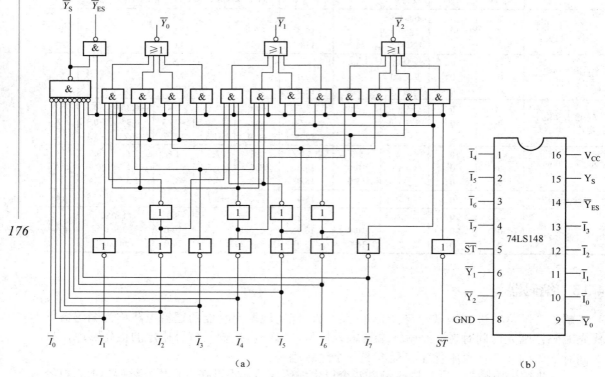

176

图2-4-15　74LS148引脚图

(a) 74LS148电路图　(b) 74LS148引脚图

由表2-4-5可列输出74LS148逻辑方程为

$$Y_2=(I_4+I_5+I_6+I_7)\cdot\overline{ST}$$

$$Y_1=(I_2I_4I_5+I_3I_4I_5+I_6+I_7)\cdot\overline{ST}$$

$$Y_0=(I_1I_2I_4I_6+I_3I_4I_6+I_5I_6+I_7)\cdot\overline{ST}$$

当使能输入$\overline{ST}=1$时，禁止编码，所有输出端均被封锁在高电平，即$\overline{Y_2}\,\overline{Y_1}\,\overline{Y_0}=111$。

当使能输入$\overline{ST}=0$时，允许编码，在$I_0 \sim I_7$输入中，输入I_7优先级最高，其余依次为I_6，I_5，I_4，I_3，I_2，I_1，I_0。

$\overline{Y_S}$主要用于多个编码器电路的级联控制，即$\overline{Y_S}$总是接在优先级别低的相邻编码器的$\overline{ST}$端，当优先级别高的编码器允许编码，而无输入申请时，$\overline{Y_S}=0$，从而允许优先级别低的相邻编码器工作；反之，当优先级别高的编码器有编码时，$\overline{Y_S}=1$，禁止相邻级别低的编码器工作。使能输出端$\overline{Y_S}$的逻辑方程为

$$\overline{Y_S}=I_0\cdot I_1\cdot I_2\cdot I_3\cdot I_4\cdot I_5\cdot I_6\cdot I_7\cdot\overline{ST}$$

此逻辑表达式表明当所有的编码输入端都是高电平（即没有编码输入），且$\overline{ST}=0$时，$\overline{Y_S}$才为零；$\overline{Y_S}$的低电平输出信号表示"电路工作，但无编码输入"。

$\overline{Y}_{EX}$=0表示$\overline{Y}_2\overline{Y}_1\overline{Y}_0$是编码输出，$\overline{Y}_{EX}$=1表示$\overline{Y}_2\overline{Y}_1\overline{Y}_0$不是编码输出，$\overline{Y}_{EX}$为输出标志位。$\overline{Y}_{EX}$的逻辑方程为

$$\overline{Y}_{EX} = (I_0+I_1+I_2+I_3+I_4+I_5+I_6+I_7) \cdot \overline{ST}$$

此式表明只要任何一个编码输入段有低电平信号输入，且$\overline{ST}$=0，$\overline{Y}_{EX}$即为低电平。$\overline{Y}_{EX}$的低电平输出信号表示"电路工作，而且有编码输入"。（$\overline{Y}_{EX}$=0）

用两片74LS148优先编码器扩展为16—4线优先编码器的接线图如图2-4-16所示。

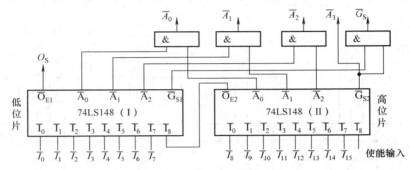

图2-4-16　74LS148扩展电路

4.3.4　锁存器

锁存器是一种对脉冲电平敏感的存储单元电路，它可以在特定输入脉冲电平作用下改变状态。锁存，就是把信号暂存以维持某种电平状态。锁存器的最主要作用是缓存，其次完成高速的控制其与慢速的外设的不同步问题，再其次是解决驱动的问题，最后是解决一个I/O口既能输出也能输入的问题。

只有在有锁存信号时输入的状态被保存到输出，直到有下一个锁存信号。通常只有0和1两个值。典型的逻辑电路是D触发器，如74LS273、74LS373、74LS378等；还有RS触发器组成的锁存器，如74LS279等；还有JK触发器组成的锁存器，如74LS276等。由若干个钟控D触发器构成的一次能存储多位二进制代码的时序逻辑电路，叫锁存器件。

1．锁存器74LS373

8D锁存器74LS373的引脚图和逻辑图如图2-4-17所示。其中使能端G加入CP（脉冲）信号，D为数据信号。输出控制信号为0时，锁存器的数据通过三态门进行输出。

1脚是输出使能（OE），低电平有效，当1脚是高电平时，不管输入3、4、7、8、13、14、17、18如何，也不管11脚（锁存控制端G）如何，输出2（Q_0）、5（Q_1）、6（Q_2）、9（Q_3）、12（Q_4）、15（Q_5）、16（Q_6）、19（Q_7）全部呈现高阻状态（或者叫浮空状态）；当1脚是低电平时，只要11脚（锁存控制端G）上出现一个下降沿，输出2（Q_0）、5（Q_1）、6（Q_2）、9（Q_3）、12（Q_4）、15（Q_5）、16（Q_6）、19（Q_7）立即呈现输入脚3、4、7、8、13、14、17、18的状态。

锁存端LE由高变低时，输出端8位信息被锁存，直到LE端再次有效。当三态门使能信号OE为低电平时，三态门导通，允许Q_0～Q_7输出；OE为高电平时，输出悬空。其功能表如表2-4-6所示。

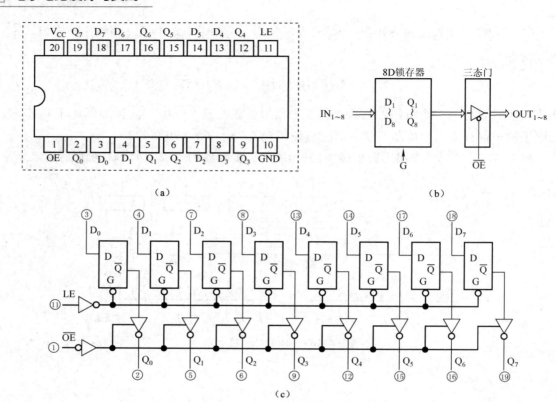

图2-4-17　74LS373引脚图和逻辑结构图

（a）74LS373引脚图　（b）74LS373逻辑图　（c）74LS373内部结构图

表2-4-6　74LS373功能表

D_n	LE	OE	Q_n
1	1	0	0
0	1	0	0
×	0	0	Q_0
×	×	1	高阻态

　　当74LS373用作地址锁存器时，应使OE为低电平，此时锁存使能端信号LE为高电平时，输出$Q_0 \sim Q_7$状态与输入$D_1 \sim D_7$状态相同；当LE发生负的跳变时，输入端$D_0 \sim D_7$数据锁入$Q_0 \sim Q_7$。51单片机的ALE信号可以直接与74LS373的LE连接。74LS373与单片机接口如图2-4-18所示。

　　$D_0 \sim D_7$为8个输入端。$Q_0 \sim Q_7$为8个输出端。LE是数据锁存控制端，当LE=1时，锁存器输出端同输入端；当LE由"1"变为"0"时，数据输入锁存器中。OE为输出允许端，当OE=0，三态门打开；当OE=1时，三态门关闭，输出呈高阻状态。在MCS-51单片机系统中，常用74LS373作为地址锁存器，其连接方法如图2-4-18所示。其中输入端$D_0 \sim D_7$接至单片机的P0口，输出端提供的是低8位地址，LE端接至单片机的地址锁存允许信号ALE。输出允许端OE接地，表示输出三态门一直打开。

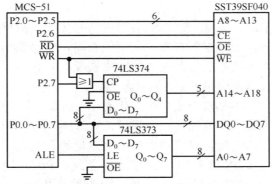

图2-4-18　74LS373与单片机的接口电路

2．锁存器74LS279

74LS279为四个基本 $\overline{RS}$ 触发器组成的锁存器，共有54/74279和54/74LS279两种线路结构形式。

四个触发器中有两个置位端（信号为 $\overline{S}_1$，$\overline{S}_2$）。当 $\overline{S}$ 为低电平、$\overline{R}$ 为高电平时，输出端（信号为 Q）为高电平。当 $\overline{S}$ 为高电平、$\overline{R}$ 为低电平时，Q为低电平。当 $\overline{S}$ 和 $\overline{R}$ 均为高电平时，Q被锁在已建立的电平。当 $\overline{S}$ 和 $\overline{R}$ 均为低电平时，Q为稳定的高电平状态。

具有两个位置端 $\overline{S}_1$、$\overline{S}_2$ 的RS触发器，当表示低电平有效时，只要有一个 $\overline{S}_1$ 为低电平就可以了，当表示高电平有效时，需要 $\overline{S}_1$ 和 $\overline{S}_2$ 均为高电平才可以。其引脚结构如图2-4-19所示。

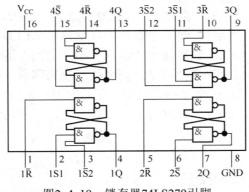

图2-4-19　锁存器74LS279引脚

引脚功能定义：1Q～4Q，输出端；1S～4S，置位端（低电平有效）；1R～4R，复位端（低电平有效）。其功能表如表2-4-7所示。

表2-4-7　74LS279功能表

输　　入		输　　出
$\overline{S}$	$\overline{R}$	Q
1	1	Q_0
0	1	1
1	0	0
0	0	不定

注：Q_0—前一次稳态时的输出电平。

3. 锁存器的应用

数据有效延迟滞后于时钟信号。这意味着时钟信号先到，数据信号后到。在某些运算器电路中有时采用锁存器作为数据暂存器。所谓锁存器，就是输出端的状态不会随输入端的状态变化而变化，仅在有锁存信号时输入的状态被保存到输出，直到下一个锁存信号到来时才改变。典型的锁存器逻辑电路是D触发器电路。

在某些应用中，单片机的I/O口上需要外接锁存器。例如，当单片机连接片外存储器时，要接上锁存器，这是为了实现地址的复用。假设，MCU端口中8路的I/O引脚既要用于地址信号又要用于数据信号，这时就可以用锁存器先将地址锁存起来。

8051访问外部存储器时P0口和P2口共作地址总线，P0口常接锁存器再接存储器。以防止总线间的冲突。而P2口直接接存储器。因为单片机内部时序只能锁住P2口的地址，如果用P0口传输数据时不用锁存器的话，地址就改变了。这是由于数据总线、地址总线共用P0口，所以要分时复用。先送地址信息，由ALE使能锁存器将地址信息锁存在外设的地址端，然后送数据信息和读写使能信号，在指定的地址进行读写操作。用锁存器来区分单片机的地址和数据，8051系列的单片机用得比较多，也有一些单片机（如8279）内部有地址锁存功能，就不用锁存器了。

4. 使用锁存器的注意事项

并不是一定要接锁存器，要看其地址线和数据线的安排，只有数据和地址线复用的情况下才需要锁存器，其目的是防止在传输数据时，地址线被数据所影响。接RAM时加锁存器是为了锁存地址信号。

如果单片机的总线接口只作一种用途，就不需要接锁存器。如果单片机的总线接口要作两种用途，就要用两个锁存器。例如：一个口要控制两个LED，对第一个LED送数据时，"打开"第一个锁存器而"锁住"第二个锁存器，使第二个LED上的数据不变。对第二个LED送数据时，"打开"第二个锁存器而"锁住"第一个锁存器，使第一个LED上的数据不变。如果单片机的一个口要作三种用途，则可用三个锁存器，操作过程相似。然而在实际应用中，并不这样做，只用一个锁存器就可以了，并用一根I/O端口线作为对锁存器的控制之用（接74LS373的LE，而OE可恒接地）。所以，就这一种用法而言，可以把锁存器视为单片机的I/O端口的扩展器。

4.4 电路设计及工作原理

4.4.1 电路设计

抢答电路的功能有两个：一是能分辨出选手按按钮的先后，并锁存优先抢答者的编号，供译码显示电路用；二是要使其他选手的按按钮操作无效。

根据电路功能要求，设置了图2-4-20所示的电路原理图。电路中$S_0 \sim S_7$ 8个小按键作为8个抢答队的抢答按钮，要求当按下按键，信号改变，释放后又还原；单刀双掷开关S为主持人开关，由此开关来控制抢答选手抢答，设置有两种状态，一种为"开始抢答"状态，此时电平为高电平，一种为"清除"状态，此时电平为低电平；只用显示相应抢答队的编号，选用七段数码管就能满足要求，本电路选用共阴极七段数码管，因而选用74LS48作为其驱动器，为了简化设计电路，在此将74LS48的A_3引脚直接接地，因而数码管只能显示0~

7；要使选手按键后编号能在数码管上锁存住，选用RS锁存器74LS279来锁存信息；为了能分辨出选手按按钮的先后，选用优先编码器74LS148来进行编码。

根据功能要求，8个抢答队的按钮选用普通小按键即可，普通小按键有四个引脚，在此作为触发信号，当不按按键时，信号不变，当有按键时，信号改变，释放后回来最初状态，在本电路设计中是通过按键给优先编码器一个短时低电平触发，释放按键后又回到高电平状态。主持人的开关要具有锁定状态功能，因而选用带锁的按键，其相当于单刀双掷开关，当主持人不按按键时，处于低电平状态，锁定锁存器，使数码管不显示任何数据；当主持人按下按键后，锁定在高电平，这时只要有人抢答，锁存器工作，将抢答队的编号显示在数码管上，直到主持人再次按下按键，将电平拉为低电平，清除数码管上的显示内容。

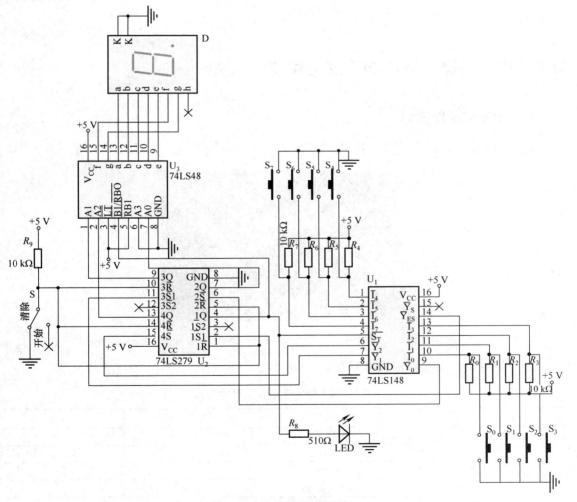

图2-4-20 抢答器电路原理

4.4.2 电路工作原理

当主持人控制开关处于"清除"位置时，*RS*触发器的*R*为低电平，输出（4*Q*～1*Q*）全部为低电平。于是74LS48的 $\overline{BI}=0$，显示器灭灯；74LS148的选通输入端 $\overline{ST}=0$，74LS148处于工作状态，此时锁存电路不工作。当主持人开关拨到"开始"位置时，优先编码器电路和锁存电路同时处于工作状态，即抢答器处于等待工作状态，等待输入 $\overline{I_7}\cdots\overline{I_0}$ 输入信号，当有选手将按钮按下时（例如按下 S_5），74LS148的输出 $\overline{Y_2}\overline{Y_1}\overline{Y_0}=010$，$\overline{Y}_{EX}=0$，经 RS 锁存器后，$1Q=1$，$\overline{BI}=1$，74LS279处于工作状态，$4Q3Q2Q=101$，经74LS48译码后，显示器上显示出"5"。此外，$1Q=1$，使74LS148的 $\overline{ST}$ 为高电平，74LS148处于禁止工作状态，封锁其他按钮的输入。当按下的按钮松开后，74LS148的 $\overline{Y}_{EX}$ 为高电平，但由于 $1Q$ 维持高电平不变，所以74LS148仍处于禁止工作状态，其他按钮的输入信号不会被接收。这就保证了抢答者的优先性以及抢答电路的准确性。当优先抢答者回答完问题后，由主持人操作控制开关S，使抢答电路复位，以便进行下一轮抢答。

4.5 按键电路元器件的识别与检测

4.5.1 电路元器件清单

抢答器电路元器件实物如图2-4-21所示。

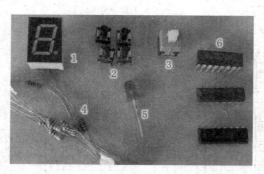

图2-4-21 抢答器电路元器件实物

抢答器电路所需元器件清单如表2-4-8所示。

表2-4-8 抢答器电路元器件清单

课题名称	元器件名称	数量	备注
抢答器	74LS148	1	
	74LS279	1	
	74LS48	1	
	共阴极数码管	1	
	10 kΩ电阻	9	
	510 Ω电阻	1	
	小按键	8	
	定位开关	1	
	发光二极管	1	

4.5.2　电路元器件的识别与检测

4.5.2.1　数码管的识别与检测

用数字万用表直接测量时，将数码管直接接到红、黑表笔上，按前面讲解的方法来检测。如果在识别笔画的过程中，每段笔画都能正常点亮，则说明数码管没有质量问题。

如果有信号发生器，也可以用信号发生器来识别各笔画和检测其性能，例如检测共阴极数码管时，将信号发生器的幅值调为2 V，将负极端子（一般是黑色的夹子）直接夹在共阴极上，用正极端子（一般是红色的夹子）来触碰其他的各引脚，哪个段码亮表明正极端子碰触的引脚为该笔画，且该笔画正常，依次检测即可。

4.5.2.2　按键的识别与检测

本电路中用到两种按键，一种是普通的小按键，如图2-4-21中的2所示，按着按键，信号改变，释放后又还原；一种是带锁的按键，如图2-4-21中的3所示，不按按键是一种状态，按下按键后释放不回弹，转换为另一种状态。普通小按键有四个引脚。

通过万用表来检测其性能，对普通小按键，电路中一般只需要连接两只引脚，一般建议连对角线的两只引脚（如图2-4-22所示1、3或2、4），这样不会出错。一般不按按钮时，1、3（或2、4）是"断开"状态，按下按钮时，1、3（或2、4）是"短路"状态，如果检测的是这样的情况，则证明该按键可用。对于带锁六脚按键，如图2-4-22（b）所示，通常只需用到同一侧的三只引脚1、2、3或4、5、6。首先通过万用表找到公共引脚。未按按键时只有两个引脚是导通的，假设是1、2脚；按下按键也只有两只引脚导通，假设是2、3脚；那么2脚即为公共引脚。在图2-4-20的电路中公共引脚2连接到10 kΩ电阻上，引脚1连接到"地"端，引脚3悬空。另一侧4、5、6引脚也可以如此检测来决定连接方式。

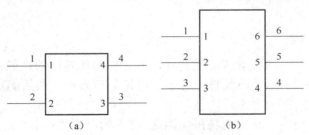

图2-4-22　4脚按键与6脚带锁按键符号
（a）4脚　（b）6脚

4.5.2.3　电阻的识别与检测

本电路用到两种型号电阻，如图2-4-21中4所示，均作为分压限流电阻用，通过色环法即可读出其阻值。

510 Ω电阻色环为：绿 棕 黑 黑 棕，电阻记数值为$510×10^0$ Ω，最后一位为误差位。

10 kΩ电阻色环为：棕 黑 黑 红 棕，电阻记数值为$100×10^2$ Ω=10 kΩ，最后一位为误差位。

因为制作工艺的问题，有的电阻色环的色彩不是很清晰，如果不能通过色环辨别，也可用万用表直接测量其阻值。

用万用表检测电阻的性能时，要选用合适的电阻挡，通过测量电阻的阻值即可分辨其性能的好坏。

4.5.2.4　二极管的识别与检测

发光二极管可用万用表或信号发生器检测。用信号发生器检测时，要调整合适输出幅度电压，将红、黑夹子夹在发光二极管的两端，能发出正常的亮度的则表明二极管的性能良好。

4.5.2.5　集成芯片的识别与检测

首先要正确识别引脚排列顺序。将双列直插式IC水平放置，引脚向下，即其型号、商标向上，定位标记在左边，从左下角第一只引脚数起，按逆时针方向，依次为1脚，2脚，3脚……

本电路设计用到三种集成芯片（优先编码器74LS148、锁存器74LS279、数码管译码器74LS48）均是16引脚的芯片，其实物如图2-4-21中6所示。

检测其好坏的方法是：用万用表电阻挡测量集成电路各脚对地的正、负电阻值。具体方法如下：将万用表拨在"R×1K""R×100"或"R×10"挡上，先让红表笔接集成电路的接地引脚，然后将黑表笔从第一只引脚开始，依次测出各脚相对应的阻值（正阻值）；再让黑笔表接同一接地引脚，用红表笔按以上方法与顺序，测出另一电阻值（负阻值）。将测得的两组正、负阻值和标准值比较，从中发现问题。

4.6　电路调试

4.6.1　电路制作步骤

（1）各小组按电路要求领取所需元器件，分工检测元器件的性能。

（2）依据图2-4-20所示电路原理，各小组讨论如何布局，最后确定一个最佳方案在面包板上搭建好图2-4-20所示电路。

（3）检查电路无误后，从直流稳压电源送入5 V的电压供电。

（4）按电路工作原理进行测试，观察测试结果。

（5）记录结果，并撰写技术文档。

4.6.2　不通电测试

在搭建好图2-4-20所示电路后，首先用万用表测试电源和地之间是否短接。若用模拟万用表检测，则用电阻挡测试地和电源之间的阻值来判断。如电阻值无穷大说明没有短接，电阻值为零则表明短接了；若用数字万用表检测，则可以使用测二极管的性能挡，如短路，万用表会发出蜂鸣声和二极管点亮指示，如未短路则不会发出声音，二极管也不会点亮。

4.6.3 通电

用万用表检测电源和地端，如果电源和地之间没有短接，再用直流稳压电源给电路提供+5 V的电压（其设置方法同前面几章里的设置）。

将电路的电源端接直流稳压电源的5V通道的"+"极，地端接"－"极，按下直流电源的供电开关给电路板供电，然后观察电路板有没有异常情况。电路板按设计要求焊接没问题情况下，上电，电路板上没有任何现象——图2-4-20中的LED不会点亮，数码管D上也不显示。只有当S开关按下时LED灯点亮，再按下一个小按键，数码管D上才显示数字。

4.6.4 整体电路调试

通电后，用万用表的电压"10 V"挡测试电路的电压供电是否正常。如不正常，应检查电路连接的情况；正常则按照要求进行电路测试。

当主持人开关S打到"开始"位置，宣布抢答开始，当"S_0"先按下时，数码管上显示"0"，再按其他开关，显示保持数字"0"不变，实现了抢答。

若要进行下一轮的抢答，主持人开关S先要切换到"清除"位置，将前一次的抢答信息清除，即刷新数码管显示，使数码管不点亮。再将主持人开关S切换到"开始"位置，准备新一轮的抢答。当"S_3"先按下时，数码管上显示"3"。依次类推其他的抢答情况。

4.6.5 电路调试注意事项

（1）注意电路的焊接，避免虚焊。

（2）将电路中所有芯片的共地端子和电源端子分别连在一起。

（3）注意开关与电阻并联，每个按键对应的线路顺序不要出错。

（4）注意七段数码管的型号以及相应型号电路的连接。

4.7 拓展知识

关于开关电路的识图主要说明下列几点。

（1）开关电路有机械式开关电路和电子式开关电路两种，它们各自的特点是：机械式开关的开与关都比较彻底；而电子开关接通时不是理想的接通，断开时也不是理想的断开，但这并不影响电子开关的功能。

（2）理解电子开关电路的工作原理要从机械式开关电路入手，电子开关也同机械式开关一样，要求有开与关的动作。

（3）电子开关电路中，作为电子开关器件的可以是开关二极管，也可以是开关三极管，还可以是其他电子器件。

（4）二极管开关电路与三极管开关电路是有所不同的。前者的开关动作直接受工作电压控制；而后者电路中有两个电压信号，一个直流工作电压，另一个是加到三极管基极的控制电压，控制电压只控制开关三极管的饱和与截止，不参与对开关电路的负载供电工作。

（5）二极管开关电路中的工作电压可以是加到二极管的正极（前面电路就是这样的），也可以是加到二极管的负极，这两种情况下的直流工作电压极性是不同的。无论哪种情况，加到开关二极管上的直流工作电压都要足够大，大到足以让二极管处于导通状态。

（6）对于三极管开关电路而言，可以用PNP型三极管，也可以用NPN型三极管。采用不同极性开关三极管时，加到基极上的控制电压极性是不同的，它们要保证开关三极管能够进入饱和与截止状态。

实验与思考题

1. 在图2-4-20的基础上设计一个30 s的定时抢答电路。
2. 标准秒脉冲信号是怎样产生的？振荡器的稳定度为多少？
3. 数字电路系统中，有哪些因素会产生脉冲干扰？其现象是什么？
4. 简述电路调试中常见的问题。

第5章 函数发生器电路设计

函数发生器能自动产生正弦波、三角波、方波及锯齿波、阶梯波等电压波形。其电路中使用的器件可以是分立器件（如低频信号函数发生器S101全部采用晶体管），也可以是集成电路（如单片集成电路函数发生器ICL8038）。本项目设计主要由运算放大器与晶体管差分放大器组成方波-三角波-正弦波函数发生器。

5.1 函数发生电路的性能指标

（1）输出波形：正弦波、方波、三角波等。

（2）频率范围：1～10 Hz，10～100 Hz波段。

（3）输出电压：一般指输出波形的峰—峰值，方波U_{P-P}=24 V，三角波U_{P-P}=8 V，正弦波U_{P-P}>1 V。

（4）波形特性：表征正弦波特性的参数是非线性失真 $\gamma_\sim$，一般要求$\gamma_\sim$<3%；表征三角波特性的参数是非线性系数$\gamma_\triangle$，一般要求$\gamma_\triangle$<2%；表征方波特性的参数是上升时间t_r，一般要求t_r<100 ns（1 kHz，最大输出时）。

5.2 设计方案

产生正弦波、方波、三角波的方案有很多种，如先产生正弦波，然后通过整形电路将正弦波变换成方波，再由积分电路将方波变成三角波；也可以先产生三角波—方波，再将三角波变成正弦波或将方波变成正弦波。本项目介绍先产生三角波—方波，再将三角波变成正弦波的电路设计方法。其电路组成框图如图2-5-1所示。

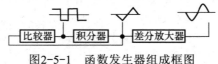

图2-5-1 函数发生器组成框图

5.2.1 模块电路分析

5.2.1.1 比较器

对两个或多个数据项进行比较，以确定它们是否相等，或确定它们之间的大小关系及排列顺序称为比较。能够实现这种比较功能的电路或装置称为比较器。比较器是将一个模拟电压信号与一个基准电压相比较的电路。比较器的两路输入为模拟信号，输出则为二进制信号，当输入电压的差值增大或减小时，其输出保持恒定。同时，也可以将其当作一个1

位模/数转换器（ADC）。运算放大器在不加负反馈时从原理上讲可以用作比较器，但由于开环增益非常高，它只能处理输入差分电压非常小的信号。而且，一般情况下，运算放大器的延迟时间较长，无法满足实际需求。比较器经过调节可以提供极小的时间延迟，但其频响特性会受到一定限制。为避免输出振荡，许多比较器还带有内部滞回电路。比较器的阈值是固定的，有的只有一个阈值，有的具有两个阈值。

1. 分类

一般比较器分为过零电压比较器、电压比较器、窗口比较器、滞回比较器。

1）过零电压比较器

过零电压比较器是将信号电压U_i与参考电压零进行比较，如图2-5-2所示，电路由集成运放构成。对于高质量的集成运放而言，其开环电压放大倍数很大，输入偏置电流、失调电压都很小。若按理想情况（A_{od}=无穷大，$i_{in}=0$，$u_{io}=0$）考虑，则集成运放开环工作时，当$u_i>0$时，u_o为低电平；当$u_i<0$时，u_o为低电平。

集成运放输出的高低电平值一般为最大输出正负电压值U_{om}。

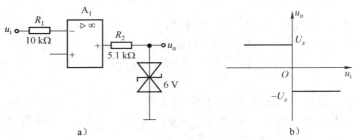

a)　　　　　　　　　　　　b)

图2-5-2　过零电压比较器

（a）电路　（b）传输特性曲线

2）电压比较器

将过零比较器的一个输入端从接地改接到一个固定电压值上，就得到电压比较器。它是对输入信号进行鉴别与比较的电路，是组成非正弦波发生电路的基本单元电路。常用的电压比较器有单限比较器、滞回比较器、窗口比较器、三态电压比较器等。

电压比较器可以看作放大倍数接近"无穷大"的运算放大器。电压比较器的功能是比较两个电压的大小（用输出电压的高或低电平，表示两个输入电压的大小关系）：当"+"输入端电压高于"−"输入端时，电压比较器输出为高电平；当"+"输入端电压低于"−"输入端时，电压比较器输出为低电平。

电压比较器可工作在线性工作区和非线性工作区。工作在线性工作区时特点是虚短、虚断；工作在非线性工作区时特点是跳变、虚断；由于比较器的输出只有低电平和高电平两种状态，所以其中的集成运放常工作在非线性区。从电路结构上看，运放常处于开环状态，这是为了使比较器输出状态的转换更加快速，以提高响应速度，一般在电路中接入正反馈。

一种实用的电压比较器电路如图2-5-3所示。

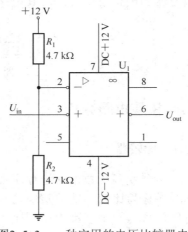

图2-5-3　一种实用的电压比较器电路

3）窗口比较器

电路由两个幅度比较器和一些二极管与电阻构成。高电平信号的电位水平高于某规定值 U_H 的情况，相当于比较电路正饱和输出。低电平信号的电位水平低于某规定值 U_L 的情况，相当于比较电路负饱和输出。该比较器有两个阈值，传输特性曲线呈窗口状，故称为窗口比较器。

图2-5-4所示即是一典型的窗口比较器电路。其中 U_H 为上限电压，U_L 为下限电压，u_i 为输入电压；当 $u_i > U_H$ 或 $u_i < U_L$ 时，运算放大器 A_1 或 A_2 输出高电平，三极管VT饱和导通，输出 $u_o \approx 0$ V；当 $U_L < u_i < U_H$ 时，运算放大器 A_1 和 A_2 均输出低电平，三极管VT截止，输出 $u_o = 5$ V；电路中 A_1、A_2 的输入端所加的双向箝位二极管，起保护作用。电阻 R_3 如因需要，可以换成继电器或者指示灯。

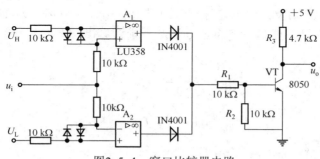

图2-5-4 窗口比较器电路

4）滞回比较器

滞回比较器又称施密特触发器或迟滞比较器。从输出引一个电阻分压支路到同相输入端，形成正反馈，就可以构成滞回比较器。它的特点是当输入信号 u_i 从零逐渐增大或逐渐减小时，它有两个阈值，且不相等，其传输特性具有"滞回"曲线的形状。

滞回比较器也有反相输入和同相输入两种方式。图2-5-5是滞回比较器及其传输特性。图中 U_R 是某一固定电压，改变 U_R 值能改变阈值及回差大小。

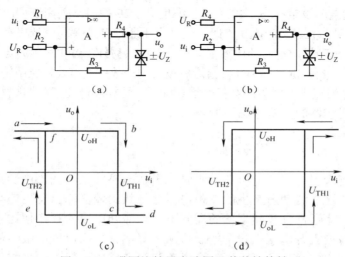

图2-5-5 滞回比较器电路图及其传输特性

（a）反相滞回比较器电路图 （b）同相滞回比较器电路图

（c）反相滞回比较器传输特性 （d）同相滞回比较器传输特性

Ⅰ．正向过程

正向过程的阈值

$$U_{TH1} = \frac{R_3 U_R + R_2 U_{oH}}{R_2 + R_3} = \frac{R_3 U_R + R_2 U_Z}{R_2 + R_3}$$

形成电压传输特性的 *abcd* 段。

Ⅱ．负向过程

负向过程的阈值

$$U_{TH2} = \frac{R_3 U_R + R_2 U_{oH}}{R_2 + R_3} = \frac{R_3 U_R - R_2 U_Z}{R_2 + R_3}$$

形成电压传输特性上 *defa* 段。由于它与磁滞回线形状相似，故称之为滞回电压比较器。

利用求阈值的临界条件和叠加原理方法，不难计算出图2-5-5（b）所示的同相滞回比较器的两个阈值：

$$U_{TH1} = \left(1 + \frac{R_2}{R_3}\right) U_R - \frac{R_2}{R_3} U_{oL}$$

$$U_{TH2} = \left(1 + \frac{R_2}{R_3}\right) U_R - \frac{R_2}{R_3} U_{oH}$$

两个阈值的差值 $\Delta U_{TH} = U_{TH1} - U_{TH2}$ 称为回差。

由上分析可知，改变 R_2 值可改变回差大小，调整 U_R 可改变 U_{TH1} 和 U_{TH2}，但不影响回差大小。即滞回比较器的传输特性将平行右移或左移，滞回曲线宽度不变。

Ⅲ．同相滞回比较器与反向滞回比较器的比较与应用

反相施密特比较器：电路接法是参考电位来自于本比较器的输出端并且接在同相端，输入信号接在反相端。当输入电压大于参考电压时，输出低电位（同相施密特比较器则反之）。当输出端输出低电位后，参考电压也随之变得更低，当输入电压降低时，只有降到低于这个更低参考电位后，比较器的输出才能变成高电平输出。常用于限定一个电压范围，比如使用空调进行降温控制，假设温度设定在25～28 ℃。当温度大于25 ℃时，关闭空调。如果不用施密特比较器，温度在25 ℃附近或略低于25 ℃时，空调会不断地开、关。空调里有压缩机，压缩机是靠电动机带动的，电动机启动时的电流很大造成费电。另外，过去用的是氟利昂制冷机，这种设备不可以停机后立刻开机，立刻开机会造成设备制冷效果变差。如果用施密特比较器，则只有等温度回升到28 ℃以上，空调才会打开继续降温，这样就避免了空调频繁开关。

同相施密特比较器的分析方法和特点可类推。

2．性能指标

1）滞回电压

比较器两个输入端之间的电压在过零时输出状态将发生改变，由于输入端常常叠加有很小的波动电压，这些波动所产生的差模电压会导致比较器输出发生连续变化，为避免输出振荡，新型比较器通常具有几毫伏的滞回电压。滞回电压的存在使比较器的切换点变为两个：一个用于检测上升电压，一个用于检测下降电压。高电压门限与低电压门限之差等于滞回电压，滞回比较器的失调电压是高电压门限和低电压门限的平均值。不带滞回的比较器的输入电压切换点为输入失调电压，而不是理想比较器的零电压。失调电压一般随温度、电源电压的变化而变化。通常用电源抑制比表示电源电压变化对失调电压的影响。

2）偏置电流

理想的比较器的输入阻抗为无穷大，因此，理论上对输入信号不产生影响，而实际比较器的输入阻抗不可能做到无穷大，输入端有电流经过信号源内阻并流入比较器内部，从而产生额外的压差。偏置电流（I_{bias}）定义为两个比较器输入电流的中值，用于衡量输入阻抗的影响。MAX917系列比较器的最大偏置电流仅为2 nA。

3）超电源摆幅

为进一步优化比较器的工作电压范围，Maxim公司利用NPN管与PNP管相并联的结构作为比较器的输入级，从而使比较器的输入电压得以扩展，这样，其下限可低至最低电平，上限比电源电压还要高出250 mV，因而达到超电源摆幅标准。这种比较器的输入端允许有较大的共模电压。

4）漏源电压

由于比较器仅有两个不同的输出状态（零电平或电源电压），且具有满电源摆幅特性的比较器的输出级为射极跟随器，这使得其输入和输出信号仅有极小的压差。该压差取决于比较器内部晶体管饱和状态下的发射结电压，对应于MOSFFET的漏源电压。

5）输出延迟时间

输出延迟时间包括信号通过元器件产生的传输延时和信号的上升时间与下降时间，对于高速比较器，如MAX961，其延迟时间的典型值仅为4.5 ns，上升时间仅为2.3 ns。设计时需注意不同因素对延迟时间的影响，其中包括温度、容性负载、输入过驱动等的影响。

3. 常用作比较器的芯片

常见的芯片有LM324、LM358、uA741、TL081/2/3/4、TL062、OP07、OP27，这些都可以做成电压比较器（不加负反馈）。LM339、LM393是专业的电压比较器，切换速度快，延迟时间小，可用在专门的电压比较场合。在这里介绍一款低功耗JFET输入运算放大器TL062。

TL062是一款低功耗JFET输入运算放大器，它的特点是高输入阻抗、宽带宽、高回转率以及低输入漂移和输入偏置电流。TL06系列的端口设计与TL07和TL08系列一样，在一个单块集成电路中每个JFET输入运算放大器具有好匹配、高JEFT电压和双极性晶体管。

TL062的引脚结构和实物如图2-5-6所示。内部结构如图2-5-7所示。

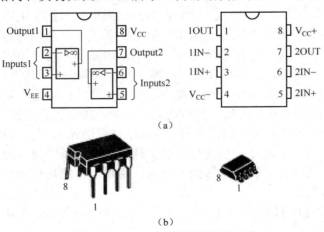

（a）

（b）

图2-5-6　TL062的引脚结构和实物

（a）TL062的引脚图　（b）TL062的实物图

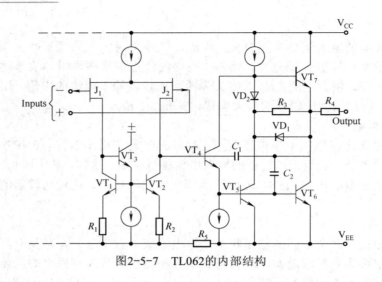

图2-5-7　TL062的内部结构

5.2.1.2　积分器

在数学上，积分是求取某一曲线下面积的过程。如矩形法，就是把曲边梯形分成若干个窄曲边梯形，然后用窄矩形来近似代替窄曲边梯形，从而求得定积分的近似值。

在物理上，积分是一种能够执行积分运算的电路，其输出信号为输入信号的积分。同样地输入信号是输出信号的微分。

根据以上的数学和物理上关于积分的阐述，可以先知道在实际应用中的对于一个连续信号的积分就是将连续信号根据一定的采样间隔变成n个离散信号（离散数值），再将离散数值进行累加，而且是逐步累加。也就是说将前两次的数值累加和反馈回来，再与第三次的数值累加，然后再累加和反馈回来，依此类推，逐渐累加最后计算出n个离散数值的和。

电容的充放电过程是一个典型的积分过程。用这个例子可以很好地帮助理解积分器与低通滤波之间的关系。电容充电的过程如下：当电路中突然加上电压之后，电容开始逐步充电，即电容两端的电压从0逐步增大，直到电容两端的电压与加在电路两端的电压相等为止。从信号与系统的角度看，电容与电阻组成的电路系统是一个积分器，系统的输入为加在电路两端的电压，输出为电容两端的电压。用电路的知识，可以很容易得到这个系统的响应函数，可以定量地验证积分器与低通滤波器之间的等效关系。这里从概念上解释一下：从刚才所说的物理过程可知，充电过程的输入信号为一个阶跃信号。阶跃信号由于存在一个突变，即不连续，这个信号从傅里叶分析的观点来看，必定包含直到无穷大的高频成分。也就是说，突然的变化包含着更多的高频分量。充电过程的输入信号为从0逐步变化到电压值的一个相对缓变的信号，也就是说变化不是突然的，而是慢慢变大的，这表明输出信号中主要是低频成分。从输入、输出信号的关系看，直观上理解是高频分量被抑制了，这正好就是一个低通滤波器。

本电路采用运放TL062构建一个积分滤波器，如图2-5-8所示。在此介绍运放积分器的工作原理。

运放积分器可以斜上升到饱和状态，电容放电式开关会重置积分器。或者，三角波发生器应用中，输入转换积分器，使其冲高或跌落。通过在线常用电路的许多研究发现，运放积分器保持预设持续电压是没有意义的。

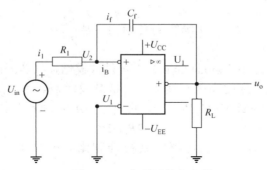

图2-5-8 典型运放积分器

本设计方案描述了一个单电源供电放大器电路，电路输出斜坡上升或下降的线性电压，响应从到U_{CC}输入电压的阶梯幅值。输出斜坡的dU/dt可调整到1 V/min，不依赖于输入阶梯的幅值，终止于与输入阶梯电压近似相等的恒定直流等级。任何更多直流输入电压的改变引起以预设dU/dt速度，输出斜坡上升或下降到新直流输入电压。实际上，电路是一个限幅的恒定斜率积分器。

本电路使用NI公司轨对轨输入/输出四运放LMC6484。轨对轨的特性使其容易使用，低漏输入适用于长期不变的积分器，最大3 mV输入偏置电压更是出色。线性锥形电位器R_1设置输入电压，从而在斜坡末端决定最后输出电压。当输出斜坡上升或下降时，IC1A的输出分别在U_{CC}或地饱和。

5.2.1.3 差分放大器

差分放大器属于一种特殊的放大器，通常用于需要较大的直流或交流共模干扰的场所。其中包括通用的电流检测应用，如电动机控制、电池充电和电源转换；另包括大量高共模电平的汽车电流检测应用，如电池电平监测、传动控制、燃油喷射控制、发动机管理、悬挂控制、电控转向、电控刹车以及混合动力驱动和混合动力电池控制。因为这些控制大多通过放大负载电路上分流电阻两端的电压差以获取电流，所以也常称作电流分流放大器。

差分放大器是一种将两个输入端电压的差以一固定增益放大的电子放大器，有时简称为"差放"。差分放大器通常被用作功率放大器（简称"功放"）和发射极耦合逻辑电路（Emitter Coupled Logic，ECL）的输入级。差分放大器是普通单端输入放大器的一种推广，只要将差放的一个输入端接地，即可得到单端输入的放大器。差分放大器是由两个参数特性相同的晶体管用直接耦合方式构成的放大器。若两个输入端上分别输入大小相同且相位相同的信号时，输出为零，从而可以克服零点漂移。差分放大器适于作直流放大器。图2-5-9为差分放大器电路。

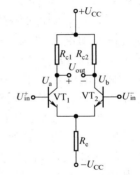

图2-5-9 差分放大器电路

如果VT_1，VT_2的特性很相似，则U_a，U_b将同样变化。例如，U_a变化+1 V，U_b也变化+1 V，因为输出电压$U_{out}=U_a-U_b=0$ V，

即U_a的变化与U_b的变化相互抵消。这就是差动放大器可以作直流信号放大的原因。若差放的两个输入为U_{in}^+和U_{in}^-，则它的输出

$$U_{out}=A_d(U_{in}^+-U_{in}^-)+A_c\frac{U_{in}^++U_{in}^-}{2}$$

其中A_d是差模增益（Differential-mode Gain），A_c是共模增益（Common-mode Gain）。

因此为了提高信噪比，应提高差模增益，降低共模增益。A_d与A_c之比称作共模仰制比（Common-mode Rejection Ratio，CMRR）。共模增益A_c可用下式求出：

$$A_c=2R_{c1}/2R_e$$

通常以差模增益和共模增益的比值（共模抑制比）衡量差分放大器消除共模信号的能力：

$$CMRR=\frac{A_d}{A_c}$$

194 由上式可知，当共模增益$A_c\rightarrow 0$时，$CMRR\rightarrow\infty$。R_e越大，A_c就越低，因此共模抑制比也就越大。因此对于完全对称的差分放大器来说，其$A_c=0$，故输出电压可以表示为

$$U_{out}=U_d(U_{in}^+-U_{in}^-)$$

所谓共模放大倍数，就是U_{in}^+，U_{in}^-输入相同信号时的放大倍数。如果共模放大倍数为0，则输入噪声对输出没有影响。

要减小共模放大倍数，加大R_e就行。通常使用内阻大的恒流电路来代替R_e。很多系统在差分放大器的一个输入端输入信号，另一个输入端输入反馈信号，从而实现负反馈。常用于电动机或者伺服电动机控制、稳压电源、测量仪器以及信号放大。在离散电子学中，实现差分放大器的一个常用手段是差动放大，见于多数运算放大器集成电路中的差分电路。

单端输出的差动放大电路（不平衡输出）如图2-5-10所示。单端较差动输出之幅度小一半，使用单端输出时，共模信号不能被抑制，因U_{i1}与U_{i2}同时增加，U_{C1}与U_{C2}则减少，而且$U_{C1}=U_{C2}$，但$U_o=U_{C2}$，并为非零值（产生零点漂移）。但是加大R_e阻值可以增大负回输而抑制输出，并且抑制共模信号，因$U_{i1}=U_{i2}$时，I_{i1}及I_{i2}也同时增加，I_E亦上升而令U_E升高，这对VT_1和VT_2产生负回输，令VT_1和VT_2之增益减少，即U_o减少。当差动信号输入时，$U_{i1}=-U_{i2}$，I_{C1}增加而I_{C2}减少，总电流$I_E=I_{C1}+I_{C2}$保持不变，因此U_E也不变，加大R_e阻值，电路会将差动信号放大，不会对VT_1及VT_2产生负回输及抑制。即差动输入，则I_{C1}上升而I_{C2}下降（并且$\Delta I_{C1}=\Delta I_{C2}$）。

输出电流是I_{C1}和I_{C2}的差，即将输出变为具有双端差动输出性能的单端输出（故对共模信号之抑制有改善，因双端差动输出才能产生消除共模信号作用）。

I_{C2}减少，使VT_2之U_{CE}增加，使U_o上升；而I_{C1}增加，使VT_1之U_{CE}减少，这也是使U_o增加，故此，U_o上升之幅度是使用电阻为负载之单端输出电压大一倍。

差分放大器可以用晶体三极管或电子管作为它的有源器件，如图2-5-11所示。输出电压$u_o=u_{o1}-u_{o2}$，是晶体管VT_1和VT_2集电极输出电压u_{o1}和u_{o2}之差。当VT_1和VT_2的输

入电压幅度相等但极性相反，即 $u_{s1}=-u_{s2}$ 时，差分放大器的增益 K_d（差模增益）和单管放大器的增益相等，即 $K_d \approx R_c/r_e$，式中 $R_c=R_{c1}=R_{c2}$，r_e 是晶体管的射极电阻。通常 r_e 很小，因而 K_d 较大。当 $u_{s1}=-u_{s2}$，即两输入电压的幅度与极性均相等时，放大器的输出 u_o 应等于零，增益也等于零。实际放大电路不可能完全对称，因而这时还有一定的增益。这种增益称为共模增益，记为 K_c。在实际应用中，温度变化和电源电压不稳等因素对放大作用的影响，等效于每个晶体管的输入端产生了一个漂移电压。利用电路的对称性可以使之互相抵消或削弱，使输出端的漂移电压大大减小。显然，共模增益越小，即电路对称性越好时，这种漂移电压也越小。

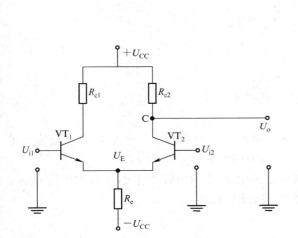

图2-5-10　单端输出的差动放大电路

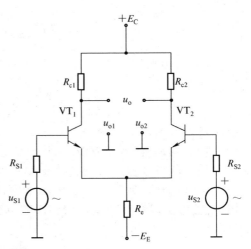

图2-5-11　差分放大器基本电路

5.2.2　方波–三角波产生电路

图2-5-12所示的电路能自动产生方波-三角波。电路工作原理如下：若 a 点断开，运放 A_1 与 R_1、R_2 及 R_3、R_{P1} 组成电压比较器，R_1 称为平衡电阻，C_1 称为加速电容，可加速比较器的翻转；运放 A_1 的反相端接基准电压，即 $U_-=0$，同相端接输入电压 U_{ia}；比较器的输出 u_{o1} 的高电平等于正电源电压 $+U_{CC}$，低电平等于负电源电压 $-U_{EE}$（$|+U_{CC}|=|-U_{EE}|$），当比较器的 $U_+=U_-=0$ 时，比较器翻转，输出 u_{o1} 从高电平 $+U_{CC}$ 跳到低电平 $-U_{EE}$，或从低电平 $-U_{EE}$ 跳到高电平 $+U_{CC}$。设 $u_{o1}=+U_{CC}$，则

$$U_+ = \frac{R_2}{R_2+R_3+R_{P1}}(+U_{CC}) + \frac{R_3+R_{P1}}{R_2+R_3+R_{P1}}U_{ia} = 0$$

a 点断开后，运放 A_2 与 R_4、R_{P2}、C_2 及 R_5 组成反相积分器，其输入信号为方波 U_{o1}，则积分器的输出

$$u_{o2} = \frac{-1}{(R_4+R_{P2})\,C_2} \int u_{o1}\mathrm{d}t$$

当 $u_{o1}=+U_{CC}$ 时，

$$u_{o2} = \frac{-(+U_{CC})}{(R_4 + R_{P2}) C_2} t = \frac{-U_{CC}}{(R_4 + R_{P2}) C_2} t$$

当$u_{o1} = -U_{EE}$时，

$$u_{o2} = \frac{-(-U_{EE})}{(R_4 + R_{P2}) C_2} t = \frac{-U_{CC}}{(R_4 + R_{P2}) C_2} t$$

可见，当积分器的输入为方波时，输出是一个上升速率与下降速率相等的三角波。

a点闭合，即比较器与积分器首尾相连，形成闭环电路，则自动产生方波-三角波。三角波的幅度

$$U_{o2m} = \frac{R_2}{R_3 + R_P} U_{CC}$$

方波-三角波的频率

$$f = \frac{R_3 + R_{P1}}{4R_2(R_4 + R_{P2}) C_2}$$

由此可以得出以下结论。

（1）电位器R_{P2}在调整方波-三角波的输出频率时，一般不会影响输出波形的幅度。若要求输出频率范围较宽，可用C_2改变频率范围，而用R_{P2}实现频率微调。

（2）方波的输出幅度约等于电源电压$+U_{CC}$。三角波的输出幅度不超过电源电压$+U_{CC}$。电位器R_{P1}虽可实现幅度微调，但会影响方波-三角波的频率。

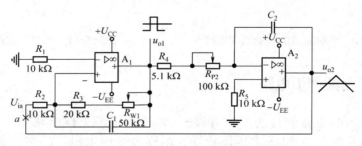

图2-5-12 方波—三角波产生电路原理

5.2.3 三角波→正弦波变换电路

为帮助学生学习多级电路的调试技术，下面选用差分放大器作为三角波→正弦波的变换电路。波形变换的原理是：利用差分对管的饱和与截止特性进行变换。分析表明，差分放大器的输出特性曲线i_{C1}的表达式为

$$i_{C1} = \alpha i_{E1} = \frac{\alpha I_0}{1 + e^{-v_{id}/U_T}}$$

式中，$\alpha = I_C/I_E \approx 1$；$I_0$为差分放大器的恒定电流；$U_T$为恒温的电压当量，当室温为25 ℃时，$U_T \approx 26$ mV。

为使输出波形更接近正弦波，要求：

（1）传输特性曲线尽可能对称，线性区尽可能窄。

（2）三角波的幅值U_m应接近晶体管的截止电压值。

图2-5-13所示的为三角波→正弦波的变换电路。其中，R_{P3}调节三角波的幅度，R_{P4}调整电路的对称性，并联电阻R_{e2}用来减小差分放大器的线性区。C_3、C_4、C_5为隔直电容，C_6^*为滤波电容，以滤除谐波分量，改善输出波形。

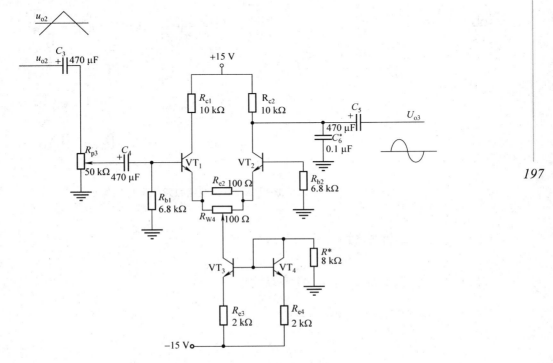

图2-5-13 三角波→正弦波变换电路

5.3 三角波-方波-正弦波函数发生器电路设计及工作原理

5.3.1 电路原理图与工作原理

三角波-方波-正弦波函数发生器电路如图2-5-14所示。其中TL062是一只含双运放的集成芯片，差分放大器采用4只NPN型晶体管9013来实现三角波→正弦波的变换，运放A_1（TL062左边的运算放大器，由引脚1、2、3组成）与R_1、R_2及R_3、R_{P1}组成电压比较器，R_1称为平衡电阻，C_1称为加速电容，可加速比较器的翻转；运放A_2（TL062右边的运算放大器，由引脚5、6、7组成）与R_4、R_{P2}、C_2及R_5组成反相积分器。其中R_{P1}实现方波→三角波幅度微调，同时会影响方波→三角波的频率；R_{P2}实现方波→三角波的输出频率调整，一般不会影响输出波形的幅度；R_{P3}调节三角波的幅度，R_{P4}调整电路的对称性，并联电阻R_{e2}用来减小差分放大器的线性区；C_3、C_4、C_5为隔直电容，C_6^*为滤波电容，以滤除谐波分量，改善输出波形。

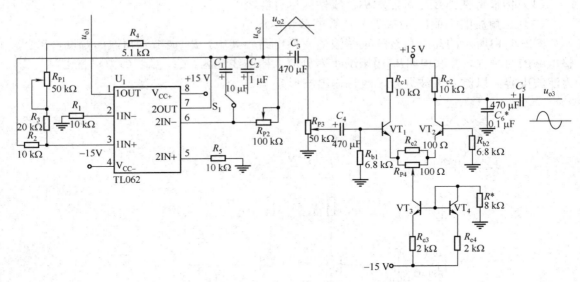

图2-5-14 三角波-方波-正弦波函数发生器电路原理

5.3.2 计算元器件参数

比较器A_1与积分器A_2的元器件参数计算如下。

由$U_{o2m} = \dfrac{R_2}{R_3 + R_{P1}} U_{CC}$ 得

$$\frac{R_2}{R_3 + R_{P1}} = \frac{U_{o2m}}{U_{CC}} = \frac{4}{12} = \frac{1}{3}$$

取R_2=10 kΩ，取R_3=20 kΩ，R_{P1}=47 kΩ，则平衡电阻R_1=R_2//（R_3+R_{P1}）≈10 kΩ。

由输出频率的表达式 $f = \dfrac{R_3 + R_{P1}}{4R_2(R_4 + R_{P2})\,C_2}$ 得

$$R_4 + R_{P2} = \frac{R_3 + R_{P1}}{4R_2 C_2 f}$$

当1 Hz≤f≤10 Hz时，取C_2=10 μF，R_4=5.1 kΩ，R_{P2}=100 kΩ。当10 Hz≤f≤100 Hz时，取C_2=1 μF以实现频率波段的转换，R_4及R_{P2}的取值不变。取平衡电阻R_5=10 kΩ。

三角波→正弦波电路的参数选择原则是：隔直电容C_3、C_4、C_5要取得较大，因为输出频率很低，取C_3=C_4=C_5=470 μF。滤波电容C_6^*的取值视输出的波形而定，若含高次谐波成分较多，则C_6^*一般为几十皮法至0.1 μF。R_{e2}=100 Ω与R_{P4}=100 Ω相并联，以减小差分放大器的线性区。差分放大器的静态工作点可通过观测传输特性曲线，调整R_{P4}及电阻R^*来确定。

5.3.3　电路安装与调试技术

在装调多级电路时，通常按照单元电路的先后顺序进行分级装调与级联。图2-5-14所示电路的装调顺序如下。

1．方波-三角波发生器的装调

由于比较器A_1与积分器A_2组成正反馈闭环电路，同时输出方波与三角波，故这两个单元电路可以同时安装。需要注意的是，在安装电位器R_{P1}与R_{P2}之前，要先将其调整到设计值，否则电路可能会不起振。如果电路连接正确，则在接通电源后，A_1的输出u_{o1}为方波，A_2的输出u_{o2}为三角波，微调R_{P1}，使三角波的输出幅度满足设计指标要求，调节R_{P2}，则输出频率连续可变。

2．三角波→正弦波变换电路的装调

三角波→正弦波变换电路可利用图2-5-11所示的差分放大器电路来实现。电路的调试步骤如下。

199

1）差分放大器传输特性曲线调试

将C_4与R_{P3}的连线断开，经电容C_4输入差模信号电压$u_{id}=50$ mV，$f_i=100$ Hz的正弦波。调节R_{P4}及电阻R^*，使传输特性曲线对称。再逐渐增大u_{id}，直到传输特性曲线如图2-5-15所示，记下此时对应的峰值U_{idm}。移去信号源，再将C_4左端接地，测量差分放大器的静态工作点I_0、U_{C2Q}、U_{C3Q}、U_{C4Q}。

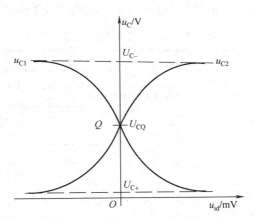

图2-5-15　示波器上显示的差模传输特性曲线

2）三角波→正弦波变换电路调试

将C_4与R_{P3}连接，调节R_{P3}使三角波的输出幅度（经R_{P3}后输出）等于U_{idm}值，这时u_{o3}的波形应接近正弦波，调整C_6^*改善波形。如果u_{o3}的波形出现如图2-5-16所示的几种正弦失真，则应调整电路参数。产生失真的原因及采取的相应处理措施如下。

（1）**钟形失真**，如图2-5-16（a）所示，传输特性曲线的线性区太宽，应减小R_{e2}。

（2）**半波圆顶或平顶失真**，如图2-5-16（b）所示，传输特性曲线对称性差，静态工作点Q偏上或偏下，应调整电阻r^*。

（3）非线性失真，如图2-5-16（c）所示，三角波的线性度较差引起的失真，主要受运放性能的影响。可在输出端加滤波网络改善输出波形。

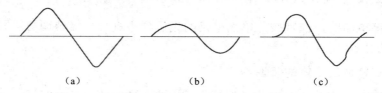

图2-5-16　波形失真现象

（a）钟形失真　（b）半波圆或平顶失真　（c）非线性失真

3．误差分析

（1）方波输出电压$U_{P-P} \leqslant 2U_{CC}$，因为运放输出级是由NPN型或PNP型两种晶体管组成的复合互补对称电路，输出方波时，两管轮流截至与饱和导通，受导通时输出电阻的影响，使方波输出幅度小于电源电压值。

（2）方波的上升时间t_r，主要受运放转换速率的限制。如果输出频率较高，则可接入加速电容C_1（C_1一般为几十皮法）。可用示波器（或脉冲示波器）测量t_r。

5.4　函数发生器电路元器件的识别与检测

5.4.1　电路元器件清单

函数发生器电路元器件清单如表2-5-1所示，实物如图2-5-17所示。

表2-5-1　函数发生器电路元器件清单

课 题 名 称	元器件名称	数　量	备　注
三角波-方波-正弦波函数发生器	TL062	1	
	NPN三极管9013	4	
	电位器100 Ω	1	
	电位器50 kΩ	2	
	电位器100 kΩ	1	
	波段开关	1	
	10 kΩ	5	
	20 kΩ	1	
	5.1 kΩ	1	
	6.8 kΩ	2	
	2 kΩ	2	
	8.2 kΩ	1	
	100 Ω	1	
	0.1 μF（104）	1	
	10 μF（电解电容）	1	
	470 μF（电解电容）	3	
	1 μF（电解电容）	1	

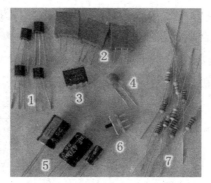

图2-5-17　函数发生器电路元器件实物

5.4.2　元器件的识别与检测

5.4.2.1　电阻的识别与检测

本电路用到两种电阻，固定电阻和电位器。7种型号固定电阻，如图2-5-17中的7所示，通过色环法可读出其阻值。

10 kΩ电阻色环为棕 黑 黑 红，电阻记数值为$100×10^2$ Ω，最后一位为误差位。

20 kΩ电阻色环为红 黑 黑 红，电阻记数值为$200×10^2$ Ω，最后一位为误差位。

5.1 kΩ电阻色环为绿 棕 黑 棕，电阻记数值为$510×10^1$ Ω，最后一位为误差位。

6.8 kΩ电阻色环为蓝 灰 黑 棕，电阻记数值为$680×10^1$ Ω，最后一位为误差位。

2 kΩ电阻色环为红 黑 黑 棕，电阻记数值为$200×10^1$ Ω，最后一位为误差位。

8.2 kΩ电阻色环为灰 红 黑 棕，电阻记数值为$820×10^1$ Ω，最后一位为误差位。

100 kΩ电阻色环为棕 黑 黑 黑，电阻记数值为$100×10^0$ Ω，最后一位为误差位。

3种型号电位器100 Ω、50 kΩ、100 kΩ，如图2-5-17中的2所示。

阻值标称为w101，其值为$10×10^1$ Ω=100 kΩ。

阻值标称为w503，其值为$50×10^3$ Ω=50 kΩ。

阻值标称为w104，其值为$10×10^4$ Ω=100 kΩ。

因为制作工艺的问题，有的厂家制造的色环电阻的色环的色彩不是很清晰，如果不能通过色环辨别，也可用万用表直接测量其阻值。

用万用表检测电阻的性能时，要选用合适的电阻挡，通过测量电阻的阻值即可分辨其性能的好坏。

5.4.2.2　电容的识别与检测

1．无极性的电容识别与检测

本电路设计用到瓷片电容和电解电容。电容上一般标注有容量，瓷片电容一般用三位数表示容量的大小，前面两位数字为电容标称容量的有效数字，第三位数字表示有效数字后面零的个数，它们的单位是pF。例如这里用到的0.1 μF的电容：$104=10×10^4$ pF=0.1 μF。

用万用表的电阻挡直接测量时，将数字万用表调至合适的电阻挡，红表笔和黑表笔分别接触被测电容C的两极，这时显示值将从"000"开始逐渐增加，直至显示溢出符号"1"。

若始终显示"000",说明电容内部短路;若始终显示溢出,则可能是电容内部极间开路,也可能是所选择的电阻挡不合适。

2．有极性的电容识别与检测

有极性电解电容的引脚极性的表示方式如图2-5-18所示。

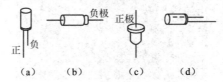

图2-5-18　有极性电解电容的引脚极性表示方式

采用不同的端头形状来表示引脚的极性,如图2-5-18(b)(c)所示,这种方式往往出现在两只引脚轴向分布的电解电容中。

标出负极性引脚,如图2-5-18(d)所示,在电解电容的绝缘套上画出像负号的符号,以表示这一引脚为负极性引脚。

采用长短不同的引脚来表示引脚极性,通常长的引脚为正极性引脚,如图2-5-19(a)所示。

因而,通过外形及电容上的标识即可识别其型号及极性。检测电解电容的性能可以用万用表的电阻挡直接测量。要注意,红表笔(带正电)接电容正极,黑表笔接电容负极。

5.4.2.3　三极管的识别与检测

三极管,全称应为半导体三极管,也称双极型晶体管、晶体三极管,是一种电流控制电流的半导体器件。其作用是把微弱信号放大成辐值较大的电信号,也用作无触点开关。晶体三极管,是半导体基本元器件之一,具有电流放大作用,是电子电路的核心元件。三极管是在一块半导体基片上制作两个相距很近的PN结,两个PN结把整块半导体分成三部分,中间部分是基区,两侧部分是发射区和集电区,排列方式有PNP和NPN两种。

三极管引脚的判断:三极管的引脚有两种封装排列形式,如图2-5-19所示。三极管是一种结型电阻器件,它的三只引脚都有明显的电阻数值,测试时(以数字万用表为例,红笔+,黑笔−)将测试挡位切换至二极管挡(蜂鸣器挡)其标志符号如图2-5-20所示。正常的NPN结构三极管的基极b对集电极c、发射极e的正向电阻值是430～680 Ω(根据型号的不同、放大倍数的差异,这个值有所不同),反向电阻无穷大;正常的PNP结构的三极管的基极b对集电极c、发射极e的反向电阻是430～680 Ω,正向电阻无穷大。集电极c对发射极e在不加偏流的情况下,电阻为无穷大。基极对集电极的测试电阻约等于基极对发射极的测试电阻。通常情况下,基极对集电极的测试电阻要比基极对发射极的测试电阻小5～100 Ω(大功率管比较明显),如果超出这个值,这个元件的性能已经变坏,不要再使用。如果误用于电路中可能会导致整个或部分电路的工作点变坏,这个元件也可能不久就会损坏,大功率电路和高频电路对这种劣质元件反应比较明显。

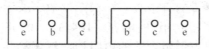

图2-5-19　三极管的引脚排列顺序图

图2-5-20　万用表二极管挡标志符号

尽管封装结构不同，但与同参数的其他型号的管子功能和性能是一样的，不同的封装结构只是应用于电路设计中特定的使用场合的需要。

要注意有些厂家生产的元件不规范，例如C945，正常的引脚排列是bce，但有的厂家生产的元件引脚排列却是ebc，这会造成那些粗心的工作人员将新元件在未检测的情况下装入电路，导致电路不能工作，严重时烧毁相关联的元器件，比如电视机上用的开关电源。

在常用的万用表中，测试三极管的脚位排列如图2-5-21所示。

图2-5-21　数字万用表上的三极管测试引脚排列

先假设三极管的某极为"基极"，将黑表笔接在假设基极上，再将红表笔依次接到其余两个电极上，若两次测得的电阻都大（几千欧到几十千欧），或者都小（几百至几千欧）；对换表笔重复上述测量，若测得两个阻值相反（都很小或都很大），则可确定假设的基极是正确的；否则另假设一极为"基极"，重复上述测试，以确定基极。

当基极确定后，将黑表笔接基极，红表笔接其他两极，若测得电阻值都很小，则该三极管为PNP，反之为NPN。

判断集电极c和发射极e：以NPN为例，把黑表笔接至假设的集电极c，红表笔接到假设的发射极e，并用手捏住b和c极，读出表头所示c、e电阻值，然后将红、黑表笔反接重测，若第一次电阻比第二次小，说明原假设成立。

5.4.2.4　波段开关识别与检测

本电路设计中采用一个单刀双掷开关来实现频率波段的转换，如图2-5-16中的6所示。用万用表电阻挡检测，未拨动有两脚导通，拨动有另外两脚导通，借此可以找到公共导通脚。

5.4.2.5　集成芯片的识别与检测

首先要正确识别引脚排列顺序。将双列直插式IC水平放置，引脚向下，即其型号、商标向上，定位标记在左边，从左下角第一只引脚数起，按逆时针方向，依次为1脚，2脚，2脚……

本电路用的是集成双运算放大器TL062，其实物如图2-5-16中的3所示，它是一款低功耗JFET输入运算放大器，特点是高输入阻抗、宽带宽、高回转率以及低输入漂移和输入偏置电流。它是一个8引脚的芯片，通过读取芯片上的标识即可识别各个芯片，再结合其引脚结构图来确定各引脚的功能。

检测其好坏的方法可按照前面几章讲的方法测试，在此不再赘述。

5.5　电路调试

5.5.1　电路制作步骤

（1）各小组按电路要求领取所需元器件，分工检测元器件的性能。

（2）依据图2-5-14所示电路原理，各小组讨论如何布局，最后确定一最佳方案并在面包板上搭建好图2-5-14所示电路。

（3）检查电路无误后，从直流稳压电源送入±15 V的电压供电。

（4）按电路工作原理进行测试，将示波器分别连接到u_{o1}、u_{o2}、u_{o3}端，观察它们的波形。

（5）记录结果，并撰写技术文档。

5.5.2　差分对管的匹配

在图2-5-14所示电路中，差分放大采用模拟电路来实现。用4个NPN型晶体管9013，并且这4个晶体管（VT_1～VT_4）的特性参数应一致，为此使用YB4813型半导体管特性图示仪来测试。先按照9013的性能设置半导体管特性图示仪。

（1）按下电源开关，指示灯亮，预热15 min后，即可进行测试。

（2）调节辉度、聚焦及辅助聚焦旋钮，使光点清晰。

（3）将峰值电压旋钮调至零，峰值电压范围（0～10 V）、极性（+）、功耗电阻（250Ω）等开关置于测试所需位置。

（4）对X、Y轴放大器进行10度校准。

（5）调节阶梯调零。

（6）选择需要的基极阶梯信号，将极性、串联电阻置于合适挡位，调节极/簇旋钮，使阶梯信号为10极/簇，阶梯信号置重复位置。

调整好半导体管特性图示仪后，将被测的两只晶体管，分别插入测试台左、右插座内，然后按下测试选择按钮的"双簇"琴键，逐步增大峰值电压，即可在荧光屏上显示两簇特性曲线。本项目要用的4个晶体管VT_1～VT_4的特性曲线要一致，因此先固定一个插在测试台左插座内，再挑选另外的3个，分别插入测试台右插座内，与测试台左插座内的三极管的特性曲线比较，挑出特性曲线一致的晶体管，即完成了差分晶体管的配对。

5.5.3　不通电调试

在搭建好图2-5-14所示电路后，首先用万用表测试电源和地之间是否短接。若用模拟万用表测试，则用电阻挡测试地和电源之间的阻值来判断，无穷大说明没有短接，若电阻值为零则短接了。若用数字万用表测试，则可以使用测二极管的性能挡，如果有短路，万用表会发出蜂鸣声和二极管点亮指示；如没有短路，则不会发出声音，二极管也不会点亮。

5.5.4　通电调试

对图2-5-14所示电路的供电。与前面四个项目电路的供电不同，本电路采用双极性电源供电。本实验使用的直流稳压电源是SUING（数英）SK3325，它是一款具有三通道（CH1、CH2、CH3）的程控直流电源，电压范围为0～32 V，电流范围为0～3 A。选择其任意通道，通过矩阵按键设置来设置。

（1）先按下矩阵键盘的"CH1"键，则在液晶屏上显示CH1的设置提示。

（2）设置耐压值，按下"O.V.P"键，再按数字"20"，然后按"ENTER"键，则电压的耐压值设置为20 V。

（3）设置使用电压值：按下"VOLTAGE"键，再按数字"15"，然后按"ENTER"键，则电压设置为15 V。

（4）设置电流值：按下"CURRENT"键，再依次按数字"1"，然后按"ENTER"键，则电流设置为1 A。

（5）再按下矩阵键盘的"CH2"键，则在液晶屏上显示CH2的设置提示。

（6）设置耐压值：按下"O.V.P"键，再按数字"20"，然后按"ENTER"键，则电压的耐压值设置为20 V。

（7）设置使用电压值：按下"VOLTAGE"键，再按数字"15"，然后按"ENTER"键，则电压设置为15 V。

（8）设置电流值：按下"CURRENT"键，再按数字"1"，然后按"ENTER"键，则电流设置为1 A。

这样完成了15 V的电压。按照图2-5-22连线，先将CH1的负极、CH2的负极与电源面板上的地端连接在一起，再将图2-5-14所示电路中的符号"⏚"（代表电路的地）连接到该端；然后将图2-5-14所示电路中+15 V端接一通道CH1的正极，−15 V接二通道CH2的负极，至此完成电路的供电。

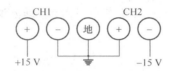

图2-5-22　稳压直流电源双电源供电连接图

5.5.5　输出信号的连接

图2-5-14所示电路的三个输出u_{o1}、u_{o2}、u_{o3}的波形需要通过示波器来观看。本电路使用的示波器为模拟示波器YB4340，它是一款双通道的模拟示波器。选择其中的任意通道，如CH1，将信号线连接到CH1接线端，先进行示波器性能的测试，看示波器是否正常，可以通过示波器自身的测试端子测试，也可以从信号发生器发送标准信号来测试。测试好后，将示波器的红笔分别连接在图2-5-14所示的u_{o1}、u_{o2}、u_{o3}端，黑笔连接在地端。这样完成了输出信号的连接。

5.5.6　整体电路调试

连接好电路后，观看输出波形。先测试u_{o1}，如果电路没有错误，该输出是方波信号，通过调整电位器R_{P1}可以看到方波的幅度变化。再测试u_{o2}，该输出是三角波，通过调整电位器R_{P1}、R_{P2}可以看到三角波的频率发生变化，调整电位器R_{P3}可以看到三角波的幅度发生变化。测试u_{o3}，该输出是正弦波。一般的方波信号和三角波信号都能正常观察到，而正弦波信号失真比较严重，这是因为采用的差分电路中的晶体管VT_1、VT_2的频率特性不完全相同造成的，通过本电路的测试，可以了解到差分放大模拟电路对差分对管的性能匹配要求比较，也是本电路的难点。

5.5.7　电路调试注意事项

（1）注意电路的焊接，避免虚焊。

（2）4只NPN型晶体管9013要用晶体管特性图示仪测试，使它们的特性相同，这样才能保证正弦信号的输出。

（3）稳压电源提供 ±15 V电压的连接方法要正确。

实验与思考题

1. 在三角波→正弦波变换电路中，差分对管射极并联电阻R_{e2}有何作用？增大R_{e2}的值或用导线将R_{e2}短接，输出正弦波有何变化？为什么？

2. 三角波的输出幅度是否可以超过方波的幅度？如果正负电源电压不等，输出波形如何？实验证明之。

3. 你采取了哪些措施来改善输出正弦波的波形？

4. 如何将方波-三角波发生器电路改变成矩形波-锯齿波发生器？画出设计的电路，并用实验证明，绘出波形。

第3篇

综合设计篇

第1章 电子电路设计

在前面已经学习了基础仪器的原理和应用，做了许多模拟电子技术、数字电子技术的相关基础项目，在基础理论和实践能力方面有了不少的提高。但在基础实验中，重点在某一门课、某些单元电路的原理和应用上，很少涉及综合的、系统的知识和实验。所以，视野还不够开阔，在能力培养上还有一定的局限性。本项目的目的是打破课程的界限，站在一个新的、更高的台阶上审视和考虑问题，初步了解电子系统设计的方法、步骤、思路和程序，进一步提高独立解决实际问题的能力。

1.1 电子电路的设计

图3-1-1 电子电路制作过程

电子产品研制从市场调研到正式批量生产要经过一定的周期，过程比较复杂，考虑的因素也较多。在画出原理图前，必须完成电子电路的制作，因此电子电路的制作是电子产品研制的一个阶段，电子电路的制作一般过程如图3-1-1所示。

电子电路设计的质量对产品性能的优劣和经济效益具有举足轻重的作用。如果设计时所采用的方法和电路不好，选用的元器件太贵或筛选困难等，往往会造成产品性能差、生产困难、成本高、销路不畅、经济效益低等问题，甚至不得不重新设计。那样也许错失良机，以致造成整个研制工作的失败。

工艺设计包括印制电路板的布线，编写各部件（例如插件板、面板等）之间的接线表，画出各插头、插座的接线图和机箱加工图等。

样机制作完成后，可根据具体情况试生产若干台，并交付使用单位试用。若发现问题，应及时改进，做出合格的定型产品，再进行鉴定。在确信有令人满意的经济效益前提下，才能投入批量生产。

1.1.1 电子线路课程设计与电子产品研制的差异

电子线路课程设计是根据设计的任务，由学生自己去设计电路，设计并制作印制电路板、焊接和调试电路，以达到设计任务所要求的性能指标。课程设计的步骤是：第一，根据设计指标要求查阅文献资料，大量收集接近指标要求的电路，分析比较这些电路的性能、复杂程度，再从性能、价格、实现难易程度等几方面进行方案论证；第二，确定电路，进行必要的工程估算，并适当修改电路，确定元器件、组件的型号和数据，根据实验室备料情况进行元器件、组件的代换；第三，备料，元器件检测，完成某些非标准件的自制；第四，组装和调试；第五，书写设计报告。课程设计只是电子电路设计的一次演习，它重在基础训练，是电子产品研制的原理电路设计阶段，与研制电子产品的实际情况存在相当大的差距。

对于研制电子产品来说，选题和拟定性能指标十分重要，一般需要经过充分的调查研究才能确定，否则研制出来的产品可能没有实用价值和经济效益。而课程设计题目是由教师指定的，已经给定性能指标，学生不需进行市场调研。课程设计重在教学练习，课题中所涉及的大部分知识应是学生已经学过的，或者电子工程技术中的常用的知识。

对于研制电子产品来说，必须考虑经济效益。在研制电子产品时，在保证性能指标前提下，应设法降低成本。因此，凡是市场上或从生产厂家可以买到的元器件都可以选用。但课程设计必须考虑元器件的通用性、考虑到课程设计时间短，不可能由学生自己去采购元器件，而是由实验室提供，但实验室备料不可能十分丰富。因此，课程设计对元器件的品种有一定限制，一般只能在规定的范围内选用元器件。另外，电子产品研制还要考虑外形设计、销售等商业性问题，因为产品要转变成商品，其最终的目的是产生经济效益。

选题确定后，最先遇到的问题是确定电子电路的设计指标。提出合适的性能指标并不是一件容易的事。设计刚开始时所提出的性能指标往往可能不切实际。例如，技术上无法实现、所需成本太高等，这些问题可能要到预设计阶段，甚至试生产或使用阶段才能被发现。因此，产品的性能指标一般要在研制过程中反复修改，才能最后确定出可以实现的性价比较高的性能指标。

1.1.2 电路设计的基本原则

电子电路系统设计时应当遵守的基本原则如下。

（1）满足系统功能和性能的要求。好的设计必须完全满足设计要求的功能特性和技术指标，这也是电子电路系统设计时必须满足的基本条件。

（2）电路简单，成本低，体积小。在满足功能和性能要求的情况下，简单的电路对系统来说不仅是经济的，同时也是可靠的。所以，电路应尽量简单。值得注意的是，系统集成技术是简化系统电路的最好方法。

（3）电磁兼容性好。电磁兼容特性是现代电子电路的基本要求。所以，一个电子系统应当具有良好的电磁兼容特性。实际设计时，设计的结果必须能满足给定的电磁兼容条件，以确保系统正常工作。

（4）可靠性高。电子电路系统的可靠性要求与系统的实际用途、使用环境等因素有关。任何一种工业系统的可靠性计算都是以概率统计为基础的，因此电子电路系统的可靠性只能是一个定性估计，所得到的结果也只是具有统计意义的数值。实际上，电子电路系统可靠性计算方法和计算结果与设计人员的实际经验有相当大的关系，设计人员应当注意积累经验，以提高可靠性设计的水平。

（5）系统的集成度高。最大限度地提高集成度，是电子电路系统设计过程中应当遵循的一个重要原则。高集成度的电子电路系统，具有电磁兼容性好、可靠性高、制造工艺简单、体积小、质量容易控制以及性能价格比高等一系列优点。

（6）调试简单方便。这要求电子电路设计者在电路设计的同时，必须考虑调试的问题。如果一个电子电路系统不易调试或调试点过多，则这个系统的质量是难以保证的。

（7）生产工艺简单。生产工艺是电子电路系统设计者应当考虑的一个重要问题，无论是批量产品还是样品，简单的生产工艺对电路的制作与调试来说都是相当重要的一个环节。

（8）操作简单方便。操作简便是现代电子电路系统的重要特征，难以操作的系统是没有生命力的。

（9）耗电少。

（10）性能价格比高。

通常希望所设计的电子电路能同时符合以上各项要求，但有时会出现相互矛盾的情况。例如，在设计中有时会遇到这样的情况：如果要想使耗电最少或体积最小，则成本高，或可靠性差，或操作复杂麻烦。在这种情况下，应当针对实际情况抓住主要矛盾解决问题。

210

1.1.3 电路设计的内容

电子电路设计是对各种技术综合应用的过程。通常电子电路设计过程包括以下六个方面的内容。

1. 功能和性能指标分析

一般设计题目给出的是系统功能要求、重要技术指标要求。这些是电子电路系统设计的基本出发点。但仅凭题目所给要求还不能进行设计，设计人员必须对题目的各项要求进行分析，整理出系统和具体电路设计所需的更具体、更详细的功能要求和技术性能指标数据，这些数据才是进行电子电路系统设计的原始依据。同时，通过对设计题目的分析，设计人员可以不定期更深入地了解所要设计的系统的特性。

功能和性能指标分析的结果必须与原题目的要求进行对照检查，以防遗漏。

2. 系统设计

系统设计包括初步设计、方案比较和实际设计三部分内容。有了功能和性能指标分析的结果，就可以进行初步的方案设计。方案设计的内容主要是选择实现系统的方法、拟采用的系统结构（例如系统功能框图），同时还应考虑实现系统各部分的基本方法。这时应当提出两种以上方案进行初步对比，如果不能确定，则应当进行关键电路的分析，然后再做比较。方案确定后，系统的总体设计就已完成，这时必须与功能、性能指标分析的结果数据和题目的要求进行核实，以免疏漏。

一个实用课题的理想设计方案不是轻而易举就能获得的，而是往往需要设计者进行广泛、深入的调查研究，翻阅大量参考资料，并进行反复比较和可行性论证，结合实际工程需要，才能最后确定下来。

3. 原理电路设计

系统设计的结果提出了具体设计方案，确定了系统的基本结构，接下来的工作就是进行各部分功能电路以及分电路连接的具体设计。这时要注意局部电路对全系统的影响，要考虑是否易于实现、是否易于检测以及性能价格比等问题，因此，设计人员平时要注意电路资料的积累。

4．可靠性设计

电子电路系统的可靠性指标，是根据电子电路系统的使用条件和功能要求提出的，具有极强的针对性和目的性。任何一个电子电路系统的可靠性指标和设计要求，都只能针对一定的条件和目的，脱离具体条件谈可靠性是没有任何意义的。不讲条件和目的，一味地提高系统可靠性，其结果只能是设计出一个难以实现或成本极高的电子电路系统。

可靠性设计包括三个方面，一是系统可靠性指标设计；二是系统本身可靠性必须满足设计要求；三是系统对错误的容忍程度，即容错能力。

实际上，可靠性设计在系统设计时已经有所体现，系统的方案设计和电路设计中必须考虑可靠性因素（如元器件的选择、电路连接方式的选择等）。可靠性设计应当对全系统的可靠性进行核实计算。

5．电磁兼容特性设计

电磁兼容设计实际也体现在系统和电路的设计过程中。系统的各种电磁特性指标是系统电磁设计的基本依据，而电路的工作条件则是电磁兼容设计的基本内容。

电磁兼容设计要解决两方面的问题，一是提出合理的系统电磁兼容条件，二是如何使系统能满足电磁兼容条件的要求。电子电路电磁兼容设计的任务是，对电子电路系统的电磁特性（特别是电磁耦合特性）进行分析、计算，再根据分析、计算的结果来确定系统电磁兼容结构和特性。

要提高电子电路电磁兼容特性，在电路设计时应注意：

（1）选择电磁兼容特性好的集成电路；

（2）尽量使关键电路数字化；

（3）尽量提高系统集成度；

（4）只要条件允许，尽量降低系统频率；

（5）为系统提供足够功率的电源；

（6）电路布线合理，做到高低频分开、功率电路与信号电路分开、数字电路与模拟电路分开，远距离传输信号使用电隔离技术等。

6．调试方案设计

电子电路系统设计的另一个重要内容是设计一个合理的调试方案。

调试方案的目的是为调试人员提供一个有序、合理、迅速的系统调试方法，使调试人员在系统实际调试前就对调试的全过程有个清楚的认识，明确要调试的项目、目的、应达到的技术指标、可能发生的问题和现象、处理问题的方法、系统各部分调试时所需要的仪器设备等。

调试方案设计还应当包括测试结果记录的格式设计，测试结果记录格式必须能明确地反映系统所实现的各项功能特性和达到的各项技术指标。

1.1.4 电路设计的一般过程

电子电路设计的一般方法和步骤如图3-1-2所示。由于电子电路种类繁多，千差万别，设计方法和步骤也因情况不同而异，所以图3-1-2所示的设计步骤有时需要交叉进行，甚至会出现反复。因此设计的方法和步骤不是一成不变的，设计者要根据实际情况灵活掌握。

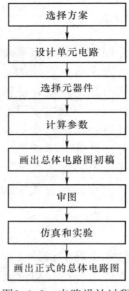

图3-1-2　电路设计过程

1. 选择方案

设计电路的第一步就是选择总体方案。所谓总体方案是用具有一定功能的若干单元电路构成一个整体，以满足课题题目所提出的要求和性能指标，实现各项功能。方案选择就是按照系统总的要求，把电路划分成若干个功能块，得出能表示单元功能的整机原理框图。每个方框即是一个单元功能电路，按照系统性能指标要求，规划出各单元功能电路所要完成的任务，确定输出与输入的关系，确定单元电路的结构。

由于符合要求的总体方案往往不止一个，所以应当针对系统提出的任务、要求和条件，进行广泛调查研究，大量查阅参考文献和有关资料，广开思路，要敢于探索，努力创新，提出若干不同方案，仔细分析每个方案的可行性和优缺点，反复比较，争取方案的设计合理、可靠、经济、功能齐全、技术先进。

框图应能说明方案的基本原理，应能正确反映系统完成的任务和各组成部分的功能，清楚表示出系统的基本组成和相互关系。

方案选择必须注意下面两个问题。

（1）要有全局观点，从全局出发，抓住主要矛盾。因为有时局部电路方案为最优，但系统方案不一定是最佳的。

（2）在方案选择时要充分开动脑筋，不仅要考虑方案是否可行，还要考虑怎样保证性能可靠，考虑如何降低成本、降低功耗、减小体积等许多实际的问题。

2. 设计单元电路

单元电路是整机的一部分，只有把单元电路设计好才能提高整体设计水平。

设计单元电路的一般方法和步骤如下。

（1）根据设计要求和已选定的总体方案原理框图，确定对各单元电路的设计要求，必要时应详细拟定主要单元电路的性能指标、与前后级之间的关系，分析电路的构成形式。

应注意各单元电路之间的相互配合，注意各部分输入信号、输出信号和控制信号的关系。尽量少用或不用电平转换之类的接口电路，并考虑到能使各单元电路采用统一的供电电源，以简化电路结构，降低成本。

（2）拟定好各单元电路的要求后，应全面检查一遍，确定无误后方可按信号流程顺序或从难到易或从易到难的顺序分别设计各单元电路。

（3）选择单元电路的组成形式。一般情况下，应查阅有关资料，以丰富知识，开阔眼界，从已掌握的知识和了解的各种电路中选择一个合适的电路。如确实找不到性能指标完全满足要求的电路，也可选用与设计要求比较接近的电路，然后调整电路参数。

在单元电路的设计中特别要注意保证各功能块协调一致地工作。对于模拟系统，要按照需要，采用不同耦合方式把它们连接起来；对于数字系统，协调工作主要通过控制器来进行，控制器不允许有竞争冒险和过渡干扰脉冲出现，以免发生控制失误。对所选各功能块进行设计时，要根据集成电路的技术要求和功能块应完成的任务，正确计算外围电路的参数。对于数字集成电路要正确处理各功能输入端。

3. 选择元器件

复杂电子系统都是由大量的电阻、电容、继电器、接插件、分立半导体器件及集成电路等电子元器件组成的。系统的可靠性除取决于这些电子元器件的固有可靠性外，还与设计时元器件能否合理选用有关。

一般元器件的选用原则如下：

（1）尽量采用标准的、系列化的元器件；

（2）尽量采用符合国家标准或部标准（GJB、GB、SJ）的通用、技术成熟的元器件；

（3）在选用元器件前，首先要确定完成所需功能的规格合适的元器件类型及预期的工作环境、质量或可靠性等级，不要片面选择高性能，不可盲目地"以高代低"；

（4）重要的关键件应选用"J"（军用）级以上产品；

（5）优先选用国家质量认证合格的企业生产的元器件，慎重选用未经认证合格的企业或地方企业生产的元器件；

（6）优先选用高可靠和供货有保证的元器件；

（7）保证电磁兼容性，对元器件的电磁敏感门限或电磁效应数据应了解；

（8）对新型元器件，应经过试验和试用后确认满足要求后，经主持设计师同意；

（9）新品、重要件、关键件应经质量认定；

（10）对非标准元器件应经主持设计师同意；

（11）尽量压缩元器件的品种和规格及厂点数量。

4. 参数计算

为保证单元电路达到功能指标要求，常需计算某些参数。例如放大器电路中各电阻值、放大倍数，振荡器小电阻、电容、振荡频率等参数。只有很好地理解电路的工作原理，正确利用计算公式，计算的参数才能满足设计要求。

一般来说，计算参数应注意以下几点。

（1）各元器件的工作电压、电流、频率和功耗等应在允许的范围内，并留有适当的裕量，以保证电路在规定的条件下，能正常工作，达到所要求的性能指标。

（2）对于环境湿度、交流电网电压等工作条件，计算参数时应按最不利的情况考虑。

（3）涉及元器件的极限参数（例如整流桥的耐压）时，必须留有足够的裕量，一般按1.5倍左右考虑。例如，如果实际电路中三极管U_{CE}最大值为20 V，那么挑选三极管时应按$U_{(BR)CEO} \geqslant 30$ V考虑。

（4）电阻值尽可能选在1 MΩ范围内，最大一般不超过10 MΩ，其数值应在常用电阻标称值系列之内，并根据具体情况正确选择电阻的品种。

（5）非电解电容尽可能在100 pF～0.1 μF范围内选择，其数值应在常用电容标称值系列之内，并根据具体情况正确选择电容的品种。

（6）在保证电路性能的前提下，尽可能设法降低成本，减少元器件品种，减少元器件的功耗和减小体积，为安装调试创造有利条件。

（7）有些参数很难用公式计算确定，需要设计者具备一定的实际经验，如确实无法确定，个别参数可待仿真时再确定。

5. 画出总体电路图初稿

根据用户性能要求，选择好元器件，确定元器件参数后，初步画出总体电路图。

6. 审图

由于在设计过程中有些问题难免考虑不周全，各种参数计算也可能出错，因此在画出总原理初图并计算参数后，进行审图是很有必要的。审图可以发现原理图中不当或错误之处，能将错误降到最低程度，使仿真阶段少走弯路。尤其是比较复杂的电路，仿真之前一定要进行全面审图，必要时还可请经验丰富的同行共同审查，以发现和解决大部分问题。

审图时应注意以下几点。

（1）先从全局出发，检查总体方案是否合适，有无问题，是否有更佳方案。

（2）检查各单元电路是否正确，电路形式是否合适。

（3）检查模拟电路各电路之间的耦合方式有无问题。数字电路各单元电路之间的电平、时序等配合有无问题，逻辑关系是否正确，是否存在竞争冒险。

（4）检查电路中有无烦琐之处，是否可以简化。

（5）根据图中所标出的各元器件的型号、参数，验算能否达到性能指标，有无恰当的裕量。

（6）要特别注意检查电路图中各元器件工作是否安全，是否工作在额定值范围内。

（7）解决所发现的全部问题后，若改动较多，应复查一遍。

7. 仿真和实验

电子产品的研制或电子电路的制作都离不开仿真和实验。设计一个具有实用价值的电子电路，需要考虑的因素和问题很多，既要考虑总体方案是否可行，还要考虑各种细节问题。比如，用模拟电路实现，还是用数字电路实现，或者模拟数字结合的方式实现；各单元电路的组织形式与各单元电路之间的连接；用哪些元器件；各种元器件的性能、参数、价格、体积、封装形式、功耗、货源等。电子元器件品种繁多，性能参数各异，仅普通晶体三极管就有几千种类型，要在众多类型中选用合适的元器件着实不易，再加上设计之初往往经验不足以及一些新的集成电路尤其是大规模或超大规模集成电路的功能较多，内部电路复杂，如果没有实际用过，单凭资料是很难掌握它们的各种用法及使用的具体细节的。因此，设计时考虑问题不周、出现差错是很正常的。对于比较复杂的电子电路，单凭纸上谈兵就想使自己设计的原理图正确无误并能获得较高的性价比，往往是不现实的。所以必须通过仿真和实验来发现问题，解决问题，以不断完善电路。

随着计算机的普及和EDA技术的发展，电子电路设计中的实验演变为仿真和实验相结合。电路仿真与传统的电路实验相比较，具有快速、安全、省材等特点，可以大大提高工作效率。

仿真具有下列优越之处。

（1）对电路中只能依据经验来确定的元器件参数，用电路仿真的方法很容易确定，而且电路的参数容易调整。

（2）由于设计的电路中可能存在错误，或者在搭接电路时出错，可能损害元器件，或者在调试中损坏仪器，从而造成经济损失。而电路仿真中也会损坏元器件或仪器，但不会造成经济损失。

（3）电路仿真不受工作场地、仪器设备、元器件品种、数量的限制。

（4）在EWB软件下完成的电路文件，可以直接输出至常见的印制电路板排版软件，如Protel、OrCAD和TANGO等软件，自动排出印制电路板，加速产品的开发速度。

尽管电路仿真有诸多优点，但其仍然不能完全代替实验。仿真的电路与实际的电路仍有一定差距，尤其是模拟电路部分，由于仿真系统中元件库的参数与实际器件的参数可能不同，可能导致仿真时能实现的电路而实际中却不能实现。对于比较成熟的有把握的电路可以只进行仿真，而对于电路中关键部分或采用新技术、新电路、新元器件的部分，一定要进行实验。

仿真和实验要完成以下任务。

（1）检查各元器件的性能、参数、质量能否满足设计。

（2）检查各单元电路的功能和指标是否达到设计要求。

（3）检查各个接口电路是否起到应有的作用。

（4）把各单元电路组合起来，检查总体电路的功能，检查总电路的性能是否最佳。

8．总体电路图的画法

原理电路设计完成后，应画出总体电路图。总体电路图不仅是印制电路板等工艺设计的主要依据，而且在组装、调试和维修时也离不开它。绘制电路图要注意以下几点。

（1）布局合理，排列均匀，疏密恰当，图面清晰，美观协调，便于看图，便于对图的理解和阅读。

（2）注意信号的流向，一般从输入端或信号源画起，由左至右或由上至下按信号的流向依次画出各个单元电路。一般不要把电路图画成很长的窄条，电路图的长度和宽度比例要比较合适。

（3）绘图时应尽量把总电路画在一张纸上，如果电路比较复杂，需绘制几张图，则应把主电路画在一张图纸上，而把一些比较独立或次要的部分（例如直流稳压电源）画在另外的图纸上，并在图的端口两端做上标记，标出信号从一张图到另一张图的引出点和引入点，以说明各图纸在电路连续之间的关系。

（4）每一个功能单元电路的组件应集中布置在一起，以便于看清各单元电路的功能关系。

（5）连接线应为直线，连线通常画成水平线或竖线，一般不画斜线。十字连通的交叉线，应在交叉处用圆点标出。连线要尽量短，少折弯。有的连线可用符号表示，如果把各元器件的每一根连线都画出来，容易使人眼花缭乱，用符号表示简洁明了。比如，元器件的电源一般只标出电源电压的数值（例如+5 V，+15 V，−12 V），地线用符号"⏚"表示。

（6）图形符号要标准，图中应加适当的标注。图形符号表示器件的项目或概念。电路图上的中、大规模集成电路器件，一般用方框表示。在方框中标出它的型号，在方框的边线两侧标出每根线的功能名称和引脚号。除中、大规模元器件外，其余元器件符号应当标准化。

（7）数字电路中的门电路、触发器，在总的电原理图中建议用门电路符号、触发器符号来画，而不按接线图形式画。比如，一个CMOS振荡器经四分频后输出的电路如图3-1-3（a）所示，如果画成图3-1-3（b）所示的形式不利于看懂它的工作原理，不便与他人进行交流。由于CMOS集成电路个别的输入端不能悬空，因此要对图3-1-3（b）中CC4069和CC4013不用的输入端进行处理，否则该图是不正确的。

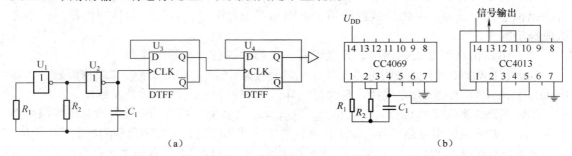

图3-1-3　振荡分频器

（a）合理　（b）不合理

以上只是总电路图的一般画法，实际情况千差万别，应根据具体情况灵活掌据。

1.1.5　电子电路设计的方法

1．模拟电路设计的基本方法

无论是民用的还是工程应用的电子产品，大多数是由模拟电路或模/数混合电路组合而成的。模拟装置（设备）一般是由低频电子电路或高频电子电路组合而成的模拟电子系统，如音频功率放大器、模拟示波器等。虽然它们的性能、用途各不相同，但其电路组成部分都是基本单元电路，电路的基本结构也有共同的特点。一般来说，模拟装置（设备）都由传感器件，信号放大和变换电路以及驱动、执行机构三部分组成，结构框图如图3-1-4所示。

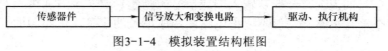

图3-1-4　模拟装置结构框图

传感器件部分主要是将非电信号转换为电信号。信号放大和变换电路则是对得到的微弱电信号进行放大和变换，再传送到相应的驱动、执行机构。其基本的功能电路有放大器，振荡器，整流器及各种波形产生、变换电路等。驱动、执行机构可输出足够的能量，并根据课题或工程要求，将电能转换成其他形式的能量，完成所需的功能。

对于模拟电子电路的设计方法，从整个系统设计的角度来说，应先根据任务要求，再经过可行性的分析、研究后，拿出系统的总体设计方案，画出总体设计结构框图。

在确定总体方案后，根据设计的技术要求，选择合适的功能单元电路，然后确定所需要的具体元器件（型号及参数）。

最后再将元器件及单元电路组合起来，设计出完整的系统电路。需要说明的是，随着科技的进步，集成电路正在迅速发展，线性集成电路（如集成运算放大器）日渐增多，采

用模拟线性集成电路组建电路已趋广泛。这方面的训练对于初学者来说十分重要。

2. 数字逻辑电路设计的基本方法

近年来，随着数字电子技术的发展，由数字逻辑电路组成的数字测量系统、数字控制系统、数字通信系统及计算机系统等已广泛应用于各个领域。随着电子电路的数字化程度越来越高，数字逻辑电路的设计显得越来越重要，它已成为高等教育相关专业的学生及工程技术人员必须掌握的基本技能。

数字逻辑电路的设计包括两个方面：基本逻辑功能电路设计和逻辑电路系统设计。鉴于基本逻辑功能电路设计在数字电路相关教材中已经做了较详细的介绍，这里主要介绍数字逻辑电路系统的设计，即根据设计的要求和指标，将基本逻辑电路组合成逻辑电路系统。

数字逻辑电路通常由四部分组成：输入电路、控制电路、输出电路和电源电路，如图3-1-5所示。

输入电路接收被测或受控系统的有关信息并进行必要的变换或处理，以适应控制运算电路的需要。控制电路则把接收的信息进行逻辑判断和运算，并将结果输送给输出电路。输出电路将得到的结果再做相应的处理即可驱动被测或受控系统。电源电路的作用是为数字系统各部分提供工作电压或电流。

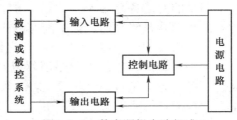

图3-1-5 数字逻辑电路组成

对于简单的数字逻辑电路的设计，一般是根据任务的要求，画出逻辑状态真值表，利用各种方法化简，求出最简逻辑表达式，最后画出逻辑电路图。近年来，由于中、大规模集成电路的迅速发展，使得数字逻辑电路的设计发生了根本性的变化。现在设计中更多的是考虑如何利用各种常用的标准集成电路设计出完整的数字逻辑电路系统。在设计中使用中、大规模集成电路，不仅可以减少电路组件的数目，使电路简洁，而且能提高电路的可靠性，降低成本。因此，在数字电路设计中，应充分考虑这一问题。

数字逻辑电路总体方案设计的基本方法如下。

（1）根据总的功能和技术要求，把复杂的逻辑系统分解成若干个单元系统，单元的数目不宜太多，每个单元也不能太复杂，以方便检修。

（2）每个单元电路由标准集成电路来组成，选择合适的集成电路及器件，构成单元电路。

（3）考虑各个单元电路间的连接，所有单元电路在时序上应协调一致，满足工作要求，相互间电气特性应匹配，保证电路能正常、协调工作。

1.2 电子电路的安装

电子电路要从图纸变为产品，需要进行组装和调试，这两步工序在电子工程技术和电子电路实践训练中都是十分重要的环节，在电子电路课程设计中占有重要位置。组装和调试是把理论付诸于实践的阶段，也是将理论电路转变为实际电路和电子设备的过程。这一过程的实现，为电子技术在人类的社会生活和生产实践中发挥巨大作用提供了现实性和可能性。

电子线路课程设计中电路组装可在面包板上接插电路，也可制作印制电路板组装。在电路尚不成熟的情况下，直接制作印制电路板可能是不利的，因为调试中变动较大，不仅要多次更换元器件，甚至电路也要改变，而印制电路板经多次焊接容易损坏，在电路更改时印制电路板可能不适用。因此，可靠的方案是先在面包板上接插试验，待调试成功、电路基本定型后再制作印制电路板。

1.2.1 元器件接插

在面包板上插接电路非常方便，而且修改电路、更换元器件也容易，而设计制作印制电路板焊接电路就相对比较麻烦。在面包板上接插元器件最适用于集成电路，因为集成电路外引脚通常较多，而且外引脚间距较小。

面包板有两种，一种是不需要焊接的，另一种是需要焊接的，如图3-1-6所示。

图3-1-6（a）所示的不需要焊接面包板上小孔孔心的距离与集成电路引脚的间距相等。板中间槽的两边各有65×5个插孔、每5个一组，纵向5个孔A、B、C、D、E是相通的，水平方向的相邻孔是绝缘的。板中间有两排65组插孔，双列直插式集成电路的引脚分别插在两边，每个引脚相当于接出4个插孔，它们可以作为与其他元器件连接的引出端，接线方便。

图3-1-6（a）所示的面包板最外边各有一条11×5的插孔，共55个插孔。每5个一组是相通的，每组之间是否完全相通，各个厂家生产的产品各不相同，要用万用表测量后方可使用。两边的这两条插孔一般可用作公共信号线、接地线或电源线。

图3-1-6（b）所示为需要焊接的面包板，面包板的插孔之间的距离也都是标准的，可以用于直接插入双列直插式集成电路或其他元器件。其边上也有若干相连的引脚，用于公共信号线、接地线或电源线。

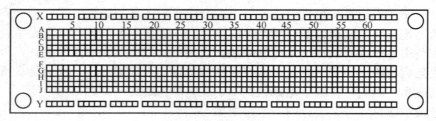

（a）

（b）

图3-1-6　面包板

（a）不需要焊接的面包板　（b）需要焊接的面包板

面包板使用时要注意场合。体积大、重量大或功率大的元器件无法在面包板上插接，因为面包板插孔很小，这类大元器件的引脚较粗，此时只能将元器件放在板外，用单股硬导线焊在引脚上，再插入面包板。面包板不适用于频率很高的电路，因为面包板的引脚电感和分布电容都比较大，对高频电路性能影响很大。面包板最适用于集成电路，特别适用于数字集成电路，因为数字集成电路通常工作频率不高而且功率较小，所用阻容元器件也小。

分立元器件电路采用面包板就比较困难，特别是频率高、功率大的电路更不能用面包板。

1.2.2　电子元器件的检验与筛选

为了保证电子电路能够稳定、可靠地长期工作，必须在装配之前对所选用的电子元器件进行筛选。

1．外观质量检验的一般标准

外形尺寸、电极引脚的位置及直径应符合产品外形图的规定。外形应完好无损，除光电器件外，凡用玻璃或塑料封装的，一般应是不透光的。电极引出线，不应有影响焊接的氧化层和伤痕。各种型号、规格标志应该清晰，对于有分档和极性符号标志的元器件，其标志不能模糊不清或脱落。对于电位器、可变电容等可调元器件，在其调节范围内应该活动平滑、灵活、松紧适当、无机械杂声。开关类元器件应保证接触良好，动作迅速。

2．参数性能测试

经过外观检查后，应该对元器件进行电气参数测量。要根据元器件的质量标准或实际使用的要求，选用合适的仪器，使用正确的测量方法进行测量。测量结果应该符合元器件的有关指标，并处于标称值允许的偏差范围内。

绝不能因为购买的元器件是正品而忽略测试。一定要避免由于测量方法不当而引起的不良后果。例如，用晶体管特性测试仪测量三极管或二极管时，要选择合适的功耗电阻；用万用表测量电阻时，要使指针在电阻挡的中值附近为宜。

1.2.3　元器件的接插技术

（1）先插集成块，后插阻容元器件。安装的分立元器件应便于看到其极性和标志。为了防止裸露的引脚短路，必须使用套管。一般不采用剪断引脚的方法，因为这样做不便于重复利用。

（2）对多次使用过的集成电路的引脚，必须修理整齐，引脚不能弯曲。所有的引脚应稍向外偏，这样才能使引脚与插孔接触良好。为了走线方便，要根据电路图确定元器件在面包板的排列位置。为了能够正确布线并便于查线，所有集成电路的插入方向要保持一致，不能为了临时走线方便或缩短导线长度而把集成电路倒插。

（3）安装元器件之后，先连接电源线和地线，再连接其他的导线。面包板最外边的两排插孔一般用作公共的电源线、地线和信号线。通常电源线在上面，地线在下面。注意要用万用表分别检查上、下两排插孔的连通情况。导线选用0.6 mm的单股导线。为便于查线，导线最好采用不同的颜色，通常正极用红线，负极用蓝线，信号线用黄线，地线用黑线。

（4）导线要拉直到紧贴面包板板面，长短可根据插孔位置确定，两头留6 mm的裸露部分，以便折成直角后插入孔内。可用剥线钳或斜口钳剥除塑料层，用斜口钳剥除塑料层时注意不要太用力，以免将内导体剪断或剪伤。

布线应尽可能横平竖直，这样不仅美观也便于查线并更换元器件。导线插入和拔出时要用镊子而不要直接用手，以免污染导线裸露部分。导线不能跨在元器件上，一个元器件也不能跨在另一个元器件上，如电阻不能跨在集成电路上，导线不能交叉、重叠。

（5）在面包板电源线与地线之间最好再跨接一个去耦电容，这样可避免各级电路通过电源引线而寄生耦合。电容量应随工作频率的不同而异，如果为音频频率，电容量在几微法；如果为高频信号，取0.01～0.047 μF。

（6）为了使电路能够正常工作，所有的地线必须连接一起，形成一个公共地参考点。

（7）布线过程中，应把各元器件在面包板上的相应位置及所用的引脚号标在电路图上，以保证调试和查找故障的顺利进行。

1.2.4　元器件的焊接

焊接是使金属连接的一种方法。它利用加热等手段，在两种金属的接触面，通过焊接材料的原子或分子的相互扩散作用，使两金属间形成一种永久的牢固结合。利用焊接的方法进行连接而形成的接点称为焊点。

1. 焊接的分类

焊接一般分为熔焊、钎焊和接触焊三大类。

（1）熔焊：指利用加热被焊件，使其熔化产生合金而焊接在一起的焊接方法，如电弧焊、气焊、超声波焊等属于熔焊。

（2）钎焊：指用加热熔化成液态的金属，把固体金属连接在一起的方法。在钎焊中起连接作用的金属材料称为焊料。作为焊料的金属，其熔点低于被焊接的金属材料。

（3）接触焊：指一种不用焊料与焊剂即可获得可靠连接的焊接技术，如点焊、碰焊等。

2. 锡焊的特点

采用锡铅焊料进行的焊接称为锡焊，它属于软焊。锡焊是最早得到广泛应用的一种电子产品的连接方法。当前，虽然焊接技术发展很快，但锡焊在电子产品装配中仍占连接技术的主导地位。锡焊与其他焊接方法相比具有如下一些特点。

（1）焊接方法简便，易形成焊点。锡焊焊点是利用熔融的液态焊料的浸润作用而形成的，因而对加热量和焊料都不需精确的要求。例如使用手工焊接工具电烙铁进行焊接就非常方便，且焊点大小允许有一定的自由度，可以一次形成焊点。若用机器进行焊接，还可以成批形成焊点。

（2）焊接设备比较简单，容易实现焊接自动化。因锡焊焊料熔点低，有利于浸焊、波峰焊和再流焊的实现，便于与生产流水线配制，实现焊接自动化。

（3）焊料熔点低，适用范围广。锡焊属于软焊，焊料熔化温度为180～320 ℃。除含有大量铬和铝等合金的金属材料不宜采用锡焊焊接外，其他金属材料大都可以采用锡焊焊接，因而适用范围很广。

（4）成本低廉，操作方便。锡焊比其他焊接方法成本低，焊料也便宜。焊接工具（电烙铁）简单，操作方便，而且整修焊点、拆换元器件以及重新焊接都很方便。

3. 焊接的方法

随着焊接技术的不断发展，焊接方法也在手工焊接的基础上发展出了自动焊接技术，即机器焊接，同时无锡焊接（如压接、绕接等）也开始在电子产品装配中采用。

1）手工焊接

手工焊接是采用手工操作的传统焊接方法，根据焊接前接点的连接方式不同，手工焊接有绕焊、搭焊、钩焊、插焊等不同方式。

（1）绕焊是将被焊元器件的引脚或导线缠绕在接点上进行焊接。它的焊接强度最高，应用最广。高可靠整机产品的接点，通常采用这种方法。

（2）搭焊是将被焊接元器件的引脚或导线搭在接点上进行焊接。搭焊适用于易调整或改焊的临时焊点。

（3）钩焊是将被焊接元器件的引脚或导线钩接在眼孔中进行焊接。钩焊适用于不便缠绕但又要求有一定机械强度和便于拆焊的接点上。

（4）插焊是将导线插入洞孔形接点中进行焊接。插焊适用于插头座带孔的圆形插针、插孔及印制电路板的焊接。

2）机器焊接

根据工艺方法的不同，机器焊接可分为波峰焊、浸焊和再流焊。

（1）波峰焊是采用波峰焊机一次完成印制电路板上全部焊接点的焊接。波峰焊目前已成为印制电路板焊接的主要方法。

221

（2）浸焊是将装好元器件的印制电路板在熔化的锡锅内浸锡，一次性完成印制电路板上全部焊接点的焊接。浸焊主要用于小型印制电路板电路的焊接。

（3）再流焊是利用焊膏将元器件粘在印制电路板上，加热印制电路板后使焊膏中的焊料熔化，一次完成全部焊接点的焊接。再流焊目前主要用于表面安装的片状元器件焊接。

1.2.5　手工焊接技术

手工焊接是利用电烙铁加热被焊金属件和锡铅焊料，使熔融的焊料润湿已加热的金属表面从而形成合金，焊料凝固后把被焊金属件连接起来的一种焊接工艺，即通常所称的锡焊。

手工焊接是焊接技术的基础，也是电子产品组装中的一项基本操作技能。手工焊接适用于小批量生产的小型化产品、一般结构的电子整机产品、具有特殊要求的高可靠产品、某些不便于机器焊接的场合以及调试和维修过程中修复焊点和更换元器件等。下面主要介绍手工焊接的工具、手工焊接的操作方法及注意事项。

1. 焊接工具

电烙铁是手工焊接的基本工具，其作用是加热焊料和被焊金属，使熔融的焊料润湿被焊金属表面并生成合金。随着焊接技术的发展，电烙铁的种类也不断增多。常用的电烙铁有外热式电烙铁、内热式电烙铁、恒温电烙铁、吸锡电烙铁等多种类型。

1）外热式电烙铁

外热式电烙铁一般由烙铁头、烙铁芯、外壳、手柄、插头等部分组成，如图3-1-7（a）所示。烙铁头采用热传导性高的以铜为基体的铜-锑、铜-铍、铜-铬-锰及铜-镍-铬等铜合金材料制成。烙铁头在连续使用后其作业面会变得凹凸不平，需用锉刀锉平。即使新烙铁头在使用前也要用锉刀去掉烙铁头表面的氧化物，然后接通电源，待烙铁头加热到颜色发紫时，再用含松香的焊锡丝摩擦烙铁头，使烙铁头挂上一层薄锡。

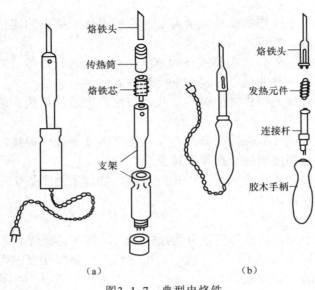

图3-1-7　典型电烙铁

（a）外热式电烙铁　（b）内热式电烙铁

烙铁芯安装在烙铁头外面，故称外热式电烙铁。烙铁头的长短可以调整（烙铁头越短，烙铁头的温度就越高）。

烙铁芯是用镍铬电阻丝绕在薄云母片绝缘的筒上（或绕在一组瓷管上）而成的，它置于外壳之内。

2）内热式电烙铁

内热式电烙铁由连接杆、手柄、弹簧夹、烙铁芯（发热元件）、烙铁头（也称铜头）等组成，如图3-1-7（b）所示。

烙铁芯安装在烙铁头的里面（发热快，热效率高达85%～90%），故称为内热式电烙铁。

烙铁芯采用镍铬电阻丝绕在瓷管上制成，一般20 W电烙铁的电阻为2.4 kΩ左右，35 W电烙铁的电阻为1.6 kΩ左右。常用的内热式电烙铁的工作温度如表3-1-1所示。

典型烙铁结构示意图如图3-1-8所示。

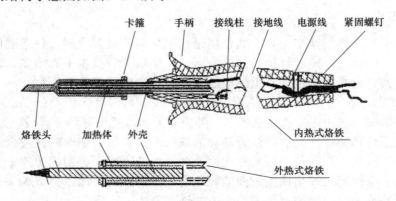

图3-1-8　典型烙铁结构示意图

表3-1-1　电烙铁头的工作温度

烙铁功率/W	20	25	45	75	100
端头温度/℃	350	400	420	440	455

用万用表可检查烙铁芯中的镍铬丝是否断开。烙铁芯可更换，更换时应注意不要将引线接错。一般电烙铁有3个接线柱，中间一个为地线，另外两个接烙铁芯的引线。接线柱外接电源线可接220 V交流电压。

一般来说，电烙铁的功率越大，烙铁头的温度就越高。焊接集成电路、印制电路板、CMOS电路一般选用20 W内热式电烙铁。使用的烙铁功率过大，容易烫坏元器件（一般二极管、三极管的结点温度超过200 ℃时就会烧坏）或使印制导线从基板上脱落；使用的烙铁功率太小，焊锡不能充分熔化，焊剂不能挥发出来，焊点不光滑、不牢固，易产生虚焊。焊接时间过长，也会烧坏元器件，一般每个焊点在1.5～4 s内完成。

3）恒温电烙铁

恒温电烙铁的温度能自动调节，保持恒定。根据控制方式不同，分为电控恒温电烙铁和磁控恒温电烙铁两种。

电控恒温烙铁采用热电耦来检测和控制烙铁头的温度恒定。当烙铁头的温度低于设定值时，温控装置内的电子电路控制半导体开关元器件或继电器接通，给电烙铁供电，使温度上升；当温度达到预定值时，控制电路就形成反动作，停止向电烙铁供电。如此循环往复，使烙铁头的温度基本保持恒定值。电控恒温烙铁是较好的焊接工具，但这种烙铁价格较贵。

目前采用较多的是磁控恒温电烙铁。它在烙铁头上装有一个强磁性传感器，用以吸附磁性开关中的永久磁铁来控制温度。

因恒温电烙铁采用断续加热，因此比普通电烙铁节电1/2左右，并且升温速度快。由于烙铁头始终保持恒温，在焊接过程中焊锡不易氧化，可减少虚焊，提高焊接质量。烙铁头也不会产生过热现象而损坏，使用寿命较长。

其他电烙铁还有超声波电烙铁、弧焊电烙铁和吸锡电烙铁等。

电烙铁使用注意事项有以下两点。

（1）根据焊接对象合理选用不同类型的电烙铁。

（2）使用过程中不要任意敲击烙铁头，以免损坏，内热式电烙铁连接杆钢管壁厚度只有0.2 mm，不能用钳子夹，以免损坏。在使用过程中应经常维护，保证烙铁头镀上一层薄锡。

2．手工焊接技术

在电子产品组装中，要保证焊接的高质量相当不容易，因为手工焊接的质量受很多因素的影响，因此，在掌握焊接理论知识的同时，还应熟练掌握焊接的操作技术。

1）锡焊焊点的基本要求

（1）焊点应接触良好，保证被焊件间能稳定可靠地通过一定的电流，尤其要避免虚焊的产生。所谓虚焊，是指未形成合金的焊料简单堆附或部分形成合金的锡焊，虚焊的焊点在短期内可能会稳定可靠地通过额定电流，用仪器测量也可能发现不了什么问题，但时间一长，未形成合金的表面经过氧化就会出现电流变小或时断时续现象。造成虚焊的原因有：被焊件表面不清洁，焊接时夹持工具晃动，烙铁头温度过高或过低，焊剂不符合要求，焊点的焊料太少或太多等。

（2）焊点要有足够的机械强度以保证被焊件不致脱落。焊点的焊料太少会造成强度不够。

（3）焊点表面应美观，有光泽。不应出现棱角或拉尖等现象。焊接温度过高、电烙铁撤离的方向速度拿捏不好或焊剂使用不合适等，都可能产生拉尖现象。

2）锡焊接的条件

（1）被焊件必须具备可焊性。被焊件表面要能被焊料润湿，即能沾锡。因此在进行焊接前必须清除被焊件表面的油污、灰尘、杂质、氧化层、绝缘层等。

（2）必须根据被焊件的材料来选择合适的焊剂，锡焊完成后应对其生成的残渣进行清洗。

（3）保证适当的焊接温度。表3-1-2列出了决定焊接温度的主要条件。由表可知，一般锡焊的温度以260 ℃左右为宜。在焊接厚而大的元器件时要进行充分的加热才能形成良好的焊接，此时应把锡焊的温度控制在280～320 ℃范围内较好。

表3-1-2　决定焊接温度的主要条件

名称	温度/℃	状态	名称	温度/℃	状态
焊料	<200	扩散不足，焊不上，易产生虚焊	焊剂（松香）	>210	开始分解
	200～280	抗拉强度大	印制电路板	>280	焊盘有剥离的危险
	>280	生成金属间化合物			

（4）保证合适的焊接时间。原则上被焊件应完全润湿，经过清洁的小面积上锡时间一般为1.5～4 s，对已上锡的元器件引线焊接时间一般为2～4 s。焊接时间太短，焊锡不能完全润湿被焊金属；时间太长又可能损伤元器件和电路板。对同一焊盘上的几个焊点应断续焊接，而不能连续焊接，以免造成焊盘从基板上脱落。

3）手工焊接的操作方法

Ⅰ．电烙铁及焊件的搪锡

（1）烙铁头的搪锡。新烙铁、已氧化不沾锡或使用过久而出现凹坑的烙铁头可先用砂纸或细锉刀打磨，使其露出紫铜光泽；而后将电烙铁通电2～3 min，加热后使烙铁头吸锡；再在放松香颗粒的细砂纸上反复摩擦，直到烙铁头上挂上一层薄锡，这就是烙铁头的搪锡。

（2）导线及元器件引线搪锡。先用小刀或细砂纸清除导线或元器件引线表面的氧化层，元器件引脚根部留出一小段不刮，以防止引线根部被刮断。对于多股引线也应逐根刮净，之后将多股线拧成绳状进行搪锡。搪锡过程如下：烙铁通电2～3 min后使烙铁头接触松香。若松香发出"吱吱"响声，并且冒出白烟，则说明烙铁头温度适当。然后，将刮好的焊件引脚放在松香上，用烙铁头轻压引脚，边往复摩擦边转动引脚，务必使引脚各部分均镀上一层锡。

Ⅱ．电烙铁的握法

根据烙铁的大小、形状和被焊件的要求等不同情况，握电烙铁的方法通常有三种。图3-1-9（a）所示为反握法，即用五指把烙铁手柄握在手掌内。这种握法焊按时动作稳定，长时间操作手不感到疲劳，适用于大功率的电烙铁和热容量大的被焊件。图3-1-9（b）所示为正握法，适用于弯烙铁头操作或直烙铁头在机架上焊接互连导线时操作。图3-1-9（c）所示为捏笔法，就像写字时拿笔一样。用这种方法长时间操作手容易疲劳，适用于小功率电烙铁和热容量小的被焊件的焊接。

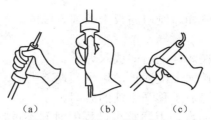

图3-1-9　手握电烙铁的方式

（a）反握法　（b）正握法　（c）握笔法

Ⅲ．焊锡丝的拿法

焊锡丝的拿法分为两种。一种是连续工作时的拿法，如图3-1-10（a）所示，即用左手的拇指、食指和小指夹住焊锡丝，用另外两个手指配合就能把焊锡丝连续向前送进。另一种拿法如图3-1-10（b）所示。焊锡丝通过左手的虎口，用大拇指和食指夹住。这种拿焊锡丝的方法不能连续向前送进焊锡丝。

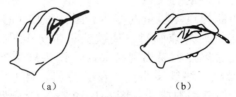

图3-1-10　焊锡丝的拿法示意图

（a）连续焊接时焊锡丝的拿法　（b）断续焊接时焊锡丝的拿法

Ⅳ．手工焊接的操作方法

手工焊接的具体操作方法分为五工序法和三工序法。

五工序法的操作步骤如图3-1-11所示。图3-1-11（a）为准备阶段，烙铁头和焊锡丝同时移向焊接点。图3-1-11（b）所示为把烙铁头放在被焊部位上进行加热。图3-1-11（c）所示为放上焊锡丝。被焊部位加热到一定温度后，立即将左手中的焊锡丝放到焊接部位，熔化焊锡丝。图3-1-11（d）所示为移开焊锡丝，当焊锡丝熔化到一定量后，迅速撤离焊锡丝。图3-1-11（e）所示为当焊料扩散到一定范围后，移开电烙铁。

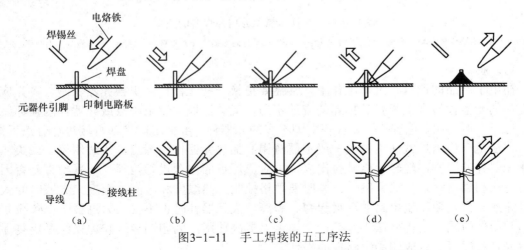

图3-1-11　手工焊接的五工序法

（a）步骤一　（b）步骤二　（c）步骤三　（d）步骤四　（e）步骤五

对于热容量小的焊件，例如印制电路板上较细导线的连接，可以简化为三步操作。

准备：同以上步骤一。

加热与送丝：烙铁头放在焊件上后即放入焊丝。

去丝移烙铁：焊锡在焊接面上浸润扩散达到预期范围后，立即拿开焊丝并移开烙铁，并注意移去焊丝的时间不得滞后于移开烙铁的时间。

对于吸收低热量的焊件而言，上述整个过程的时间不过2~4 s，各步骤的节奏控制、顺序的准确掌握、动作的熟练协调，都是要通过大量实践并用心体会才能解决的问题。有人总结出了在五步骤操作法中用数秒的办法控制时间：烙铁接触焊点后数一、二（约2 s），送入焊丝后数三、四，移开烙铁，焊丝熔化量要靠观察决定。此办法可以参考，由于烙铁功率、焊点热容量的差别等因素，实际掌握焊接火候并无定章可循，必须具体条件具体对待。试想，对于一个热容量较大的焊点，若使用功率较小的烙铁焊接时，在上述时间内，可能加热温度还不能使焊锡熔化，焊接就无从谈起。

Ⅴ．烙铁头撤离方向与焊料量的关系

烙铁头撤离的方向能控制焊点焊料量的多少。图3-1-12（a）所示为烙铁头以45°（烙铁头的轴线）的方向撤离，此时焊点圆滑，烙铁头只带走少量焊料。图3-1-12（b）所示为烙铁头垂直向上撤离，此时焊点容易出现拉尖，烙铁头只带走少量焊料。图3-1-12（c）所示为烙铁头以水平方向撤离，烙铁头带走大部分焊料。图3-1-12（d）所示为烙铁头垂直向下撤离，烙铁头把绝大部分焊料带走。图3-1-12（e）所示为烙铁头垂直向上撤离，烙铁头只带走少量焊料。

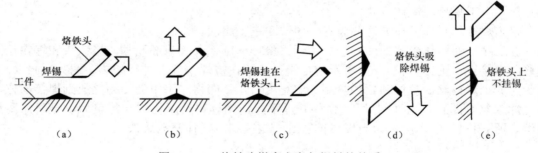

图3-1-12　烙铁头撤离方向与焊料的关系

（a）沿烙铁轴向45°撤离　（b）向上方撤离　（c）水平方向撤离　（d）垂直向下撤离　（e）垂直向上撤离

Ⅵ．拆焊

在电子产品的调试、维修工作中，常需要更换一些元器件。更换元器件时，首先应将需更换的元器件拆焊下来。若拆焊的方法不当，就会造成印制电路板或元器件的损坏。

对于一般电阻、电容、晶体管等引脚不多的元器件，可采用电烙铁直接进行分点拆焊。

方法是一边用烙铁（烙铁头一般不需蘸锡）加热元器件的焊点，一边镊子或尖嘴钳夹住元器件的引脚，轻轻地将其拉出来，再对原焊点的位置进行清理，认真检查是否因拆焊而造成相邻电路短接或开路。拆焊时要严格控制加热温度和时间。温度太高或时间太长会烫坏元器件，使印制电路的焊盘起翘、剥离。拔元器件时也不要用力过猛，以免拉断或损坏元器件引线。这种方法不宜在一个焊点上多次使用，因印制导线和焊盘经过反复加热以后很容易脱落，造成印制电路板的损环。

当需要拆下多个元器件且引脚较硬的元器件时，采用分点拆焊就比较困难。在拆卸多个引脚的集成电路或中周变压器等元器件时，一般有以下几种方法。

（1）采用专用工具。采用专用烙铁头或拆焊专用热风枪等工具，可将所有焊点同时加热熔化后取出插孔。对于表面安装的元器件，热风枪拆焊更有效。专用工具拆焊的优点是：速度快，使用方便，不易损伤元器件和印制电路板的铜箔。

（2）采用吸锡烙铁或吸锡器。吸锡烙铁或吸锡器对于拆焊元器件是很实用的，并且使用该工具不受元器件种类的限制。但拆焊时必须逐个焊点除锡，效率不高，而且还要及时消除吸入的锡渣。吸锡器与吸锡烙铁拆焊原理相似，但吸锡器自身不具备加热功能，它需与烙铁配合使用。拆焊时先用烙铁对焊点进行加热，待焊锡熔化后再使用吸锡器除锡。

（3）用吸锡材料。在没有专用工具和吸锡烙铁时，可采用屏蔽线编织层、细铜网以及多股导线等吸锡材料进行拆焊。操作方法是，将吸锡材料浸上松香水贴到待拆焊点上，用烙铁头加热吸锡材料，经吸锡材料传热使焊点熔化。熔化的焊锡被吸附在吸锡材料上，取走吸锡材料后焊点即被拆开。该方法简便易行，且不易损坏印制电路板；其缺点是拆焊后的板面较脏，需要用酒精等溶剂擦拭干净。

（4）排焊管。排焊管是使元器件的引脚与焊盘分离的工具，一般用一根空心的不锈钢细管制成，可用16号注射针头改制（将针头部挫开，尾部装上手柄）。使用时将排焊管的针孔对准焊盘上的引脚，待烙铁熔化焊锡后迅速将针头插入电路板焊孔内，同时左右旋转，这样元器件的引脚便和焊盘分开了。

Ⅶ. 组装与焊接质量的检验

对于组装与焊接质量的检验，主要采用目测检验法和指触检验法。目测检验法主要是检查元器件安装是否与装配图或样机相同、元器件有无装错，焊点有无虚焊、假焊、搭焊、拉尖、砂眼气泡，焊点是否均匀光亮、焊料是否适当等。对目测检验中有怀疑的焊点可采用指触检验法，即用适当的力拉拔，检查是否有松动、拔出及电路板铜箔起翘等现象，还可利用仪器仪表进一步检查电路的性能。

1.2.6 印制电路板的组装

印制电路板的组装是指根据设计文件和工艺规程的要求，将电子元器件按一定的方向和次序插装到印制基板上，并用紧固件或锡焊等方法将其固定的过程，它是整机组装的关键环节。

通常把没有装载元器件的印制电路板叫作印制基板，它的主要作用是作为元器件的支撑体，并利用基板上的印制电路，通过焊接把元器件连接起来；同时它还有利于元器件的散热。

1.2.6.1 元器件加工

电子元器件种类繁多，外形不同，引出线也多种多样，所以，印制电路板的组装方法也就有差异，必须根据产品结构的特点、装配密度、产品的使用方法和要求来决定。元器件装配到基板之前，一般都要进行加工处理，然后进行插装。良好的成形及插装工艺，不但能使电子设备性能稳定、防震、减少损坏，而且还能使机内整齐美观。

1．预加工处理

在成型前元器件引脚必须进行加工处理。虽然在制造时对元器件引脚的可焊性就已有技术要求，但因生产工艺的限制，加上包装、储存和运输等中间环节的时间较长，在引脚表面会产生氧化膜，使引脚的可焊性严重下降。引脚的再处理主要包括引脚的校直、表面清洁及搪锡三个步骤。通常引脚再处理后，不允许有伤痕，镀锡层均匀，表面光滑，无毛刺和焊剂残留物。

2．引脚成型的基本要求

引脚成型工艺就是根据焊点之间的距离，做成需要的形状，目的是使它能迅速而准确地插入孔内。

引脚成型的基本要求如下。

（1）在元器件引脚的开始弯曲处，离元器件端面的最小距离应不小于2 mm。

（2）弯曲半径不应小于引线直径的2倍。

（3）怕热元器件要求引脚增长，成型时应绕环。

（4）元器件标称值应处在便于查看的位置。

（5）成型后不允许有机械损伤。

元器件引脚折弯形状如图3-1-13所示。

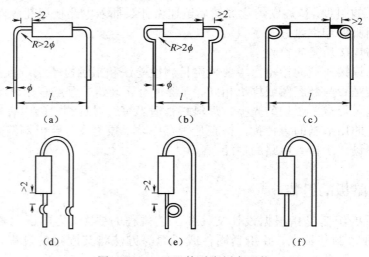

图3-1-13 元器件引脚折弯形状

（a）卧式可贴印制电路板 （b）卧式不可贴印制电路板 （c）卧式加长引脚

（d）立式不可贴印制电路板 （e）立式加长引脚 （f）立式可贴印制电路板

3．成型方法

为保证引脚成型的质量和一致性，应使用专用工具和成型模具。成型工序因生产方式不同而不同。在自动化程度高的工厂，成型工序是在流水线上自动完成的，如采用电动、气动等专用引脚成型机，可以大大提高加工效率和一致性。在没有专用工具或加工少量元器件时，可采用手工成型，使用尖嘴钳或镊子等一般工具。为保证成型工艺质量和速度，可自制一些成型机械，以提高手工操作能力。

1.2.6.2 印制电路板组装工艺的基本要求

印制电路板组装质量的好坏，会直接影响到产品的电路性能和安全性能。为此，印制电路板的组装工艺必须遵循下列要求。

（1）各插件工序必须严格执行设计文件规定，认真按工艺作业指导卡操作。

（2）组装前应做好元器件引脚成型、表面清洁、浸锡、装散热片等准备加工工作。

（3）做好印制基板的准备加工工作。

① 印制基板铆孔。对于体积、重量较大的元器件，要用铜铆钉对其基板上的插孔进行加固，防止元器件插装、焊接后因运输、振动等原因而发生焊盘剥离损坏现象。

② 印制基板贴胶带纸。机器焊接时，为了防止波峰焊将暂不焊接的元器件焊盘孔堵塞，在元器件插装前，应先用胶带纸将这些焊盘孔贴住。波峰焊接后，再撕下胶带纸，插装元器件，进行手工焊接。目前采用先进的免焊工艺槽，可改变贴胶带纸的烦琐方法。

（4）严格执行元器件安装的技术要求。

① 元器件安装应遵循先小后大、先低后高、先里后外、先易后难、先一般元器件后特殊元器件的基本原则。

② 对于电容、三极管等立式插装元器件，应保留适当长的引脚。引脚太短会造成元器件焊接时因过热而损坏；太长会降低元器件的稳定性或者引起短路。一般要求离电路板面2 mm左右。插装过程中，应注意元器件的电极极性，有时还需要在电极引脚套上相应的套管。

③ 元器件引脚穿过焊盘后应保留2～3 mm的长度，以便沿着印制导线方向将其折弯固定。为使元器件在焊接过程中不浮起或脱落，同时又便于拆焊，引线的角度最好是45°～60°，如图3-1-14所示。

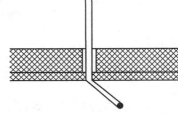

图3-1-14 引脚穿越焊盘后成型

④ 安装水平插装的元器件时，标记号应向上，且方向一致，以便观察。功率小于1 W的元器件可贴近印制电路板平面插装，功率较大的元器件要求距离印制电路板表面2 mm，以便于元器件散热。

⑤ 插装体积、重量较大的大容量电解电容时，应采用胶粘剂将其底部粘在印制电路板上或用加橡胶衬垫的办法，以防止其歪斜、引脚折断或焊点焊盘的损坏。

⑥ 插装CMOS集成电路、场效应管时，操作人员需戴防静电腕套进行操作。对于已经插装好这类元器件的印制电路板，应在接地良好的流水线上传递，以防元器件被静电击穿。

⑦ 元器件的引脚直径与印制板焊盘孔径应有0.2～0.3 mm的间隙。太大了，焊接不牢，机械强度差；太小了，元器件难以插装。对于多引脚的集成电路，可将两边的焊盘孔径间隙做成0.2 mm，中间的做成0.3 mm，这样既便于插装，又有一定的机械强度。

1.2.6.3 元器件在印制电路板上的插装

电子元器件种类繁多，结构不同，引出线也多种多样，因而元器件的插装形式也有差异。必须根据产品的要求、结构特点、装配密度及使用方法来决定。

229

元器件在印制电路板上的插装一般有以下几种插装形式。

（1）贴板插装。插装形式如图3-1-15所示，它适用于有防震要求的产品。元器件紧贴印制基板面，插装间隙小于1 mm。当元器件为金属外壳，而且插装面又有印制导线时，应加绝缘衬垫或套绝缘套管，以防止短路。

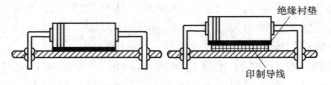

图3-1-15　贴板插装

（2）悬空插装。插装形式如图3-1-16（a）所示，它适用于发热元器件的插装。元器件距印制基板面要有一定的高度，以便散热，安装距离一般为3～8 mm。

（3）垂直插装（也称立式插装）。插装形式如图3-1-16（b）所示，它适用于插装密度较高的场合，电容、二极管、三极管常采用这种形式。

230

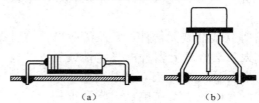

（a）　　　　　　　（b）

图3-1-16　悬空插装和垂直插装

（a）悬空插装　（b）垂直插装

（4）嵌入式插装。这种方式是将元器件的壳体埋于印制基板的嵌入孔内，为提高元器件安装的可靠性，常在元器件与嵌入孔间涂上胶合剂，如图3-1-17所示。该方式可提高元器件的防震能力，降低插装高度。

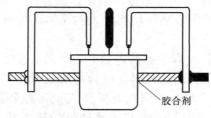

图3-1-17　嵌入式插装

（5）有高度限制时的插装。在元器件插装中，有一些元器件有一定高度限制。为此，在插装时应先将其垂直插入，然后再沿水平方向弯曲。对于大型元器件要采用胶粘、捆扎等措施，如图3-1-18所示，以保证有足够的机械强度能经得起振动和冲击。

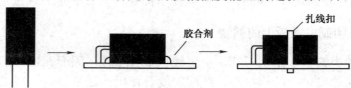

图3-1-18　有高度限制时的插装

（6）支架固定插装。插装形式如图3-1-19所示。该方式适用于小型继电器、功放集成电路等质量较大的元器件。一般是先用金属支架将它们固定在印制基板上然后再焊接。

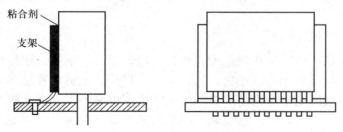

粘合剂
支架

图3-1-19　支架固定插装

1.2.6.4　元器件安装的注意事项

（1）元器件插好后，对其引脚的外形处理有弯头、切断成型等方法，所有弯脚的弯折方向都应与铜箔的走线方向相同。

（2）安装二极管时，除应注意极性外，还要注意外壳封装。特别是玻璃壳体易碎，引脚弯曲时易爆裂，在安装时可将引脚先绕1～2圈再装。对于大电流二极管，有时将引脚体当作散热器，故必须根据二极管规格中的要求决定引脚的长度，也不宜把引脚套上绝缘套管。

（3）为了区别晶体管的电极和电解电容的正负端，一般在安装时，加带有颜色的套管以示区别。

（4）大功率三极管一般不宜装在印制电路板上，因为它发热量大，易使印制电路板受热变形。

1.3　电子电路的调试

通常把测试和调整电子电路的一些操作技巧称为电子电路的调试技术。测试是指对电子电路有关的参数及工作状态进行测量，调整是指在测试的基础上对电路的参数进行修正。电子电路的调试，也就是依据设计技术指标的要求对电路进行"测量—分析、判断—调整—再测量"的一系列操作过程，"测量"是发现问题的过程，而"调整"则是解决问题、排除故障的过程。通过调试，以使电子电路达到预期的技术指标。

调试工作的主要内容：明确调试的目的和要求；正确合理地使用测量仪器仪表；按调试工艺对电路进行调整和测试；分析和排除调试中出现的故障；调试时，应做好调试记录，准备记录电路各部分的测试数据和波形，以便于分析和运行时参考；编写调试总结，提出改进意见。

1.3.1　调试前的准备

调试之前，应将必要的工具、技术文件等准备齐全。

1. 技术文件的准备

通常需要准备的技术文件有：电路原理图、电路元器件布置图、技术说明书（要包含各测试点的参考电位值、相应的波形图以及其他主要数据）、调试工艺等。调试人员要熟悉各技术文件的内容，重点了解电子电路（或者整机）的基本工作原理、主要技术指标和各参数的调试方法。

2．被测电子电路的准备

对于新设计的电子电路，在通电前先要认真检查电源、地线、信号线、元器件的引脚之间有无短路，连接处有无接触不良，二极管、三极管、电解电容等引脚有无错接等。对在印制电路板上组装的电子电路，应将组装完的电子电路各焊点用毛刷及酒精擦净，不应留有松香等物，铜箔不允许有脱起现象，应检查是否虚焊、漏焊，焊点之间是否短接。对安装在面板上的电路还要认真检查电路接线是否正确，包括错线（连线一端正确，另一端错误）、少线（安装时完全漏掉的线）和多线（连线的两端在电路图上都是不存在的）。多线一般是因接线时看错引脚，或在改装接线时忘记去掉原来的旧线造成的。多线在实验中时常发生，而查线时又不易被发现，调试中往往会给人造成错觉，以为问题是元器件故障造成的。

通常采用两种查线方法：一种是按照设计的电路图检查安装好的电路，根据电路图按一定顺序逐一检查安装好的电路，这种方法比较容易找出错线和少线；另一种是按照实际电路来对照电路原理图进行查找。把每个元器件引脚连线的去向一次查清，检查每个去处在电路图上是否都存在，这种方法不但可以查出错线和少线，还很容易查到是否多线。不论用什么方法查线，一定要在电路图上把查过的线做出标记，并且还要检查每个元器件引脚的使用端数是否与图纸相符。

查线时最好用指针式万用表的"R×1"挡或用数字万用表的二极管挡的蜂鸣器来测量，而且要尽可能直接测量元器件引脚，这样同时可以发现接触不良的地方。

3．测试设备及仪表准备

常用的设备及仪表有稳压电源、数字万用表（或指针式万用表）、示波器、信号发生器。根据被测电路的需要还可选择其他仪器，比如逻辑分析仪、失真度仪、扫频仪等。

调试中使用的仪器仪表应是经过计量并在有效期之内的，其测试精度应符合技术文件规定的要求。但在使用前仍需进行检查，以保证能正常工作。使用的仪器仪表应整齐地放置在工作台或小车上，较重的放在下部，较轻或小型的放在上部。用来监视电路信号的仪器、仪表应放置在便于观察的位置上。所用仪器应接成统一的地线，并与被测电路的地线接好。根据测试指标的要求，各仪器应选好量程，校准零点；需预热的仪器必须按规定时间预热。如果调试环境窄小、有高压或者有强电磁干扰等，调试人员还要事先考虑是否需要屏蔽、测试设备与仪表如何放置等问题。

4．测试的安全措施

从人身安全及保护仪器设备的角度着眼，必须认真对待调试安全措施。

（1）仪器、设备的金属外壳都应接地，特别是带有CMOS电路的仪器更需良好接地。一般设备的外壳可通过三芯插头与交流电网零线连接。

（2）不允许带电操作。如有必要和带电部分接触，必须使用带有绝缘保护的工具进行操作。

（3）使用调压器时必须注意，由于其输入与输出端不隔离，因此接到电网时，必须使公共端接零线，以确保后面所接电路不带电。

（4）大容量滤波电容、延时用电容能储存电荷，因此，在调试或变换它们所在电路的元器件时，应先将其储存的电荷释放完毕，再进行操作。

5．工具的准备

常用的调试工具有电烙铁（要注意功率大小）、尖嘴钳、斜口钳、剪刀、镊子、螺丝刀（要注意其规格与调试电路上的螺钉匹配）、无感螺丝刀等。

6．元器件的准备

调试过程难免发现某些设计参数不合适的情况，这时就要对设计进行一些修正，更换个别元器件。这些可能要用到的元器件在调试前要准备好，以免影响了调试。

1.3.2　调试的一般方法及步骤

电子电路调试的一般程序是：先分调后总调、先静态后动态。

1．调试电子电路的一般方法

调试电子电路一般有两种方法，第一种是分调—总调法，即采用边安装边调试的方法。这种方法是把复杂的电路按功能分块进行安装和调试，在分块调试的基础上逐步扩大安装和调试的范围，最后完成整机的综合调试。对于新设计的电子电路，一般会采用这种方法，以便及时发现问题并加以解决。第二种称为总调法，这是在整个电路安装完成之后，进行一次性的统一调试。这种方法一般适用于简单电路或已定型的产品及需要相互配合才能运行的电路。

一个复杂的整机电路，如果电路中包括模拟电路、数字电路、微机系统，由于它们的输出幅度和波形各异，对输入信号的要求各不相同，如果盲目地连在一起调试，可能会出现不应有的故障，甚至造成元器件损坏。因此，应先将各分部调好，经信号和电平转换电路，再将整个电路连在一起统调。

2．调试电子电路的一般步骤

对于大多数电子电路，不论采用何种调试方法，其过程一般包含以下步骤。

1）电源调试与通电观察

如果被测电子电路没有自带电源部分，在通电前要对所使用的外接电源电压进行测量和调整，等调至电路工作需要的电压后，方可加到电路上。这时要先关掉电源开关，接好电源连线后再打开电源。

如果被测电子电路有自带电源，应首先进行电源部分的调试。电源调试通常分为三个步骤。

（1）电源的空载初调。电源的空载初调是指在切断该电源的一切负载情况下的初调。存在故障而未经调试的电源电路，如果加上负载，会使故障扩大，甚至损坏元器件，故对电源应先进行空载初调。

（2）等效负载下的细调。经过空载初调的电源，还要进一步进行满足整机电路供电的各项技术指标的细调。为了避免对负载电路的意外冲击，确保负载电路的安全，通常采用等效负载（例如接入等效电阻）代替真实负载对电源电路进行细调。

（3）真实负载下的精调。经过等效负载下细调的电源，其各项技术指标已基本符合负载电路的要求，这时就可接上真实负载电路进行电源电路的精调，使电源电路的各项技术指标完全符合要求并调到最佳状态，此时可锁定有关调整元器件（例如调整专用电位器），使电源电路可稳定工作。

被测电路通电之后不要急于测量数据和观察结果。首先要观察有无异常现象，包括有无冒烟，是否闻到异常气味，手摸元器件是否发烫，电源是否有短路现象等。如果出现异常，应该立即关掉电源，待排除故障后方可重新通电。然后测量各路电源电压和各元器件的引脚电压，以保证元器件正常工作。通过通电观察，认为电路初步工作正常，方可转入后面的正常调试。

2）静态调试

一般情况下，电子电路处理、传输的信号是在直流的基础上进行的。电路加上电源电压而不加入输入信号（振荡电路无振荡信号时）的工作状态称为静态；电路加入电源电压和输入信号时的工作状态称为动态。电子电路的调试有静态调试和动态调试之分。静态调试一般是指在没有外加信号的条件下所进行的直流测试和调整过程。例如，通过静态测试模拟电路的静态工作点、数字电路的各输入端和输出端的高低电位及逻辑关系等，可以及时发现已经损坏的元器件，判断电路工作情况，并及时调整电路参数，使电路工作状态符合设计要求。

对于运算放大器，静态检查除测量正、负电源是否接上外，还要检查在输入为零时，输出端是否接近零电位，调零电路起不起作用。如果运算放大器输出直流电位始终接近正电源电压值或者负电源电压值，说明运算放大器处于阻塞状态，可能是外电路没有接好，也可能是运算放大器已经损坏。如果通过调零电位器不能使输出为零，除了运算放大器内部对称性差外，也可能运算放大器处于振荡状态。所以直流工作状态的调试时最好接上示波器进行监视。

3）动态调试

动态调试是在静态调试的基础上进行的。动态调试的方法是：在电路的输入端加入合适的信号或使振荡电路工作，并沿着信号的流向逐级检测各有关点的波形、参数和性能指标。

如果发现故障现象，应采取不同的方法缩小故障范围，最后设法排除故障。

测试过程中不能凭感觉和印象，要借助仪器观察。使用示波器时，最好把示波器的信号输入方式置于"DC"挡，通过直流耦合方式，可同时观察被测信号的交、直流成分。

通过调试，最后检查功能块和整机的各项指标（如信号的幅值、波形形状、相位关系、增益、输入阻抗和输出阻抗等）是否满足设计要求，如有必要，再进一步对电路参数提出合理的修正。

在定型的电子整机调试中，除了电路的静态、动态调试外，还有温度环境试验、整机参数复调等调试步骤。

3. 电子电路调试过程中的注意事项

调试结果是否正确，很大程度上受测量正确与否和测量精度的影响。为了保证调试的效果，必须减小测量误差，提高测量精度。为此，电子电路调试过程中需要注意以下几点。

（1）正确使用测量仪器的接地端。电子仪器的接地端应和放大器的接地端连接在一起，否则机壳引入的电磁干扰不仅会使电路（如放大电路）的工作状态发生变化，而且将使测量结果出现误差。例如在调试发射极偏置电路时，若需测量U_{CE}，不应把仪器的两测试端直接连在集电极和发射极上，而应分别测出U_C与U_E，然后将两者相减得出U_{CE}，若使用干电池供电的万用表进行测量，由于电表的两个输入端是浮动的（没有接地端），所以允许直接接到测量点之间。

（2）在信号比较弱的输入端，尽可能用屏蔽线。屏蔽线的外屏蔽层要接到公共地线上，在频率比较高时要设法隔离连接线分布参数的影响，例如，用示波器测量时应该使用有探头的测量线，以减少分布电容的影响。

（3）要注意测量仪器的输入阻抗与测量仪器的带宽。测量仪器的输入阻抗必须远大于被测量电路的等效阻抗，测量仪器的带宽必须大于被测电路的带宽。

（4）要正确选择测量点。用同一台测量仪器进行测量时，测量点不同，仪器内阻引进的误差大小将不同。

例如，对于图3-1-20所示的电路，测C_1点电压U_{C1}时，若选择E_2为测量点，测得U_{E2}，根据$U_{C1}=U_{E2}+U_{BE2}$求得的结果，可能比直接测C_1点得到的U_{C1}的误差要小得多。之所以出现这种情况，是因为R_{BE2}较小，仪器内阻引进的测量误差小。

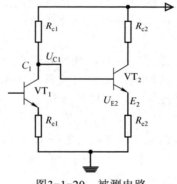

图3-1-20 被测电路

（5）测量方法要方便可行。如需要测量某电路的电流时，一般尽可能测电压而不测电流，因为测电压不必改动被测电路，测量方便。若需测量某一支路的电流大小，可以通过测取该支路上电阻两端的电压，经过换算而得到。

（6）调试过程中，不但要认真观察和测量，还要善于记录。记录的内容包括实验条件、观察到的现象、测量的数据、波形和相位关系等。只有有了大量实验记录，并与理论结果加以比较，才能发现电路设计上的问题，完善设计方案。

（7）调试时一旦发现故障，要认真查找故障原因。切不可一遇故障解决不了就拆掉线路重新安装，因为重新安装的线路仍可能存在各种问题。如果是原理上的问题，即使重新安装也解决不了。应当把查找故障并分析故障原因看成一次好的学习机会，通过它来不断提高自己分析问题和解决问题的能力。

1.3.3 模拟电路故障的分析

模拟电路类型很多，出现的故障也不相同。要迅速准确地查出故障并排除，要求有一定的基本知识和技能，如模拟电路基本知识、元器件及单元电路的测试技术、电路的安装等等。此外，还需要掌握检修电子电路的基本方法和步骤。

1．检修前的准备

在检查排除故障前，应做好以下准备工作。

（1）准备好检修工具，包括各种测量仪器。

（2）准备好检修用的器材和材料，包括元器件、导线等。

（3）准备好维修资料，包括电路原理图、安装图等。

2．检查故障的基本方法

为了迅速查出故障，提高效率，防止扩大故障，检查工作要有目的、有计划地进行。同时还应掌握一些检查故障的基本方法。

1）测试电阻法

测试电阻法分为通断法和阻值法两类。

Ⅰ．通断法

通断法用于检查电路中连线、保险丝、焊点有无短路、虚焊等故障。也可以检查电路中不应连接的点、线之间有无短路故障。实验中使用插件实验板或一些接插件时，常出现接触不良或短路等故障，使用通断法直接测试应连接的元器件引脚之间的通断，可很快查出故障。实验前可用通断法检查所用导线有无短路现象。

Ⅱ．阻值法

阻值法用来测试电路中元器件间电阻值，判断元器件是否正常。例如，电阻值有无变值、失效、开路；电容是否击穿或漏电；变压器及其他线圈各绕组间绝缘电阻是否正常，各绕组的直流电阻是否正常；检查各半导体器件或集成组件的引脚间有无击穿，各PN结正向电阻是否正常等。

测阻值法还可用于对电路的检查。例如，用电阻法直接测量放大器的输入、输出电阻，判断电路有无短路、断路等故障。在接入电源U_{CC}前，要测试一下U_{CC}的负载，看有无短路或断路，防止盲目接入电源造成电源或电路的损坏。

应用测电阻法测试电路中的元器件或两点间的电阻值，应在电路无电状态下进行，电路中有关电解电容要先放掉存储的电荷。测试电路中某一元器件阻值时，元器件的一个被测引脚应从电路中脱开，以防止电路中与其并联的其他元器件的影响。

2）测试电压法

检修电路时，在电路内无短路（由电阻法判断）、通电后无冒烟、电流过大、元器件过热等恶性故障的情况下，可接入电源，用测试电压法寻找故障。

测试电压法一般是用电压表测试各有关测试点的电压值，并将实测值与有关技术资料上标定的正常电压值加以比较，进而进行故障判断。有时正常电压既无标定又不易估算，在条件允许的情况下，可对照正常的相同电路，从正常电路中测得有关各测试点得电压值。

注意：使用测试电压法时应在规定的状态下进行测试。应按要求使用合适的万用表，以减小测试误差，避免影响被测电路的工作状态。

3）波形显示法

在电路静态工作点正常的情况下，将信号加入电路，用示波器观察电路各测试点的波形，根据所观察到的波形，判断电路故障。

这是检查电路故障最有效、最方便的方法，它不仅可以观察波形有无，还可根据波形的频率、幅度、形状等，判断故障原因。

在模拟电路中，波形显示最适用于振荡电路和放大电路的故障分析。对于振荡电路，使用示波器可以直接测试输出有无波形和幅度、频率等是否符合要求。对于放大电路，特别是多级放大电路，用波形显示方法可分别观察各级放大电路的输入、输出波形，根据有无波形、波形幅度、波形的失真等现象，判断各级放大器是否正常，判断级间的耦合是否正常。

4）部件替代法

在判断基本准确的情况下，对个别存在故障的元器件或组件，用一个好的元器件或部件替代，替代后若能使电路恢复正常，则说明原来的元器件或组件存在故障，是电路产生故障的原因。可进一步对替下的元器件或组件进行测试、检查。这种方法多用于不易直接测试判断其有无故障的部件。例如，无法测试电容是否正常、晶体管是否击穿、专用集成组件质量好坏时，均可采用替代法。

使用替代法找出故障部件，在安装新部件时应分析产生故障的原因，即分析与此部件相连的外围元器件有无损坏，若有，应先予以排除，以消除故障隐患，防止再次损坏部件。

237

3. 排除故障的基本步骤

模拟电路故障的检查与排除一般应遵循以下步骤。

1）初步检查

初步检查多采用直观检查法，主要检查元器件有无损坏迹象，电源部分是否正常。

若初步检查未发现故障原因，或排除了某些故障电路仍然不正常，则按下述方法，进一步检查。

2）判断故障部分

首先，查阅电路原理图，按其功能将电路分解成几个部分。明确信号的产生和传递关系及各部分电路间的联系和作用原理，根据所观察到的故障现象分析可能出现的部分。查对安装图，找到各测试点的位置，为测试、分析故障做好准备。正确判断出故障部位是能否迅速排除故障的关键。

3）寻找故障所在级

根据以上判断，在可能出现故障的部分中，对各级电路进行检查。检查时用波形显示法对电路进行动态检查。例如：检查振荡电路有无起振，输出波形是否正常，放大电路是否放大信号，输出波形有无失真等。检查可以由后向前，也可以由前向后逐级推进。

4）寻找故障点

故障确定后，可进一步寻找故障点，即判断具体的故障元器件。检查方法一般采用测电压法，测试电路中各点的静态电压值，根据所测数据，确定这部分电路是否确有故障并确定故障元器件。

确定故障后，切断电源，将损坏元器件或可能有故障的元器件取下，用电阻法检查。对于不易测试的元器件采用替代法进行判断。这样可确定故障，并排除故障。

5）修复电路

找出故障元器件后，要进一步分析其损坏的原因，检查与其相关元器件或连线等有无故障。在确定无其他故障后，可更换故障元器件，修复电路。最后进行通电试验，观察电路能否正常工作。

1.3.4 数字电路的故障分析

在实验中，当所安装电路不能完成预期的逻辑功能时，就称电路有故障。数字电路产生故障的原因大致有：电路设计不妥，安装、布线时出现错误，集成组件功能不正常或使用不当，实验仪器或实验板不正常。要想迅速地排除电路故障，应掌握排除故障的基本方法和步骤。模拟电路故障的检查方法（如：测电阻法、测电压法，测波形法）也适用于数字电路。针对数字电路系统中相同基本单元较多、功能特性基本相同这一特点，在检查故障的各种方法中，替代法和对比法是较常用的方法。

1．排除故障的常用方法

1）查线法

在数字电路实验中，大多数故障是由于布线错误引起的，对于故障电路复查布线，可以检查出部分或全部由布线错误引起的故障。这种方法对于不很复杂的小型电路和布线很有章法的电路是有效的。对较为复杂的电路系统，用查线的方法排除故障是困难的。另外查线法也只能查出漏接或错接的导线，许多故障用查线的方法是不易被发现的。例如，由于导线插入插孔太深形成导线上绝缘层使导线与插孔相互绝缘等。所以检查布线不能作为排除故障的主要手段。

2）替代法

将已调好的单元组件（或正常的集成组件）替代有故障或有故障嫌疑的相同的单元组件，将其接入电路，可以很快判断出故障原因是否由原单元组件故障所致。

在数字电路中相同的单元组件和相同的集成电路很多，而且集成电路多采用插接式连接，检查故障时，替代法是很方便有效的方法。

使用替代法时，用来替代原部件的组件或元器件应是正常的。在使用替代法时还应注意，在插拔组件前应先切断电源。

3）逻辑对比法

当怀疑某一电路存在故障时，可将其状态参数与相同的正常电路一一进行对比。用这种方法可以很快找到电路中的某些不正常状态和参数，进而分析出故障原因，将故障排除。采用逻辑对比法，经常是将电路的真值表、状态转换图列出，与实际测得的电路状态加以比较，进而分析电路有无故障。这种方法在数字电路故障分析中是很重要的方法。

测试状态的方法很多，有测试电压法、逻辑电平测试法和示波器观测等方法。

2．排除故障的基本步骤

排除故障一般遵循以下步骤：

（1）初步检查；

（2）观察故障现象；

（3）分析故障原因；

（4）证实故障原因；

（5）排除电路故障。

在排除电路故障的全过程中，要坚持用逻辑思维对故障现象进行分析和推理，这是排除故障工作能否顺利进行的关键。

1）初步检查

排除故障时可先对电路进行全面的初步检查，检查内容包括：①布线有无错误，如错接、漏接；②集成电路插接是否牢固，有无松动和接触不良现象；③集成电路电源端对地电压是否正常，即电源是否加入各集成电路；④若电路有置位或复位功能，可检查其能否被正常置位或复位（如置1或清0）；⑤输入信号（如BCD码、时钟脉冲等）能否加到实验电路上；⑥输出端有无正常的电平。

通过初步的检查，可能发现并排除部分或全部故障。

2）观察电路工作情况，搞清故障现象

在初步检查的基础上，按电路的正常工作程序给其加入电源和输入信号，观察电路的工作状态。输入信号最好用逻辑开关、无抖动开关或用手控制的信号源。若电路出现不正常状态，不要急于停机检查，而应重复多次输入信号，观测电路的工作状态。仔细观察并记录故障现象，例如电路总是在某一状态向另一状态转换时，出现异常状态。

3）分析故障原因

将故障现象观察、记录清楚之后，关机停电，对所观察到的现象进行分析，根据电路的真值表、状态转换图、所用元器件的工作原理和工作条件，判断产生故障的原因。例如，无论给实验电路加任何信号，输出端始终处于高电平，则可能是因为集成电路未正常接地所致；不管将JK触发器输入端置于什么电平，该触发器却始终处于计数状态（即随时钟脉冲而翻转），那么可能是J和K端导线接触不良，不能接入正常电平。若电源、地线连线正常，输入端信号也能正常加入，而无正常输出，可能是集成电路组件损坏。

4）证实故障原因

利用替代法、对比法等方法，证实故障的部件或组件。对一些简单故障，如上述因漏接导线、接地不良等，可将导线重新连接，看电路是否恢复正常。这样便可证实电路故障的确实原因。

5）排除电路故障

将确实损坏的元器件换掉，将错误的连线纠正，即可使电路正常工作。

1.4　电子电路的文档整理和实验报告

一旦测试结果证明电路的功能和技术指标均已达到设计要求，便可进行最后一项工作，即文档整理和撰写实验报告。

文档整理包括实验框图、全部电路图（单元电路和完整的系统电路图）、PCB图、元器件清单、所有的测试数据和曲线等。

实验报告必须认真撰写，千万不要认为做完实验就行，而报告是无所谓的。撰写技术报告可以作为技术资料保留下来，成为以后或其他人员的工作依据和参考。文档和报告是一个科研和生产单位的重要财富之一。

通过撰写报告，可以从理论上进一步阐述实验原理，分析实验的正确性、可信度；总结实验的经验和收获，提供有用的资料。实验报告本身是一项创造性的工作，通过实验报告，可以充分反映一个人的思维是否敏捷，概念是否清楚，理论基础是否扎实，工程实践能力是否强劲，分析问题是否深入，学术作风和工作作风是否严谨。所以撰写报告是锻炼综合能力和素质培养的重要环节，一定要重视并认真做好。

编写总结报告是对学生写科学论文和科研总结报告的能力训练，通过编写总结，不仅把设计、组装、调试的内容进行全面总结，以提高学生的文字组织表达能力，而且也把实践内容上升到理论高度。

实验报告一般应包括如下内容。

（1）设计和实验题目名称。

（2）设计和实验任务及要求。

（3）总体方案论证，总体框图、分解后的各模块的功能及指标。

（4）模块电路和单元电路的实现原理、电路设计，主要元器件的选择说明。

（5）硬件调试中发现的问题和解决的方法。

（6）测试数据、表格、曲线。所用电子仪器的型号包括：

① 使用的主要仪器和仪表；

② 调试电路的方法和技巧；

③ 测试的数据和波形并与计算结果比较分析；

④ 测试中出现的故障、原因和排除方法。

（7）总结设计电路的特点和方案的优缺点，指出课题的核心及实用价值，提出改进意见和展望。

（8）列出系统需要的元器件清单。

（9）列出参考文献。

（10）收获、体会。

综上所述，电子电路设计和综合性实验的一般方法与步骤为：设计任务与要求→方案论证与总体设计→分解为模块→模块和单元电路设计→元器件选择→计算机仿真优化（如果需要）→硬件装配调试→电子仪器测试性能指标→实验报告、文档整理。

课程设计报告的设计观点、理论分析、方案结论、计算等必须正确，尽量做到纲目分明、逻辑清楚、内容充实、轻重得当、文字通顺、图样清晰规范。

实验与思考题

1. 电路设计的一般过程是什么？你认为在这些过程中，哪一步最重要？
2. 为什么要对电子元器件的检验与筛选？如何检验和筛选？
3. 手工焊接中，对焊点有什么基本要求？
4. 简述调试电子电路的步骤。

第2章 综合设计

2.1 红外对射报警器

随着人们生活水平的提高和电子技术的进步，人们越来越多地将电子技术运用到防盗报警当中，尤其是大型工厂、院校等在解决周界围栏防翻越问题上，大量运用电子技术替代高围墙、铁丝网、人工等传统安防方式。其中红外对射报警器以其独特的优点被广泛应用。红外线具有隐蔽性，在露天防护的地方设计一束或多束红外线可以方便地检测到是否有人出入。红外对射报警器独到的优点是：其一，能有效判断是否有人员进入；其二，能尽可能大地增加防护范围。并且，系统工作稳定、可靠，报警可采用声光信号，非常适合用于解决周界围栏防翻越问题，大大提高工作效率与安全性。红外对射报警器通常由四大部分组成：电源部分、发射部分、接收部分和报警部分。其基本工作原理是：首先，发射部分发射红外光线（不可见光）与接收部分连通，当有人翻越围栏时身体阻挡红外线，发射部分与接收部分连接断开，在系统控制下报警器报警，最终在人为复位下，报警停止，以此循环。其中，电源部分采用LM7805集成稳压器为主体，为系统提供5 V直流电压；发射部分采用555元件作为发射振荡器；接收部分以CD4011集成模块为核心，控制报警部分报警；报警部分用喇叭提供报警声音。

此类设计的要点在于红外线信号的发射与接收部分，由于目前市场上常用的红外线发射器件和接收器件都具有频率选择性，因此要想得到较好的传输距离和稳定的性能，必须将驱动红外线发射管工作的振荡电路频率调整在红外发射器件的工作频率附近，现大部分产品的频率为38 kHz，在设计该电路时，也是让555电路组成的振荡器工作在38 kHz附近。至于接收电路，作为报警工作的话，没有像红外线通信那样要精确地还原出发射端发射的每一个数据。因此相对来说，要求可以放宽一些，设计时可以通过低通滤波，加倍压整流等措施，将发射的红外线信号转变成用于控制的直流控制电压。可以理解为：若有红外线信号收到时输出一个高电平信号，如果有人阻断了红外线信号，输出一个低电平信号，后续电路通过这个低电平信号启动报警。

2.1.1 电路工作原理简介

经过555电路组成的振荡器控制红外发射器件发射出红外线，接收端利用专门的红外接收器件对红外线信号进行接收，经放大电路进行信号放大及整形，以CD4011作为逻辑处理器，控制报警电路及复位电路。电路中设有报警信号锁定功能，即使进入现场的入侵人员走开，报警电路也将一直工作，直到人为解除后才能解除报警。电源电路原理图如图3-2-1所示，红外线发射部分电路原理图如图3-2-2所示。

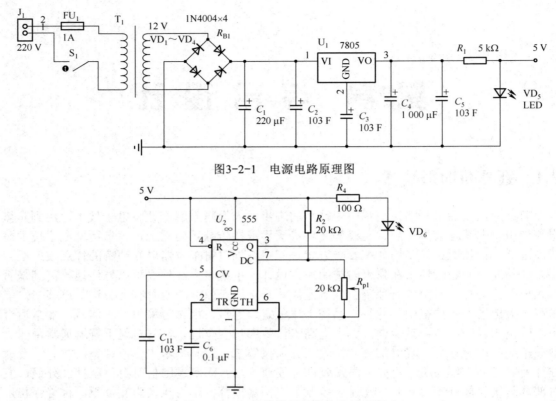

图3-2-1　电源电路原理图

图3-2-2　红外线发射部分电路原理图

　　红外线对射报警电路原理图如图3-2-3所示。5 V直流稳压电源由电源变压器、IN4004组成的整流桥、滤波电容、LM7805集成稳压器构成。接通电源后，555组成的振荡器工作，驱动红外发射管VD_7向布防区域发射红外线信号。在布防区域如果没有物体挡住红外线，这时发射的红外线被红外接收管接收，经VT_1和VT_2两级放大，VD_1、VD_2倍压整流后形成一个直流控制电压，驱动VT_5饱和导通，这时输入CD4011与非门8、9脚的为低电平信号。当红外线被物体挡住时，VT_5截止，这时输入与非门的信号变为高电平。经逻辑电路处理后，从3脚输出高电平，这个信号一方面使VT_3导通，报警电路工作；另一方面经R_5，使CD4011与非门电路的13脚输入一个高电平信号，锁存了报警信号，这样就算重新接收到了红外信号，报警信号也不会停止。只有当重新接收到红外信号，同时按下复位键，将CD4011的13脚变为高电平，报警信号才会停止。

2.1.2　硬件电路的安装与调试

　　制作电路时，只要按电路图正确安装元件，一般都能一次成功。

　　红外发射与接收管的安装，必须是折弯对齐，焊接时插到底，不然就无法折弯对齐了。

　　监控距离一般在50 cm以内较合适。易受外界红外光波（如人体红外信号等）影响，所以最好加滤波片，或选用深紫色红外管。

　　红外对射管，最好安装在管状容器中，发射管有条件加装反射镜，也可用香烟锡纸卷成漏斗状套上，效果也比较好。

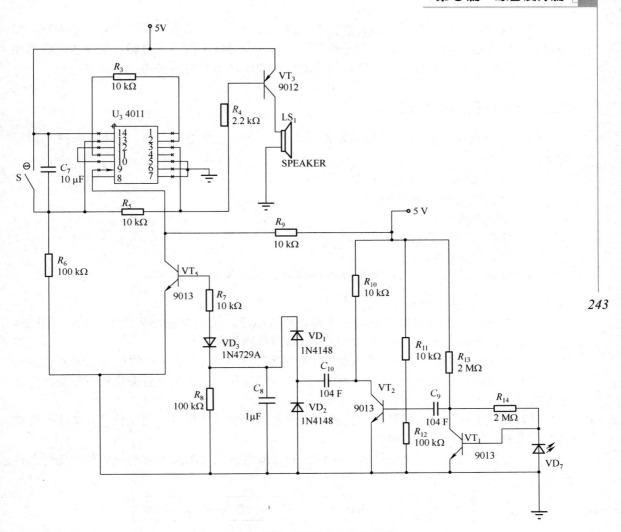

图3-2-3 红外线对射报警电路原理图

2.1.3 调试说明

（1）将电源插头插入220 V交流市电插座，电源指示灯VD₅亮。

（2）将发射器与接收器的红外发射与接收管对齐。

（3）确认发射管与接收管对齐后，若还在报警，可按下复位按钮，此时报警停止，系统进入守候状态。

（4）当用手在发射管和接收管间挡住时，马上会响起报警声，此时就算把手拿开也会一直报警，直到人为按下复位按钮。只要发射管与接收管间无遮挡，就不会报警。

2.2 串联型稳压电源

电子设备都离不开电源，许多电子设备要由电力网上的交流电所变换的直流电来供电。

根据电子设备的不同，对电源的要求也不一样。比如说，有的电子设备消耗功率大些，就要求电源提供较大的功率；有的电子设备的工作性能对电压波动很敏感，就要求电源的输出电压要稳定、纹波系数要小；也有的要求直流电源输出的电压可调。

2.2.1 设计任务和要求

本项目的设计任务是采用分立元器件设计一台串联型稳压电源。其功能和技术指标如下。

（1）输出电压u_o可调：6～12 V。

（2）输出额定电流I_o=500 mA。

（3）电压调整率$K_U \leqslant 0.5$。

（4）电源内阻$R_S \leqslant 0.1\ \Omega$。

（5）纹波电压$\leqslant 5$ mV。

（6）过载电流保护：输出电流为600 mA时，限流保护电路工作。

1．直流稳压电源的组成

直流稳压电源一般由变压器、整流器、滤波电路、稳压电路与负载等组成，图3-2-4所示为把正弦交流电转换为直流电的稳压电源的原理框图。

（1）变压器：将正弦工频交流电源电压变换为符合用电设备所需要的正弦工频交流电压。

（2）整流电路：利用具有单向导电性能的整流元件，将正负交替变化的正弦交流电压变换成单方向的脉动直流电压。

（3）滤波电路：尽可能地将单向脉动直流电压中的脉动部分（交流分量）减小，使输出电压成为比较平滑的直流电压。

（4）稳压电路：采用某些措施，使输出的直流电压在电源发生波动或负载变化时保持稳定。

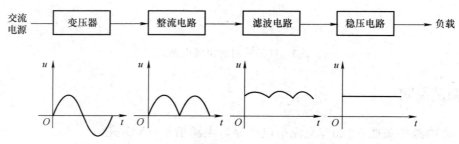

图3-2-4　直流稳压电源的组成原理框图

2．直流稳压电源的技术指标要求

（1）输出电压要符合额定值：①固定U_o；②可调（电压调节范围$U_{min} \sim U_{max}$）。

（2）输出电压要稳定（电压调整率K_U）。造成输出电压不稳的原因：

① 交流电网的供电电压不稳，整流器的输出的电压也按比例变化；

② 由于整流器都有一定内阻，当负载电流发生变化时，输出电压就要随之发生变化；

③ 当整流器的环境温度发生变化时，元器件的特性即发生变化，也导致输出电压的变化。

在实际应用中常以电网电压变化±10％时输出电压相对变化的百分数来表示。

（3）电源内阻（R_S）要小。电源内阻表示在输入电压U_i不变的情况下，当负载电流变化时，引起输出电压变化量的大小。R_S越大，当负载电流较大时，在内阻上产生的压降也较大，因此输出电压就变小。

（4）输出纹波电压要小。输出纹波电压是指电源输出端的交流电压分量。

（5）要有过流保护、过压保护等保护措施。

2.2.2 设计过程

分立元器件串联型稳压电源的电路如图3-2-5所示。下面介绍电路工作原理。

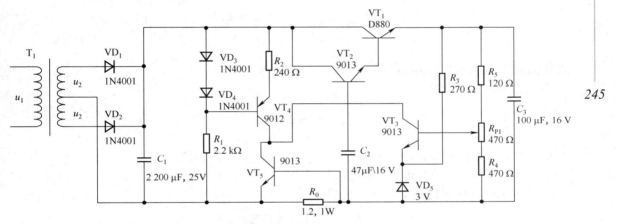

图3-2-5 分立元器件串联型稳压电源

如图3-2-5所示，220 V交流电经双15 V变压器产生两组15 V低压交流电，VD_1、VD_2和C_1构成整流滤波电路，产生20 V的直流电压，VT_4、VD_3、VD_4和R_2为恒流源负载，VT_5和R_0为过流保护电路，VT_1和VT_2为电压调整器，VT_3、VD_5、R_3、R_{P1}、R_5和R_4构成输出电压取样比较电路，R_{P1}调整输出电压大小。

（1）稳压过程。当输出电压U_o因某种原因下降时，VT_3的基极电压U_B也下降，VD_5两端的电压恒定，因此VT_3的U_{BE}电压随之下降，VT_3的工作点往截止区靠近，就造成VT_3的集电极电压U_C上升，即VT_2的基极电压上升，从而使调整管VT_1的U_{CE}电压下降，使输出电压上升。总输出电压U_o因某种原因上升时，其过程恰好相反。这样输出电压因某种原因变化时，VT_1和VT_2构成的电压调整器就能够调整输出电压，使其保持恒定。

（2）输出电压调整过程。R_{P1}用于调整输出电压大小。当R_{P1}滑动端向上滑时，VT_3的基极电压U_B就上升，VD_5两端的电压恒定，因此VT_3的U_{BE}电压随之上升，集电极电压U_C就下降，即VT_2的基极电压下降，从而使调整管VT_1的U_{CE}电压上升，使输出电压变小。当R_{P1}滑动端向下滑时，输出电压则会变大。

（3）过流保护过程。VT_5和R_0为过流保护电路，R_0阻值比较小（大约为1 Ω）。当输出电流I_o较小时，在R_0上产生的电压较小，不足以使VT_5导通，其不起作用。当输出电流I_o过大时，在R_0上产生的电压增大，使VT_5导通，VT_5的集电极电压下降，即VT_2的基极电压下降，电压调整管VT_1的U_{CE}电压增大，使输出电压下降，从而起到保护作用。

2.2.3 确定电路参数

1. 电源变压器T

电源变压器的作用是将来自电网的220 V交流电压U_1变换为整流电路所需要的交流电压U_2。若要求调整管VT_1不进入饱和区,则$U_{imin} \geqslant U_{omax} + (2\sim3)$ V=15 V;为了使比较放大器增益足够大,又要求在电阻R_4与VT_4上的压降有4~5 V,则$U_{imin} = U_{omax} + 2U_{BE(OM)} + (4\sim5)$ V=(14.4~15.4) V。综合上述两点要求,则有

$$U_i = U_{imin} / (1-10\%) = 20 \text{ V}$$

$$U_{imax} = U_i / (1+10\%) = 21 \text{ V}$$

$$U_2 = U_i / 1.2 = 16.7 \text{ V}$$

考虑整流二极管和变压器T的降压等因素,取U_2=15 V。

电源变压器的效率

$$\eta = \frac{P_2}{P_1}$$

式中,P_2——变压器副边的功率;

P_1——变压器原边的功率。

一般小型变压器的效率如表3-2-1所示。

表3-2-1　小型变压器的效率

副边功率P_2	<10 VA	10~30 VA	30~80 VA	80~200 VA
效率η	0.6	0.7	0.8	0.85

因此,当算出了副边功率P_2后,就可以根据上表算出原边功率P_1。

设计要求的电源变压器为双15 V/25 W。

原边输入功率P_1=25 W。

副边输出功率$P_2 \geqslant I_2 U_2 = 0.8 \times 15 = 12$ W。

因为所选电源变压器为双15 V/25 W,由表中数据可知 η=0.7,则$P_1 = P_2/\eta = 12/0.7 = 17.1$ W,所选25 W符合要求。

电源变压器的实际效率

$$\eta = \frac{P_1}{P_2} = \frac{12}{25} \times 100\% = 48\%$$

总之,电源变压器的次级为带中心抽头的双15 V绕组,输出功率为25 W。

2. 整流二极管VD_1与VD_2

$$I_{DM} \geqslant 1.5(I_o / 2) = 375 \text{ mA}$$

$$U_{RM} \geqslant 2\sqrt{2} U_{2max} = 2\sqrt{2}(1+10\%) U_2 = 51.8 \text{ V}$$

整流二极管选1N4001,其极限参数为$U_{RM} \geqslant 50$ V。

3．滤波电容C_1

电容C_1的表达式为

$$C_1 = \frac{(3\sim5)\dfrac{T}{2}}{R_{L\min}}$$

已知输入交流电的周期

$$T = 1/f = 0.02\ \text{s}$$

$$R_{L\min} = \frac{U_{i\min}}{1.5I_o} = 24\ \Omega$$

因此

$$C_1 = \frac{4\times\dfrac{T}{2}}{R_{L\min}} = 1\,667\ \mu\text{F}$$

对于耐压，因为$U_{RM} \geqslant \sqrt{2}U_{2\max} = \sqrt{2}(1+10\%)\ U_2 = 25.9\ \text{V}$

所以C_1选用2 200 μF/25 V的铝电解电容。

4．调整管VT_1

$$U_{(BR)\,CEO} > U_{CE\,i\,max} = U_{i\,max} - U_{o\,min} = U_{i\,max} = 22\ \text{V}$$

$$I_{CM1} > 1.5I_o = 750\ \text{mA}$$

$$P_{CM1} > 1.5I_o U_{CEi\,max} = 16.5\ \text{W}$$

因此，调整管VT_1选用D880三极管，参数为$U_{(BR)\,CEO}$=60 V，I_{CM}=3 A，P_{CM}=30 W；并测得β=50，r_{be1}=40 Ω。

5．其他小功率调整管VT_2，VT_3，VT_4

$$U_{(BR)\,CEO} > U_{CE\,max} = 22\ \text{V}$$

$$I_{CM1} > 1.5I_o/\beta_1 = 15\ \text{mA}$$

$$P_{CM1} > 1.5I_o U_{CEi\,max}/\beta_1 = 330\ \text{mW}$$

因此，VT_2，VT_3，VT_4选用9013，其$U_{(BR)\,CEO}$=30 V，I_{CM}=300 mA，P_{CM}=700 mW；并测得β=100。

6．基准电路U_z与R_3

根据$U_z \leqslant U_{o\min}$=6 V，$I_{z\min} > 5$ mA和a_z，r_z尽量要小的原则，选用2CW11稳压管，其参

数为U_z=3.2~4.5 V，I_{zmin}=10 mA，I_{zmax}=55 mA。由

$$\frac{U_{omax}-U_2}{I_{zmax}} \leqslant R_3 \leqslant \frac{U_{omin}-U_2}{I_{zmin}}$$

得148 Ω≤R_3≤215 Ω。

因此，R_3选取200 Ω的电阻。

7．取样电路电阻R_5，R_{P1}，R_4

当负载开路时，提供调整管VT_1的泄流通路，故通过取样电路的最小电流为2%×I_o=10 mA通过计算，可以选取R_4=220 Ω，R_5=130 Ω，R_{P1}=240 Ω，功率为1/8 W。

8．保护电路R_0

当输出电流为600 mA并流过检测电阻R_0，使U_{R0}≥U_{BEon}时，VT_5导通，限流保护电路开始工作。此时

$$R_0 = \frac{U_{BE（on）}}{I_o} = \frac{0.7}{600\times10^{-3}} = 1.2\ \Omega$$

$$P_{R_0} = I_o^2 R_0 = 0.6^2 \times 1.2 = 0.43\ W$$

因此，R_0选取1.2 Ω/1 W的电阻。

2.2.4 调试要点

安装时要注意，D880调整管需加散热片，采用长度为10 cm的L形铝材；R_{P1}电位器直接安装在电路板上，电源变压器可外接。

安装完毕并检查无误后，方可开始通电调试。调试所需要的仪器设备为：自耦变压器、稳压电源、电子毫伏表、滑动变阻器、万用表、电流表和毫伏表。

1．空载测试

在不加负载的条件下，使用万用表测量稳压电源的最大与最小输出电压，即可测出电压的可调范围，其值应满足技术指标的要求。

2．带载测试（输出电流I_o=500 mA）

（1）输出电压的可调范围U_{omax}~U_{omin}。

（2）在输出端接上滑动变阻器，使其输出电流在500 mA，在此条件下测量输出电压的可调范围。

（3）电压调整率K_u的测试：使用自耦变压器模拟电网电压的变化，以标准电源作为基准电源，来测试稳压电源输出电压的稳定度。

按图3-2-6连接好测试电路。调整自耦变压器，输出220 V电压，并使被测电路输出9 V/500 mA电压，标准电源E也输出9 V电压，这时V_2表应为0 V。然后调整自耦变压器，使其输出电压上升10 %，读出V_2表的电压即为当输入电网变化±10 %时输出电压的变化量ΔU_o。这样就可以算出电压调移率K_u=$\Delta U_o/U_o$。

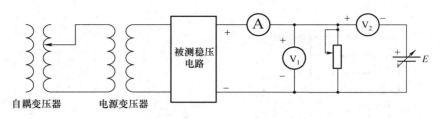

图3-2-6　电压调整率测试图

（4）电源内阻R_S的测试。同样按上图连接好测试电路，使被测电路输出9 V/500 mA电压，标准电源E也输出9 V电压，这时V_2表应为0 V，调整负载使输出电流为0 mA，这时读出V_2表的值，即为负载电流变化量ΔI_o=500 mA时所引起的输出电压的变化量ΔU_o，这样就可以算出：$R_s = \Delta U_o / \Delta I_o$。

（5）纹波电压的测试。按图3-2-7所示连接好测试电路，其中G为电子毫伏表。使被测电路输出9 V/500 mA电压，这时读出电子毫伏表的值就是纹波电压。

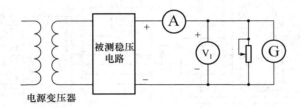

图3-2-7　纹波电压测试图

（6）过流保护电流的测试。调节电位器，使输出电压为9 V，调节负载电阻R_L的值从最大逐渐减小，直到输出电压U_o减少0.5 V时输出电流的值，这就是限流保护电路的动作电流值。

2.3　遥控式抢答器

2.3.1　设计目的

通过手持红外遥控器控制选手抢答，主持人能通过手持遥控器按钮控制答题者的抢答。

2.3.2　电路设计

电路主要由三部分组成。一是主持人遥控装置电路，通过发射红外信号来控制抢答者；二是红外线接收电路；三是抢答电路，选手能够按下按钮来抢答题目。

2.3.3　电路原理图

遥控抢答电路原理图如图3-2-8所示。

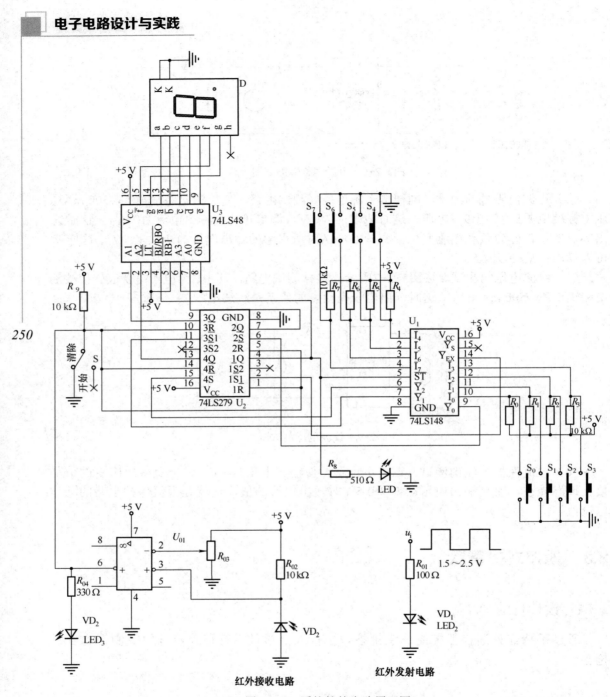

图3-2-8 遥控抢答电路原理图

2.3.4 电路工作原理

（1）本电路图是通过红外电路与抢答电路的组合达到仅控制红外线发射就可以控制整个电路的目的。

（2）红外电路，作为整个电路的遥控系统，分为发射部分和接收部分。发射部分的主要原件是红外发光二极管VD₁，当在它两端施加一定电压时，它便发出红外线。接收部分是红外接收管VD_2，它是一种光敏型二极管，在实际应用中要给红外接收管施加反向偏压，它才能正常工作，也就是当红外接收管在电路中反向时才能获得较高的灵敏度。

当电压达到红外发射管的正向阀值电压（0.8 V左右）电流开始流动，而且是一很陡直的曲线，表明其工作电流要求十分敏感。因此要求工作电压准确稳定，否则影响辐射功率的发挥及其可靠性。辐射功率随环境温度的升高（包括自身的发热所产生的环境温度升高）会使其辐射功率下降。由于红外发光二极管的发射功率都较小，所以红外接收管接收到的信号比较弱，因此要增加高增益放大电路。

此电路中uA741是一款运算放大器，在此作为比较器使用，通过比较同相端和反向端的电压来决定输出值。当红外发射管VD_1发射红外光，红外接收管VD_2收到红外光后导通，则VD_2的负极电位为0，运算放大器相同端（3脚）电位为0，而反向端（2脚）电位大于0，则$U_3<U_2$，运放工作在非线性状态下，输出端（6脚）输出低电平，发光二极管LED_1灭；同理，当VD_2接收到红外光时，U_3为高电平，$U_3>U_2$，输出端（6脚）输出高电平，发光二极管LED_1点亮。因此通过控制VD_1发射红外光可以控制6脚输出高电平或者低电平，通过这里的高低电平可以控制抢答电路的清除和开始。

（3）抢答电路。抢答电路有两个功能：一是分辨出选手按按钮的先后，并锁存先抢答者的编号，供译码器显示电路用；二是一旦有人抢答了要使其他选手按按钮操作无效。选用优先编码器74LS148和RS锁存器74LS279可以完成上述功能。

编码器74LS148是8—3线编码器，其编码功能如表3-2-2所示。其作用是将输入$\overline{I_0}\sim\overline{I_7}$这8个二进制码输出，它的输入为低电平有效。优先级别从$\overline{I_7}$至$\overline{I_0}$递降。另外，它有输入$\overline{ST}$，输出使能$\overline{Y_S}$和$\overline{Y_{EX}}$。$\overline{ST}=0$允许编码，$\overline{ST}=1$禁止编码，输出$\overline{Y_2}\overline{Y_1}\overline{Y_0}=111$。$\overline{Y_S}$主要用于多个编码器电路的联级控制，即$\overline{Y_S}$总是接在优先级低的相邻编码器的$\overline{ST}$端，当优先级别高的编码器允许编码，而无输入申请时，$\overline{Y_S}=0$，从而允许优先级别低的相邻编码器工作；反之，当优先级别高的编码器有编码时，$\overline{Y_S}=1$，禁止相邻级别低的编码器工作。$\overline{Y_{EX}}=0$表示$\overline{Y_2}\overline{Y_1}\overline{Y_0}$是编码输出，$\overline{Y_{EX}}=1$表示$\overline{Y_2}\overline{Y_1}\overline{Y_0}$不是编码输出，$\overline{Y_{EX}}$为输出标志位。

表3-2-2 优先编码器74LS148功能表

输　　　入									输　　出				
$\overline{ST}$	$\overline{I_0}$	$\overline{I_1}$	$\overline{I_2}$	$\overline{I_3}$	$\overline{I_4}$	$\overline{I_5}$	$\overline{I_6}$	$\overline{I_7}$	$\overline{Y_2}$	$\overline{Y_1}$	$\overline{Y_0}$	$\overline{Y_{EX}}$	$\overline{Y_S}$
1	×	×	×	×	×	×	×	×	1	1	1	1	1
0	1	1	1	1	1	1	1	1	1	1	1	1	0
0	0	1	1	1	1	1	1	1	1	1	1	0	1
0	×	0	1	1	1	1	1	1	1	1	0	0	1
0	×	×	0	1	1	1	1	1	1	0	1	0	1
0	×	×	×	0	1	1	1	1	1	0	0	0	1
0	×	×	×	×	0	1	1	1	0	1	1	0	1
0	×	×	×	×	×	0	1	1	0	1	0	0	1
0	×	×	×	×	×	×	0	1	0	0	1	0	1
0	×	×	×	×	×	×	×	0	0	0	0	0	1

当主持人控制开关处于"清零"位置时，RS触发器的R端为低电平，输出（$Q_4 \sim Q_1$）全部为低电平。于是74LS48的$\overline{BI}=0$，显示器灭灯；74LS148的选通输入$\overline{ST}=0$，74LS148处于工作状态，此时锁存器电路不工作。当主持人开关拨到"开始"位置时，优先编码器电路和锁存电路同时处于工作状态，即抢答器处于等待工作状态，等待输入端$\overline{I}_0 \sim \overline{I}_7$输入信号，当有选手将按钮按下时，74LS148的输出$\overline{Y}_2\overline{Y}_1\overline{Y}_0=010$，$\overline{Y}_{EX}=0$，经$RS$锁存器后，$Q_1=1$，$\overline{BI}=1$，74LS279处于工作状态，$Q_4 Q_3 Q_2=101$，经74LS48译码后，显示器上显示出"5"。此外，$Q_1=1$，使74LS148的$\overline{Y}_{EX}$为高电平，但是由于Q_1维持高电平不变，所以7LS148处于禁止工作状态，锁存不变，所以74LS148仍处于禁止工作状态，其他按钮的输入信号不会被接受。这就保证了抢答者的优先性以及抢答电路的准确性。当优先抢答者回答完问题后，由主持人操作控制开关S，使抢答电路复位，以便进行下一轮抢答。

三个电路组合起来后，就可以使主持人通过遥控设备经由遥控电路距离较远的控制抢答电路的清除和开始。

2.4 定时抢答器

2.4.1 设计内容及要求

实际进行智力竞赛时，一般分为若干组，各组对主持人提出的问题，分必答和抢答两种，必答有时间限制，到时要告警。回答问题正确与否，由主持人判别加分还是减分，成绩评定结果要用电子显示装置显示。抢答时，要判定哪组优先，并予以指示和鸣叫。因此，要完成以上智力竞赛抢答器逻辑功能的数字逻辑功能控制系统，至少应包括以下几个部分：

（1）记分，显示部分；

（2）判别选组控制部分；

（3）定时电路和音响部分。

1．基本功能

（1）抢答器同时供8名选手或8个代表队比赛，分别用8个按钮$S_0 \sim S_7$表示。

（2）设置一个系统清除和抢答控制开关S，该开关由主持人控制。用来控制系统清零（编号显示数码管灭灯）和抢答的开始。

（3）抢答器具有锁存与显示功能。即抢答开始后，选手按动按钮，锁存相应的编号，并在编号显示器上显示该编号。同时封锁输入编码电路，禁止其他选手抢答。优先抢答选手的编号一直保持到主持人将系统清除为止。

（4）根据回答问题正确与否，由主持人判别加分还是减分，步进为5分，即每次增（减）5分，成绩评定结果由数码管显示。

（5）抢答者犯规或违章（主持人未说"开始抢答"时，参赛者抢先按）时，应自动发出警告信号，以指示灯光闪为标志。

（6）参赛选手在设定时间30 s内抢答，抢答有效。

2．智力竞赛抢答器组成

抢答器要完成以下四项工作。

（1）优先编码电路立即分辨出抢答者的编号，并由锁存器进行锁存，然后由译码显示电路显示编号。

（2）扬声器发出短暂声响，提醒节目主持人注意。

（3）控制电路要对输入编码电路进行封锁，避免其他选手再次进行抢答。

（4）控制电路要使定时器停止工作，时间显示器上显示剩余的抢答时间，并保持到主持人将系统清零为止。在选手将问题回答完毕后，主持人操作控制开关，使系统回复到禁止工作状态，以便进行下一轮抢答。

定时抢答器由主体电路和扩展电路两部分组成。主体电路完成基本的抢答功能，即开始抢答后，当选手按动抢答键时，能显示选手的编号，同时能封锁输入电路，禁止其他选手抢答。扩展电路完成定时抢答的功能。

图3-2-9所示的定时抢答器的工作过程是：接通电源时，节目主持人将开关置于"清除"位置，抢答器处于禁止工作状态，编号显示器灭灯，定时显示器显示设定的时间；当节目主持人宣布抢答题目后，说一声"抢答开始"，同时将控制开关拨到"开始"位置，扬声器给出声响提示，抢答器处于工作状态，定时器倒计时。当定时时间到，却没有选手抢答时，系统报警，并封锁输入电路，禁止选手超时后抢答。

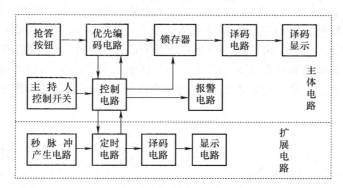

图3-2-9　智力竞赛抢答器组成框图

3．智力抢答器的方案流程

接通电源后，主持人将开关拨到"清零"状态，抢答器处于禁止状态，编号显示器灭灯，定时器显示设定时间；主持人将开关置"开始"状态，宣布"开始"抢答器工作。定时器倒计时，扬声器给出声响提示。当定时时间到，却没有选手抢答时，系统报警，并封锁输入电路，禁止选手超时后抢答。

选手在定时时间内抢答时，抢答器完成：优先判断、编号锁存、编号显示、扬声器提示。当一轮抢答之后，定时停止，禁止二次抢答，定时器显示剩余时间。如果再次抢答必须由主持人再次操作"清除"和"开始"状态开关。555定时器和三极管组成犯规电路，通过控制振荡器工作、停止，发出报警信号，判断犯规与否。2个74LS192组成计分电路，自动加分、减分，奖惩功能则由加分、减分体现。

数字智力竞赛抢答器（自动记分）原理框图如图3-2-10所示。

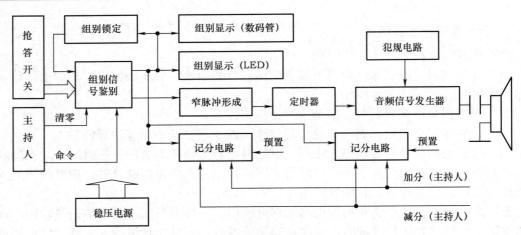

图3-2-10　数字智力竞赛抢答器（自动记分）原理框图

254

2.4.2　电路设计

1．稳压电路

图3-2-11所示电路为输出电压+5 V、输出电流1.5 A的稳压电源。它由电源变压器，桥式整流电路$VD_1 \sim VD_4$，滤波电容C_1、C_2，和一只固定式三端稳压器（7805）搭成。220 V交流市电通过电源变压器变换成交流低压，再经过桥式整流电路$VD_1 \sim VD_4$和滤波电容C_1的整流和滤波，在固定式三端稳压器LM7805的U_{in}和GND两端形成一个并不十分稳定的直流电压（该电压常常因为市电电压的波动或负载变化而发生变化）。此直流电压经过LM7805的稳压便能在稳压电源的输出端产生精度高、稳定度好的直流输出电压。稳压原理图如图3-2-12所示。

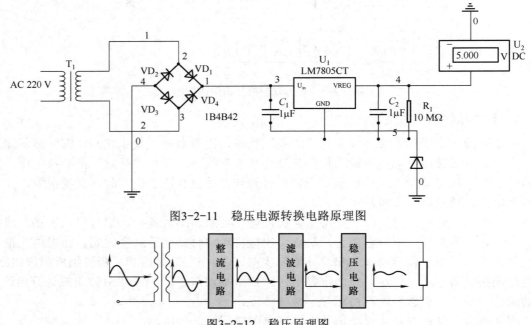

图3-2-11　稳压电源转换电路原理图

图3-2-12　稳压原理图

2．抢答器电路

该部分主要完成两个功能：一是分辨选手按键的先后，并锁存优先抢答者的编号，同时译码显示电路显示编号；二是使其他选手按键操作无效。选用优先编码器74LS148和RS锁存器可以完成上述功能，所组成的电路图如图3-2-13所示。这个电路的工作原理过程：当主持人控制开关S置于"清零"时，RS触发器的$\overline{R}$端均为0，4个触发器输出（$Q_4 \sim Q_1$）全部置0，使74LS148的$\overline{BI}$=0，显示器灯灭；74LS148的选通输入端$\overline{BT}$=0，使之处于工作状态，此时锁存电路不工作。当主持人把开关S置于"开始"时，优先编码器和锁存电路同时处于工作状态，即抢答器处于等待工作状态，等待输入端的信号，当有选手将键按下时（比如按下S_5），74LS148的输出$\overline{Y}_2\,\overline{Y}_1\,\overline{Y}_0$=010，$\overline{Y}_{EX}$=0，经$RS$锁存后，$CTR$=1，$\overline{BI}$=1，经74LS148译码后，显示器显示为"5"。此外，CRT=1，使74LS148的$\overline{ST}$为高电平，封锁其他按键的输入。如果再次抢答需有主持人将S开关重新"清除"，电路复位。

255

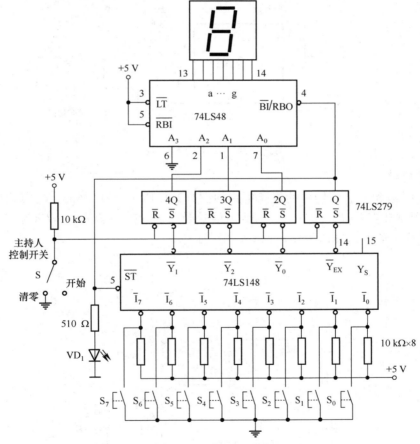

图3-2-13　抢答器电路原理图

3．定时电路

由节目主持人根据抢答题的难易程度，设定一次抢答的时间，通过预置时间电路对计数器进行预置，计数器的时钟脉冲由秒脉冲电路提供。可预置时间的电路选用十进制同步加减计数器74LS192进行设计。定时电路原理图如图3-2-14所示。

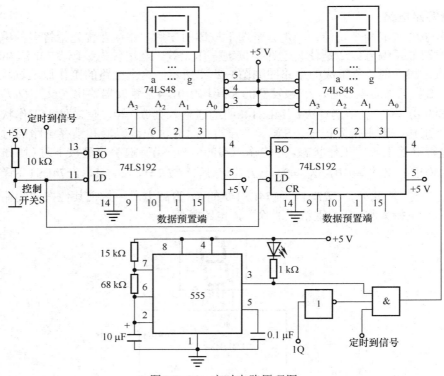

图3-2-14 定时电路原理图

4. 报警电路

由555定时器和三极管构成的报警电路如图3-2-15所示。其中555定时器构成多谐振荡器，振荡频率$f_0=1.43/[(R_1+2R_2)C]$，其输出信号经三极管推动扬声器。PR为控制信号，当PR为高电平时，多谐振荡器工作；反之，电路停振。

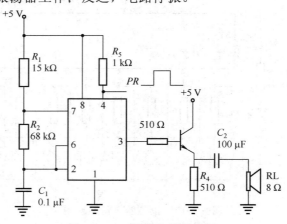

图3-2-15 报警电路原理图

5. 时序控制（超时报警）电路

时序控制电路是抢答器设计的关键，它要完成以下三项功能：

（1）主持人将控制开关拨到"开始"位置时，扬声器发声，抢答电路和定时电路进入正常抢答工作状态。

（2）当参赛选手按动抢答键时，扬声器发声，抢答电路和定时电路停止工作。

（3）当设定的抢答时间到，无人抢答时，扬声器发声，同时抢答电路和定时电路停止工作。

时序控制电路原理图如图3-2-16所示。其中，门G_1的作用是控制时钟信号CP的放行与禁止，门G_2的作用是控制74LS148的输入使能端。工作原理是：主持人控制开关从"清除"位置拨到"开始"位置时，来自于74LS279的输出$Q_1=0$，经G_3反相，$A=1$，则时钟信号CP能够加到74LS192的CPD时钟输入端，定时电路进行递减计时。同时，在定时时间未到时，则"定时到信号"为1，门G_2的输出$=0$，使74LS148处于正常工作状态，从而实现功能①的要求。当选手在定时时间内按动抢答键时，$Q_1=1$，经G_3反相，$A=0$，封锁CP信号，定时器处于保持工作状态；同时，门G_2的输出$=1$，74LS148处于禁止工作状态，从而实现功能②的要求。当定时时间到时，则"定时到信号"为0，门G_2的输出$=1$，74LS148处于禁止工作状态，禁止选手进行抢答。同时，门G_1处于关闭状态，封锁CP信号，使定时电路保持00状态不变，从而实现功能③的要求。集成单稳触发器74LS121用于控制报警电路及发声的时间。

257

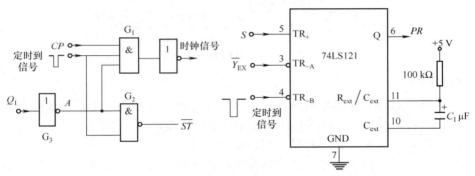

图3-2-16　时序控制电路原理图

2.5　倒计时器

2.5.1　设计要求和设计方案

1．设计要求

（1）24 s倒计时器具有显示24s的计时功能。

（2）系统设置外部操作开关，控制计时器的直接清零、启动、暂停/连续功能。

（3）倒计时器为24s递减计时，其计时间隔为1s。

（4）当倒计时器递减到零时，数码显示器不能灭灯，应发出光电报警信号。

2．设计方案

分析设计任务，该系统应包括脉冲发生器、计数器、译码显示电路、辅助时序控制电路（简称控制电路）和报警电路等5个部分构成。其中，计数器和控制电路是系统的主要部分。计数器完成24s计时功能，而控制电路有直接控制计数器的启动计数、暂停/连续计数、译码显示电路的显示和灭灯功能。为了满足系统的设计要求，在设计控制电路时，应正确处理各个信号间的时序关系。在操作直接清零时，要求计数器清零，数码显示器灭灯。当启动开关闭合时，控制电路应封锁时钟信号*CP*，同时计数器完成置数功能，译码显示电路显示"24S"字样；当启动开关断开时，计数器开始计数；当暂停/连续开关拨在"暂停"位置时，计数器停止计数，处于保持状态；当暂停/连续开关拨在"连续"时，计数器继续递减计数。另外，外部操作开关都应采取抖动措施，以防止机械抖动造成电路工作不稳定。

2.5.2 设计原理

1. 电路组成

电路由秒脉冲发生器、计数器、译码器、显示器、报警电路和辅助控制电路五部分组成，如图3-2-17所示。

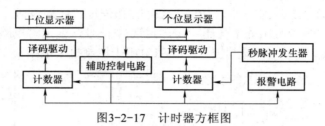

图3-2-17 计时器方框图

2. 设计原理

24秒计时器的总体方框图如图3-2-17所示。其计数器和控制电路是系统的主要模块。计数器完成24秒计时功能，而控制电路完成计数器的直接清零、启动计数、暂停/连续计数、译码显示电路的显示与灭灯、定时时间的报警等功能。

秒脉冲发生器产生的信号是电路的时钟脉冲和定时标准，但本设计对此信号要求并不太高，故电路可采用555集成电路或由TTL与非门组成的多谐振荡构成。将振荡器产生的方波脉冲信号送到计数器74LS192的CP减计数脉冲端，再通过译码器74LS48把输入的8421BCD码经过内部作和电路"翻译"成七段（a，b，c，d，e，f，g）输出，显示十进制数，或者将该方波脉冲信号送到减法计数器CD40110的CP减计数脉冲端，通过计数器把8421BCD码经过内部作和电路"翻译"成七段（a，b，c，d，e，f，g）输出，显示十进制数。报警电路在实验中可用发光二极管和蜂鸣器代替。

主体电路：24秒倒计时。24秒计数芯片的置数端清零端公用一个开关，计数开始后，24秒的置数端无效，24秒的倒数计时器开始进行倒计时，逐秒倒计到零。选取"00"这个状态，通过组合逻辑电路给出截断信号，让该信号与时钟在与门中将时钟截断，使计时器在计数到零时停住。

3. 译码显示电路

根据设计要求，LCD显示屏、LED点阵屏、数码管均可作为本电路的显示器，都能满足显示设计要求，考虑成本及显示内容，在此选择7段数码管作为本电路的显示器。数码管的每个线段都是一个发光二极管，因此也称LED数码管或LED 7段显示器。另外因为计算机输出的是BCD码，要想在数码管上显示十进制数，必须先把BCD码转换成7段数码管识别的码字，以便在数码管上显示出十进制数，因此在本设计中采用了常用的74LS48作为7段数码管的译码器。数字显示电路通常由译码器、驱动器和显示器等部分组成，如图3-2-18所示。

图3-2-18　译码显示电路框图

4．计数电路

本计数电路采用两片74LS192来实现。74LS192是同步十进制可逆计数器，具有双时钟输入，并具有清除和置数等功能，其引脚排列及逻辑符号如图3-2-19所示。

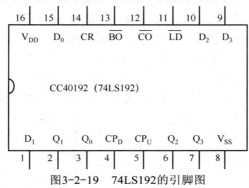

图3-2-19　74LS192的引脚图

图3-2-21中，LD——置数端；

　　　　　CP_U——加计数端；

　　　　　CP_D——减计数端；

　　　　　CO——非同步进位输出端；

　　　　　BO——非同步借位输出端；

D_0、D_1、D_2、D_3——计数器输入端；

Q_0、Q_1、Q_2、Q_3——数据输出端；

　　　　　CR——清除端。

当清除端CR为高电平"1"时，计数器直接清零。CR为低电平"0"时，则执行其它功能；当CR为低电平，置数端LD也为低电平时，数据直接从置数端D_0、D_1、D_2、D_3置入计数器；当CR为低电平，LD为高电平时，执行计数功能。执行加计数时，减计数端CP_D接高电平，计数脉冲由CP_U输入，在计数脉冲上升沿进行 8421 码十进制加法计数，当加计数到10时，CO端发出进位负跳变脉冲。执行减计数时，加计数端CP_U接高电平，计数脉冲由减计数端CP_D输入，在计数脉冲上升沿进行 8421 码十进制减计数，当减计数到0时，BO借位输出端发出借位负跳变脉冲。

74LS192同步十进制逻辑功能表如表3-2-3所示。

表3-2-3　74LS192功能表

输　入								输　　出			
CR	LD	CP_U	CP_D	D_3	D_2	D_1	D_0	Q_3	Q_2	Q_1	Q_0
1	×	×	×	×	×	×	×	0	0	0	0
0	0	×	×	d	c	b	a	d	c	b	a
0	1	↑	↑	×	×	×	×	加计数			
0	1	1	↑	×	×	×	×	减计数			
0	1	1	1	×	×	×	×	保持			

　　根据设计要求，本电路用两片74LS192设计成24秒十进制减法计数器，由74LS48译码，7段数码管显示器显示计时时间。计数器与译码显示电路如图3-2-20中所示。计数器个位接成十进制，计数器输入端D_0、D_1、D_2、D_3设置为0100。计数器十位设置成二进制，D_0、D_1两位输入端接高电平"1"，D_2、D_3两输入端接低电平"0"。计数脉冲信号接入个位计数器的CP_D减脉冲输入端（CP_U端接高电平）。利用预置数LD端实现异步置数，即当CR=0，且LD=0时，不管CP_U和CP_D时钟输入端的状态如何，将使计数器的输出等于并行输入数据，$Q_3Q_2Q_1Q_0=D_3D_2D_1D_0$完成计数器的置位功能；当CR=0，LD=1，$CP_U$=1，计数脉冲信号接入个位计数器的$CP_D$减脉冲输入端，来实现计数器按8421码递减进行减计数。利用借位输出端BO与下一级的CP_D连接，实现计数器之间的级联。

　　另外，按照设计要求，计数器计数到零时应停止计数，为此，将十位计数器的借位端B0与脉冲信号源通过与门连接，当计数器计数到零时，设置个位计数器的BO=0，封锁脉冲CP信号，计数器保持零状态不变，控制电路发出报警信号，使报警电路工作，信号灯亮。

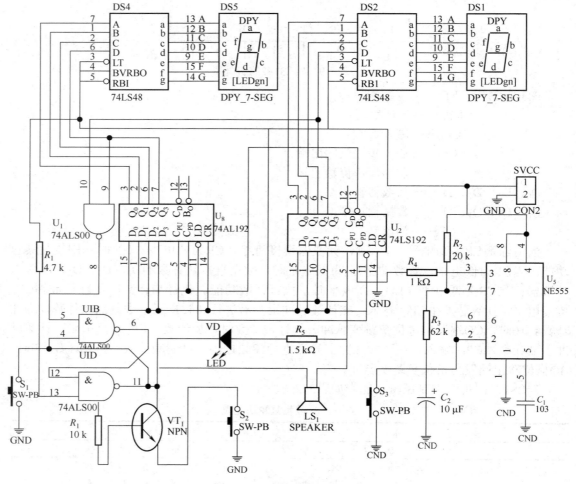

图3-2-20　总体电路原理图

5. 振荡电路

　　集成555定时器的性能及结构在第2篇中已经讲过，此处不再赘述。用555定时器可构成单稳态触发器、多谐振荡器和施密特触发器等。

1）构成单稳态触发器

暂稳态的持续时间t_w决定于外接元件R、C值的大小。$t_w=1.1RC$，通过改变R、C的大小，可使延时时间在几个微秒到几十分钟之间变化。

单稳态触发器电路原理图与波形图如图3-2-21所示。

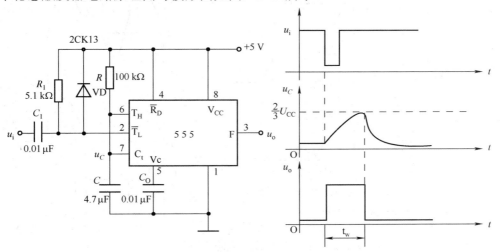

图3-2-21　单稳态触发器电路原理图与波形图

2）构成多谐振荡器

$$T=t_{w1}+t_{w2}, \quad t_{w1}=0.7（R_1+R_2）C, \quad t_{w2}=0.7R_2C$$

555电路要求R_1与R_2均应大于或等于$1\ \text{k}\Omega$，但R_1+R_2应小于或等于$3.3\ \text{M}\Omega$。

由NE555构成的多谐振振荡器如图3-2-22所示。接通电源后，电容C_2被充电，u_C上升，当u_C上升到$2/3U_{CC}$时，触发器被复位，同时放电BJT导通，此时u_o为低电平，电容C通过R_5和VT放电，使u_C下降，当下降至$1/3U_{CC}$时，触发器又被置位，u_o翻转为高电平。当C放电结束时，VT截止，U_{CC}将通过R_5和R_w、R_4向电容充电，当u_C上升到$2/3U_{CC}$时，触发器又发生翻转，如此周而复始，在输出端就得到一个周期性的方波，其频率为

$$f=1/（t_1+t_2） \qquad f=1.44/（R_1+2R_2）C$$

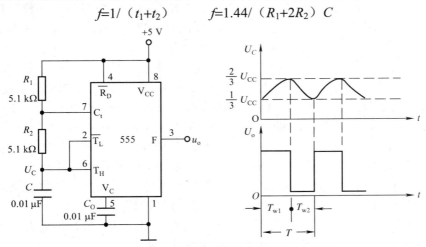

图3-2-22　多谐振荡器电路原理图与波形图

261

3）施密特触发器

施密特触发器电路原理图与波形图如图3-2-23所示。

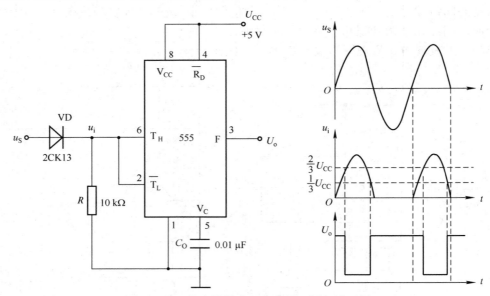

图3-2-23　施密特触发器电路原理图与波形图

秒脉冲的产生由555定时器所组成的多谐振荡电路完成。电路如图3-2-20所示部分。当开关断开时，555定时器产生周期为1 s的脉冲；当开关闭合时，电路不能输出信号，于是没有脉冲输入74LS192中，故74LS192在保持状态，即实现暂停功能。为了实现秒脉冲在图3-2-20中选择R_5=62 kΩ，C_2=10 μF，即可输出1Hz方波信号，达到电路要求。

6. 时序控制电路

时序控制电路完成计数器的复位、启动计数、暂停/继续计数、声光报警等功能。控制电路由74LS00组成。U1B受计数器的控制。U1C、U1D组成RS触发器，实现计数器的复位、计数和保持"24"、以及声、光报警的功能。操作"清零"开关时，计数器清零。闭合"启动"开关时，计数器完成置数，显示器显示"24"断开"启动"开关，计数器开始进行递减计数。电路图3-2-24中，当开关S1合上时，74LS192进行置数；当S_1断开时，74LS192处于计数工作状态。开关S_3是时钟脉冲信号CP的控制电路。当定时时间未到时，74LS192的借位输出信号BO=1，则CP信号受"暂停/连续"开关S_3的控制，当S_3处于"暂停"位置时，与门U1B输出为0，门U1D关闭，封锁CP信号，计数器暂停计数；当S_3处于连续位置时，门U1B输出1，门U1D打开，放行CP信号，计数器在CP作用下，继续累计计数。当定时时间到时，BO=0，门U1D关闭，封锁CP信号，计数器保持零状态不变。

S_1：启动按钮。S_1处于断开位置时，当计数器递减计数到零时，控制电路发出声、光报警信号，计数器保持"24"状态不变，处于等待状态。当S_1闭合时，计数器开始计数。

S_2：手动复位按钮。当按下S_2时，不管计数器工作于什么状态，计数器立即复位到预置数值，即"24"。当松开S_2时，计数器从"24"开始计数。

S_3：暂停按钮。当"暂停/连续"开关处于"暂停"时，计数器暂停计数，显示器保持不变，当S_3开关处于"连续"开关，计数器继续累计计数。

控制电路如图3-2-24所示。

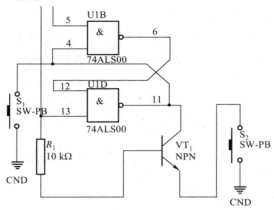

图3-2-24 控制电路原理图

7. 报警电路

报警提示就是完成任一计时器计时结束时，系统给出连续的提示音。

当电路由"00"到"24"时，U1D与非门输出低电平，而蜂鸣器和发光二极管LED的正极已经接了高电平，这时由于两端存在电压差，所以蜂鸣器和LED均能正常工作，而发出报警信号。电路如图3-2-25所示。

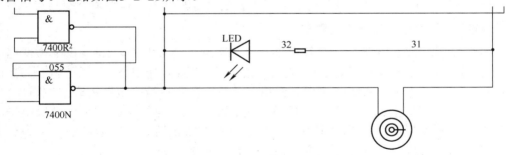

图3-2-25 报警电路图

2.5.3 调试

2.5.3.1 静态测试与调整

1. 供电电源表态电压测试

电源电压是各级电路静态工作是否正常的前提，若电源电压偏高或都不能测量出准确的静态工作点。若电源有较大起伏，最好先不要接入电路，测量其安全空载和接入假负载时的电压，待电源、电压输出正常后再接入电路。

2. 测试单元电路静态工作总电流

通过测量分块电路表态工作电流，可以及早知道单元电路工作状态，若电流偏大，就说明有短路或漏电。若电流偏小，则电路供电有可能出现开路，只有及早测量该电流，才能减小元器件损坏。此时的电流只能作参考，单元电路各表态工作点都测试完成后，还要再测量一次，对比前次的测量，保证数据没太大偏差。

3．三极管表态电压、电流测试

首先要测量三极管三极地电压U_B，U_C，U_E，来判断三极管是否在规定的状态（放大、饱和、截止）内工作。例如，测出U_C=0 V，U_B=0.68 V，U_E=0 V，则说明三极管处于饱和导通状态，看该状态是否与设计相同，若不相同，则要细心分析这些数据，并对基极偏置进行适当的调整。其次再测量三极管集电极表态电流，测量方法有两种。

（1）直接测量法。直接测量法是把集电极焊接铜断开，然后串入万用表，用电流挡测量电流。

（2）间接测量法。间接测量法是通过测量三极管集电极电阻或发射极电阻的电压，然后根据欧姆定律$I=U/R$，计算出集电极静态电流。

4．集成电路表态工作点的测试

（1）集成电路各引脚静态对地电压的测量。集成电路内的晶体管、电阻、电容都封装在一起，无法进行调整。一般情况下，集成电路各脚对地电压基本上反映了内部工作状态是否正常。在排除外围元器件损坏（或插错元器件、短路）的情况下，只要将所测得电压与正常电压进行比较，可做出正确判断。

（2）集成电路静态工作电流的测量。有时集成电路虽然正常工作，但发热严重说明功耗偏大，是表态工作电流还正常的表现，所以要测量表态工作电流。测量时可断集成电路供电引脚，串入万用表，使用电流挡来测量。若是双电源供电，则必须分别测量。

5．数字电路表态逻辑电平的测量

一般情况下，数字电路只有两种电平，以TTL与非电路为例，0.8 V以下为低电平，1.8 V以上为高电平。电压在0.8～1.8 V电路状态是不稳定的，所以该电压范围是不允许的。不同数字电路高低电平界限有所不同，但相差不远。在测量数字电路的表态逻辑电平时，先在输入端加入高电平或低电平，然后再测量各输出端的电压是高电平还是低电平，并做好记录。测量完毕后分析其状态电平，判断是否符合该数字电路的逻辑关系。若不符合，则要对电路引线作一次详细检查，或者更换该集成电路。

2.5.3.2　电路调整方法

进行测试的会死后，可能需要对某些元器件的参数进行调整。调整的方法一般有两种。

（1）选择法。通过替换元器件来选择合适的电路参数（性能或技术指标）。在电路原理图中，元器件的参数旁边通常标注有"＊"号，表示在调整中才能准确地选定。因为反复替换元器件很不方便，一般总是先接入可调元器件，待调整确定了合适的元器件参数后，再换上与选定参数值相同的固定元器件。

（2）调节可调元器件法。在电路中已经装有调整元器件，如电位器、微调电容或微调电感等。其优点是调节方便，而且电路工作一段时间后，如果状态发生变化，也可以随时调整，但可调元器件的可靠性差，体积也比固定元器件大。

上述两种方法都适用于静态调整和动态调整。静态测试与调整的内容较多，适用于产品研制阶段或初学者试制电路，在生产阶段的测试，为了提高生产速率，往往只作简单针对性的测试，主要以调节可调性元器件为主。对于不合格电路，也只作简单检查，如观察有没有短路或断线等。若不能发现故障，则应立即在底板上标明故障现象，再转向维修生产线上进行维修，这样才不会耽误调试生产线的运行。

2.5.3.3　动态测试与调整

1．测试电路动态工作电压

测试内容包括三极管b、c、e极和集成电路各引脚对地的动态工作电压。动态电压与静态电压同样是判断电路是否正常工作地重要依据，例如有些振荡电路，当电路起振时测量U_{bc}电压，万用表指针会出现反偏现象，利用这一点可以判断振荡电路是否起振。

2．测量电路重要波形及其幅度和频率

无论是在测试还是在排除故障的过程中，波形的测试与调整都是一个相当重要的技术。各种整机电路都可能有波形产生或波形处理变换的电路。为了判断电路各种过程是否正常，是否符合技术要求，常需要观测各被测电路的输入、输出波形，并加以分析。对不符合技术要求的，则要通过调整电路元器件的参数，使之达到预定的技术要求。在脉冲电路的波形变换中，这种测试更为重要。

大多数情况下观察的波形都是电压波形，有时为了观察电流波形，则可通过测量其限流电阻的电压，再转成电流的方法来测量。用示波器观测波形时，示波器上线频率应高于测试波形的频率。对于脉冲波形，示波器的上升时间还必须满足要求，否则观测波形的时候可能会出现不正常的情况，只要细心分析波形，总会找出排除的方法。如测量点没有波形这种情况应重点检查电源、静态工作点、测试电路的连线等。

2.5.3.4　频率特性的测试与调整

频率特性是电子电路中的一项技术指标，好坏主要取决于高频调谐器及中放通道频率特性，所谓频率特性是指一个电路对于不同频率、相同同谋的输入信号（通常是电压）在输出端产生的响应测试电路频率特性的方法一般有两种，信号源与电压表测量法和扫频测量法。

（1）用信号源与电压表测量法。这种方法是在电路输入端加入按一定频率间隔的等幅正弦波，并且每加一个正弦波就测量一次输出电压。功率放大器常用这个方法测量频率特性。

（2）用扫频仪测量频率特性把扫频仪输入端和输出端分别与被测电路的输出端和输入端连接，在扫频仪的显示屏上就可以看出电路对各点频率的响应幅度波形，采用扫频仪测试频率特性具有测试简便、迅速、直观、易于调整等特点，常用于各种中频特性调试、带通调试等。如收音机的调幅465 kHz和高频10.7MHz常用扫频仪来调试。

2.5.3.5　整机测试与调整

整机高度是把所有经过静态调试的各个部件组装在一起进行的有关高度，它的主要目的是让电子产品达到原设计的技术指标和要求。由于较多内容已在分块调试中完成了调试，整机高度只要检测整机技术指标是否达到原高计要求就可，若不能达到则再作适当调整。整机高度流程一般有以下几个步骤。

（1）整机外观的查检。整机外观的检查主要是检查外观部件是否齐全，外观调节部件和活动部件是否灵活。

（2）整机内部结构的查检。整机内部结构的检查主要是检查内部边线的分布是否合理、整齐，内部传动部件是否灵活、可靠各单元电路板或别的部件与机座是否坚固以及它们间的连接线、接插件有没有漏掉、错、紧等。

（3）结单元电路性能指标进行复检，各单元电路性能反对票是否有改变，若有改变，则须调试有关元器件。

（4）整机技术指标的测试。对已调整好的整机必须进行技术测定，以判断它是否达到原设计的技术要求。如飞机的整机功耗、灵敏度、频率覆盖等技术参数的测定，不同类型的整机有各自的参数，并规定了相应措施的测试方法

首先检查电源的连接和所有地的连接，用万用表测试，如是电路中出现有短路或者不连接时再一步一步检查，直至所有的地都连在一起。当检查完了这一步以后，再加上电源，测试出电路中所有芯片的电源是否通，测出74LS192、74LS48和NE555的电源是5 V，然后用示波器测出每个芯片输出的波形和芯片资料所给的波形是否相吻合。当不吻合时，仔细阅读芯片资料，再检查每个引脚的工作情况，直到完成这个过程。集成电路生产过程中，主要有两次测试。第一次测试是在硅片加工完成后，测试仪通过探针与管芯的焊盘相连，测试程序在输入端加入测试向量，同时检查输出端的响应。如果响应与预计的相同则为合格，否则判定位测试失败。第二次测试是在封装完成后，与第一次测试类似，测试仪通过测试程序完成对芯片的最后测试。做完板后发现暂停有毛刺现象，要补充另一开关来控制暂停，这样效果会好转。

实验与思考题

1. 红外对射报警电路中，如果红外发射部分和接收部分被挡住，但是电路没有报警，可能有哪些原因？

2. 串行稳压电源电路中，如果输入电压升高，输出电压也随之升高，可能是电路中的哪个部分有问题？如何进行调整？

附录1　部分集成电路引脚排列图

1. 555定时器和TTL数字集成电路

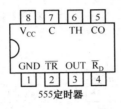

555定时器

556双定时器

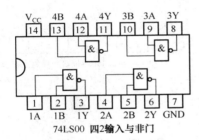

74LS00　四2输入与非门

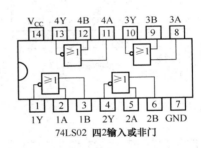

74LS02　四2输入或非门

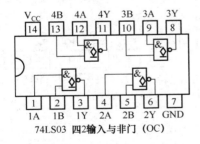

74LS03　四2输入与非门（OC）

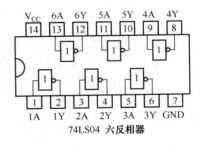

74LS04　六反相器

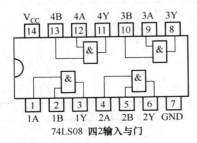

74LS08　四2输入与门

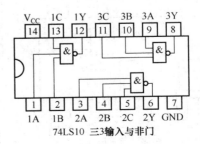

74LS10　三3输入与非门

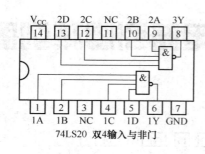

74LS20 双4输入与非门

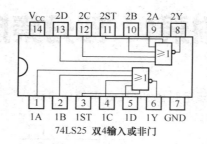

74LS25 双4输入或非门

268

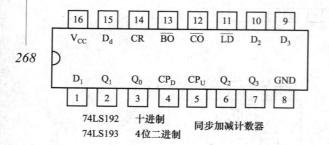

74LS192　十进制
74LS193　4位二进制　同步加减计数器

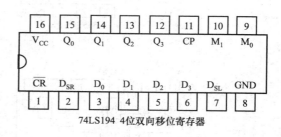

74LS194 4位双向移位寄存器

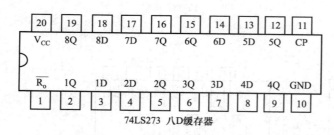

74LS273 八D缓存器

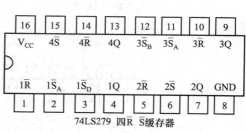

74LS279 四$\overline{R}$ $\overline{S}$缓存器

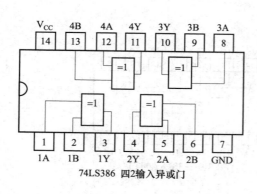

74LS386 四2输入异或门

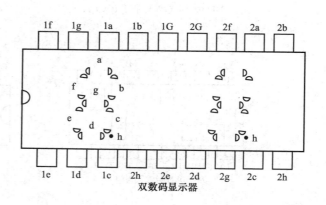

双数码显示器

2．CMOS集成电路

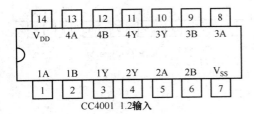

CC4001　1.2输入

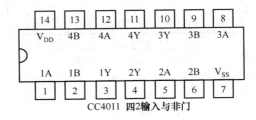

CC4011　四2输入与非门

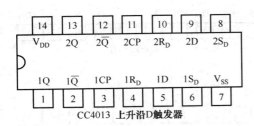

CC4013　上升沿D触发器

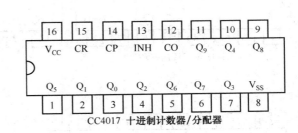

CC4017　十进制计数器/分配器

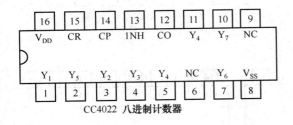

CC4022　八进制计数器

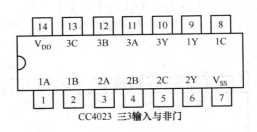

CC4023　三3输入与非门

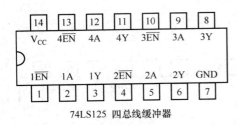

74LS125　四总线缓冲器

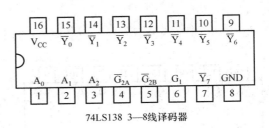

74LS138　3—8线译码器

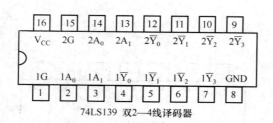

74LS139 双2—4线译码器

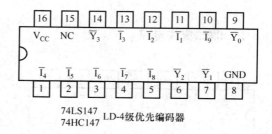

74LS147 LD-4级优先编码器
74HC147

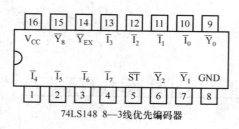

74LS148 8—3线优先编码器

74LS150 16选1数据选择器

270

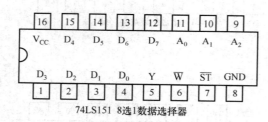

74LS151 8选1数据选择器

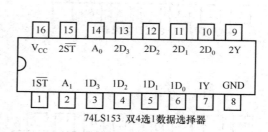

74LS153 双4选1数据选择器

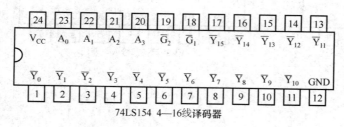

74LS154 4—16线译码器

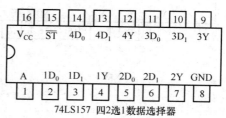

74LS157 四2选1数据选择器

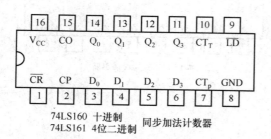

74LS160 十进制　　同步加法计数器
74LS161 4位二进制

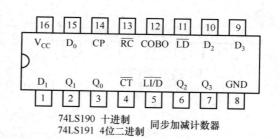

74LS190 十进制　　同步加减计数器
74LS191 4位二进制

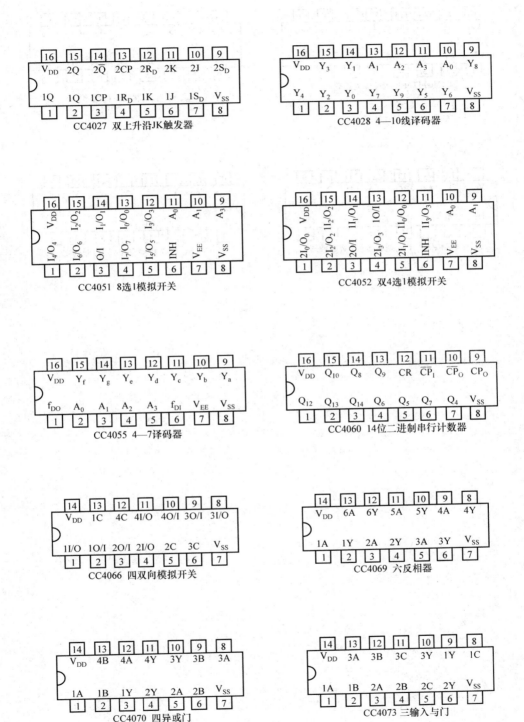

CC4027　双上升沿JK触发器

CC4028　4—10线译码器

CC4051　8选1模拟开关

CC4052　双4选1模拟开关

CC4055　4—7译码器

CC4060　14位二进制串行计数器

CC4066　四双向模拟开关

CC4069　六反相器

CC4070　四异或门

CC4073　三输入与门

271

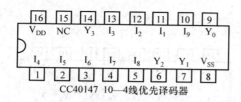

CC40147 10—4线优先译码器

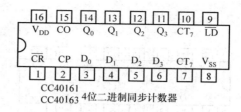

CC40161
CC40163 4位二进制同步计数器

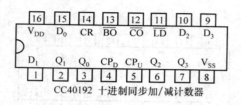

CC40192 十进制同步加/减计数器

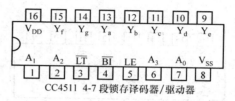

CC4511 4-7 段锁存译码器/驱动器

附录2 常用74系列芯片介绍

型　号	内　　容	型　号	内　　容
74LS00	2 输入四与非门	74LS33	2 输入四或门
74LS01	2 输入四与非门（OC）	74LS34	2 输入四或非缓冲器（集电极开路输出）
74LS02	2 输入四或非门	74LS35	六缓冲器
74LS03	2 输入四与非门（OC）	74LS36	六缓冲器（OC）
74LS04	六倒相器	74LS37	2 输入四或非门（有选通）
74LS05	六倒相器（OC）	74LS38	2 输入四与非缓冲器
74LS06	六高压输出反相缓冲器/驱动器（OC, 30 V）	74LS39	2 输入四与非缓冲器（集电极开路输出）
74LS07	六高压输出缓冲器/驱动器（OC, 30 V）	74LS40	4 输入双与非缓冲器
74LS08	2 输入四与门	74LS41	BCD—十进制计数器
74LS09	2 输入四与门（OC）	74LS42	4—10 线译码器（BCD 输入）
74LS10	3 输入三与非门	74LS43	4—10 线译码器（余 3 码输入）
74LS11	3 输入三与门	74LS44	4—10 线译码器（余 3 葛莱码输入）
74LS12	3 输入三与非门（OC）	74LS45	BCD—十进制译码器/驱动器
74LS13	4 输入双与非门	74LS46	BCD—七段译码器/驱动器
74LS14	六反相器（施密特触发）	74LS47	BCD—七段译码器/驱动器
74LS15	六倒相器（斯密特触发）	74LS48	BCD—七段译码器/驱动器
74LS16	3 输入三与门（OC）	74LS49	BCD—七段译码器/驱动器（OC）
74LS17	六高压输出反相缓冲器/驱动器（OC, 15 V）	74LS50	双二路 2—2 输入与或非门（一门可扩展）
74LS18	六高压输出缓冲器/驱动器（OC, 15 V）	74LS51	双二路 2—2 输入与或非门
74LS19	4 输入双与非门（施密特触发）	74LS52	二路 3—3 输入，二路 2—2 输入与或非门
74LS20	六倒相器（施密特触发）	74LS53	四路 2—3—2—2 输入与或门（可扩展）
74LS21	4 输入双与非门	74LS53	四路 2—2—2—2 输入与或非门（可扩展）
74LS22	4 输入双与门	74LS54	四路 2—2—3—2 输入与或门（可扩展）
74LS23	4 输入双与非门（OC）	74LS54	四路 2—2—2—2 输入与或非门
74LS24	双可扩展的输入或非门	74LS54	四路 2—3—3—2 输入与或非门
74LS25	2 输入四与非门（施密特触发）	74LS55	四路 2—2—3—2 输入与或非门
74LS26	4 输入双或非门（有选通）	74LS60	二路 4—4 输入与或非门（可扩展）
74LS27	2 输入四高电平接口与非缓冲器（OC, 15 V）	74LS61	双四输入与扩展器
74LS28	3 输入三或非门	74LS62	三 3 输入与扩展器
74LS30	2 输入四与非缓冲器	74LS63	四路 2—3—3—2 输入与或扩展器
74LS31	8 输入与非门	74lS64	六电流读出接口门
74LS32	延迟电路	74LS65	四路 4—2—3—2 输入与或非门

274

型　号	内　容	型　号	内　容
74LS70	四路 4—2—3—2 输入与或非门（OC）	74LS116	双四位锁存器
74LS71	与门输入上升沿 JK 触发器	74LS120	双脉冲同步器/驱动器
74LS72	与输入 RS 主从触发器	74LS121	单稳态触发器（施密特触发）
74LS73	与门输入主从 JK 触发器	74LS122	可再触发单稳态多谐振荡器（带清除端）
74LS74	双 JK 触发器（带清除端）	74LS123	可再触发双单稳多谐振荡器
74LS75	正沿触发双 D 型触发器（带预置端和清除端）	74LS125	四总线缓冲门（三态输出）
74LS76	4 位双稳锁存器	74LS126	四总线缓冲门（三态输出）
74LS77	双 JK 触发器（带预置端和清除端）	74LS128	2 输入四或非线驱动器
74LS78	4 位双稳态锁存器	74LS131	3—8 线译码器
74LS80	双 JK 触发器（带预置端，公共清除端和公共时钟端）	74LS132	2 输入四与非门（施密特触发）
74LS81	门控全加器	74LS133	13 输入端与非门
74LS82	16 位随机存取存储器	74LS134	12 输入端与门（三态输出）
74LS83	2 位二进制全加器（快速进位）	74LS135	四异或/异或非门
74LS84	4 位二进制全加器（快速进位）	74LS136	2 输入四异或门（OC）
74LS85	16 位随机存取存储器	74LS137	八选 1 锁存译码器/多路转换器
74LS86	4 位数字比较器	74LS138	3—8 线译码器/多路转换器
74LS87	2 输入四异或门	74LS139	双 2—4 线译码器/多路转换器
74LS89	四位二进制原码/反码/I/O 单元	74LS140	双 4 输入与非线驱动器
74LS90	64 位读/写存储器	74LS141	BCD—十进制译码器/驱动器
74LS91	十进制计数器	74LS142	计数器/锁存器/译码器/驱动器
74LS92	八位移位寄存器	74LS145	4—10 线译码器/驱动器
74LS93	12 分频计数器（2 分频和 6 分频）	74LS147	10—4 线优先编码器
74LS94	4 位二进制计数器	74LS148	8—3 线八进制优先编码器
74LS95	4 位移位寄存器（异步）	74LS150	16 选 1 数据选择器（反补输出）
74LS96	4 位移位寄存器（并行 I/O）	74LS151	8 选 1 数据选择器（互补输出）
74LS97	5 位移位寄存器	74LS152	8 选 1 数据选择器多路开关
74LS100	六位同步二进制比率乘法器	74LS153	双 4 选 1 数据选择器/多路选择器
74LS103	八位双稳锁存器	74LS154	4—16 线译码器
74LS106	负沿触发双 JK 主从触发器（带清除端）	74LS155	双 2—4 线译码器/分配器（图腾柱输出）
74LS107	负沿触发双 JK 主从触发器（带预置，清除，时钟）	74LS156	双 2—4 线译码器/分配器（集电极开路输出）
74LS108	双 JK 主从触发器（带清除端）	74LS157	四 2 选 1 数据选择器/多路选择器
74LS109	双 JK 主从触发器（带预置，清除，时钟）	74LS158	四 2 选 1 数据选择器（反相输出）
74LS110	双 JK 触发器（带置位，清除，正触发）	74LS160	可预置 BCD 计数器（异步清除）
74LS111	与门输入 JK 主从触发器（带锁定）	74LS161	可预置四位二进制计数器（并清除异步）
74LS112	负沿触发双 JK 触发器（带预置端和清除端）	74LS162	可预置 BCD 计数器（异步清除）
74LS113	负沿触发双 JK 触发器（带预置端）	74LS163	可预置四位二进制计数器（并清除异步）
74LS114	双 JK 触发器（带预置端，共清除端和时钟端）	74LS164	8 位并行输出串行输入移位寄存器

型　　号	内　　容	型　　号	内　　容
74LS165	并行输入 8 位移位寄存器（补码输出）	74LS241	八缓冲器/线驱动器/线接收器（原码三态输出）
74LS166	8 位移位寄存器	74LS242	八缓冲器/线驱动器/线接收器
74LS167	同步十进制比率乘法器	74LS243	4 同相三态总线收发器
74LS168	4 位加/减同步计数器（十进制）	74LS244	八缓冲器/线驱动器/线接收器
74LS169	同步二进制可逆计数器	74LS245	八双向总线收发器
74LS170	4×4 寄存器堆	74LS246	4 线—7 段译码/驱动器（30 V）
74LS171	四 D 触发器（带清除端）	74LS247	4 线—7 段译码/驱动器（15 V）
74LS172	16 位寄存器堆	74LS248	4 线—7 段译码/驱动器
74LS173	4 位 D 型寄存器（带清除端）	74LS249	4 线—7 段译码/驱动器
74LS174	六 D 触发器	74LS251	8 选 1 数据选择器（三态输出）
74LS175	四 D 触发器	74LS253	双四选 1 数据选择器（三态输出）
74LS176	十进制可预置计数器	74LS256	双四位可寻址锁存器
74LS177	2—8—16 进制可预置计数器	74LS257	四 2 选 1 数据选择器（三态输出）
74LS178	四位通用移位寄存器	74LS258	四 2 选 1 数据选择器（反码三态输出）
74LS179	四位通用移位寄存器	74LS259	8 位可寻址锁存器
74LS180	九位奇偶产生/校验器	74LS260	双 5 输入或非门
74LS181	算术逻辑单元/功能发生器	74LS261	4×2 并行二进制乘法器
74LS182	先行进位发生器	74LS265	四互补输出元件
74LS183	双保留进位全加器	74LS266	2 输入四异或非门（OC）
74LS184	BCD—二进制转换器	74LS270	2 048 位 ROM（512 位四字节，OC）
74LS185	二进制—BCD 转换器	74LS271	2 048 位 ROM（256 位八字节，OC）
74LS190	同步可逆计数器（BCD，二进制）	74LS273	八 D 触发器
74LS191	同步可逆计数器（BCD，二进制）	74LS274	4×4 并行二进制乘法器
74LS192	同步可逆计数器（BCD，二进制）	74LS275	七位片式华莱士树乘法器
74LS193	同步可逆计数器（BCD，二进制）	74LS276	四 JK 触发器
74LS194	四位双向通用移位寄存器	74LS278	四位可级联优先寄存器
74LS195	四位通用移位寄存器	74LS279	四 RS 锁存器
74LS196	可预置计数器/锁存器	74LS280	9 位奇数/偶数奇/偶发生器/较验器
74LS197	可预置计数器/锁存器（二进制）	74LS283	4 位二进制全加器
74LS198	八位双向移位寄存器	74LS290	十进制计数器
74LS199	八位移位寄存器	74LS291	32 位可编程模
74LS210	2—5—10 进制计数器	74LS293	4 位二进制计数器
74LS213	2—n—10 可变进制计数器	74LS294	16 位可编程模
74LS221	双单稳触发器	74LS295	四位双向通用移位寄存器
74LS230	八 3 态总线驱动器	74LS298	四—2 输入多路转换器（带选通）
74LS231	八 3 态总线反向驱动器	74LS299	八位通用移位寄存器（三态输出）
74LS240	八缓冲器/线驱动器/线接收器（反码三态输出）	74LS348	8—3 线优先编码器（三态输出）

型　号	内　容	型　号	内　容
74LS352	双四选 1 数据选择器/多路转换器	74LS466	八三态线反向缓冲器
74LS353	双 4—1 线数据选择器（三态输出）	74LS467	八三态线缓冲器
74LS354	8 输入端多路转换器/数据选择器/寄存器，三态补码输出	74LS468	八三态线反向缓冲器
74LS355	8 输入端多路转换器/数据选择器/寄存器，三态补码输出	74LS490	双十进制计数器
74LS356	8 输入端多路转换器/数据选择器/寄存器，三态补码输出	74LS540	8 位三态总线缓冲器（反向）
74LS357	8 输入端多路转换器/数据选择器/寄存器，三态补码输出	74LS541	8 位三态总线缓冲器
74LS365	6 总线驱动器	74LS589	有输入锁存的并入串出移位寄存器
74LS366	六反向三态缓冲器/线驱动器	74LS590	带输出寄存器的 8 位二进制计数器
74LS367	六同向三态缓冲器/线驱动器	74LS591	带输出寄存器的 8 位二进制计数器
74LS368	六反向三态缓冲器/线驱动器	74LS592	带输出寄存器的 8 位二进制计数器
74LS373	八 D 锁存器	74LS593	带输出寄存器的 8 位二进制计数器
74LS374	八 D 触发器（三态同相）	74LS594	带输出锁存的 8 位串入并出移位寄存器
74LS375	4 位双稳态锁存器	74LS595	8 位输出锁存移位寄存器
74LS377	带使能的八 D 触发器	74LS596	带输出锁存的 8 位串入并出移位寄存器
74LS378	六 D 触发器	74LS597	8 位输出锁存移位寄存器
74LS379	四 D 触发器	74LS598	带输入锁存的并入串出移位寄存器
74LS381	算术逻辑单元/函数发生器	74LS599	带输出锁存的 8 位串入并出移位寄存器
74LS382	算术逻辑单元/函数发生器	74LS604	双 8 位锁存器
74LS384	8 位×1 位补码乘法器	74LS605	双 8 位锁存器
74LS385	四串行加法器/乘法器	74LS606	双 8 位锁存器
74LS386	2 输入四异或门	74LS607	双 8 位锁存器
74LS390	双十进制计数器	74LS620	8 位三态总线发送接收器（反相）
74LS391	双四位二进制计数器	74LS621	8 位总线收发器
74LS395	4 位通用移位寄存器	74LS622	8 位总线收发器
74LS396	八位存储寄存器	74LS623	8 位总线收发器
74LS398	四 2 输入端多路开关（双路输出）	74LS640	反相总线收发器（三态输出）
74LS399	四—2 输入多路转换器（带选通）	74LS641	同相 8 总线收发器，集电极开路
74LS422	单稳态触发器	74LS642	同相 8 总线收发器，集电极开路
74LS423	双单稳态触发器	74LS643	8 位三态总线发送接收器
74LS440	四 3 方向总线收发器，集电极开路	74LS644	真值反相 8 总线收发器，集电极开路
74LS441	四 3 方向总线收发器，集电极开路	74LS645	三态同相 8 总线收发器
74LS442	四 3 方向总线收发器，三态输出	74LS646	8 位总线收发器，寄存器
74LS443	四 3 方向总线收发器，三态输出	74LS647	8 位总线收发器，寄存器
74LS444	四 3 方向总线收发器，三态输出	74LS648	8 位总线收发器，寄存器
74LS445	BCD—十进制译码器/驱动器，三态输出	74LS649	8 位总线收发器，寄存器
74LS446	有方向控制的双总线收发器	74LS651	三态反相 8 总线收发器
74LS448	四 3 方向总线收发器，三态输出	74LS652	三态反相 8 总线收发器
74LS449	有方向控制的双总线收发器	74LS653	反相 8 总线收发器，集电极开路
74LS465	八三态线缓冲器	74LS654	同相 8 总线收发器，集电极开路

续表

型　号	内　容	型　号	内　容
74LS668	4 位同步加/减十进制计数器	74LS687	8 位数值比较器（集电极开路）
74LS669	带先行进位的 4 位同步二进制可逆计数器	74LS688	8 位数字比较器（OC 输出）
74LS670	4×4 寄存器堆（三态）	74LS689	8 位数字比较器
74LS671	带输出寄存的四位并入并出移位寄存器	74LS690	同步十进制计数器/寄存器（带数选，三态输出，直接清除）
74LS672	带输出寄存的四位并入并出移位寄存器	74LS691	计数器/寄存器（带多转换，三态输出）
74LS673	16 位并行输出存储器，16 位串入串出移位寄存器	74LS692	同步十进制计数器（带预置输入，同步清除）
74LS674	16 位并行输入串行输出移位寄存器	74LS693	计数器/寄存器（带多转换，三态输出）
74LS681	4 位并行二进制累加器	74LS696	同步加/减十进制计数器/寄存器（带数选，三态输出，直接清除）
74LS682	8 位数值比较器（图腾柱输出）	74LS697	计数器/寄存器（带多转换，三态输出）
74LS683	8 位数值比较器（集电极开路）	74LS698	计数器/寄存器（带多转换，三态输出）
74LS684	8 位数值比较器（图腾柱输出）	74LS699	计数器/寄存器（带多转换，三态输出）
74LS685	8 位数值比较器（集电极开路）	74LS716	可编程模 n 十进制计数器
74LS686	8 位数值比较器（图腾柱输出）	74LS718	可编程模 n 十进制计数器

附录3 常用集成芯片封装图

金属圆形封装　TO99	
	最初的芯片封装形式。引脚数为8~12。散热好，价格高，屏蔽性能良好，主要用于高档产品
PZIP (Plastic Zigzag In-line Package) 塑料ZIP型封装	
	引脚数为3~16。散热性能好，多用于大功率器件
SIP (Single In-line Package) 单列直插式封装	
	引脚中心距通常为2.54 mm，引脚数为2~23，多数为定制产品。造价低且安装便宜，广泛用于民品
DIP (Dual In-line Package) 双列直插式封装	
	绝大多数中小规模 IC均采用这种封装形式，其引脚数一般不超过100。适合在印制电路板上插孔焊接，操作方便。塑封DIP应用最广泛
SOP (Small Out-Line Package) 双列表面安装式封装	
	引脚有J形和L形两种形式，中心距一般分1.27 mm和0.8 mm两种，引脚数为8~32。体积小，是最普及的表面贴片封装
PQFP (Plastic Quad Flat Package) 塑料方型扁平式封装	
	芯片引脚之间距离很小，管脚很细，一般大规模或超大型集成电路都采用这种封装形式，其引脚数一般在100以上。适用于高频线路，一般采用SMT技术在印制电路板上安装

PGA (Pin Grid Array Package) 插针网格阵列封装

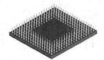

插装型封装之一, 其底面的垂直引脚呈阵列状排列, 一般要通过插座与印制电路板连接。引脚中心距通常为2.54 mm, 引脚数为64~447。插拔操作方便, 可靠性高, 可适应更高的频率

BGA (Ball Grid Array Package) 球栅阵列封装

表面贴装型封装之一, 其底面按阵列方式制作出球形凸点用以代替引脚。适应频率超过100 MHz, I/O引脚数大于208。电热性能好, 信号传输延迟小, 可靠性高

PLCC (Plastic Leaded Chip Carrier) 塑料有引脚芯片载体

引脚从封装的四个侧面引出, 呈J字形。引脚中心距1.27 mm, 引脚数为18~84。J形引脚不易变形, 但焊接后的外观检查较为困难

CLCC (Ceramic Leaded Chip Carrier) 陶瓷有引脚芯片载体

陶瓷封装。其他同PLCC

LCCC (Leaded Ceramic Chip Carrier) 陶瓷无引脚芯片载体

芯片封装在陶瓷载体中, 无引脚的电极焊端排列在底面的四边。引脚中心距1.27 mm, 引脚数为18~156。高频特性好, 造价高, 一般用于军品

COB (Chip On Board) 板上芯片封装

裸芯片贴装技术之一, 俗称"软封装"。IC芯片直接黏结在印制电路板上, 引脚焊在铜箔上并用黑塑胶包封, 形成"帮定"板。该封装成本最低, 主要用于民品

SIMM (Single In-line Memory Module) 单列存储器组件

通常指插入插座的组件。只在印刷基板的一个侧面附近配有电极的存储器组件。有中心距为2.54 mm (30 Pin) 和中心距为1.27 mm (72 Pin) 两种规格

FP (Flat Package) 扁平封装	LQFP (Low profile Quad Flat Package) 薄型QFP	
		封装本体厚度为1.4 mm

HSOP 带散热器的SOP	CSP (Chip Scale Package) 芯片缩放式封装	
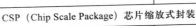		芯片面积与封装面积之比超过1:1.14

DIP-8   DIP-16   SIP   ZIP

SOP-28   HSOP-28   SSOP   TSSOP

SOT-23   SOT-89   SOT-143   SOT-223

SOJ-32L   LCC   QFP   BGA

PLCC   CLCC   JLCC   LDCC

附录4 三 极 管

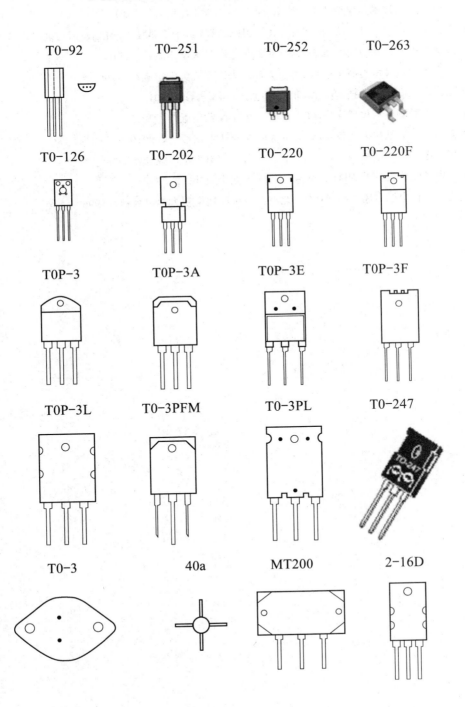

TO-92　TO-251　TO-252　TO-263

TO-126　TO-202　TO-220　TO-220F

TOP-3　TOP-3A　TOP-3E　TOP-3F

TOP-3L　TO-3PFM　TO-3PL　TO-247

TO-3　40a　MT200　2-16D

参 考 文 献

[1]　林占江. 电子测量技术[M]. 2版. 北京：电子工业出版社，2010.

[2]　王川. 电子测量技术与仪器[M]. 北京：北京理工大学出版社，2010.

[3]　谢自美. 电子线路设计·实验·测试[M]. 3版. 武汉：华中科技大学出版社，2006.

[4]　黄洁. 数字电子技术应用基础[M]. 武汉：华中科技大学出版社，2004.

[5]　徐洁. 电子测量技术与应用项目[M]. 大连：大连理工大学出版社，2009.

[6]　叶华杰. 电子产品测试技术[M]. 北京：电子工业出版社，2012.

[7]　赵文宣. 电子测量与仪器应用[M]. 北京：电子工业出版社，2012.

[8]　张大彪. 电子测量技术与仪器[M]. 北京：电子工业出版社，2010.

[9]　万少华. 电子产品结构与工艺[M]. 北京：北京邮电大学出版社，2008.

[10]　高平. 电子线路设计基础[M]. 北京：化学工业出版社，2007.

[11]　谢沅清. 现代电子电路与技术[M]. 北京：中央广播电视大学出版社，1996.